星空下的凝思

42 个关于宇宙的问题

张长喜　著

机械工业出版社
CHINA MACHINE PRESS

黑洞是什么？引力波能带给我们哪些宇宙信息？是否可以将火星改造成一个宜居星球？我们能进行时间旅行吗？宇宙中是否还有其他智慧生命存在？这些问题看似遥不可及，但却与人类未来的命运息息相关。本书从古代朴素的宇宙观讲起，到现代天文学家对宇宙起源和演化的深刻理解，再到恒星世界及太阳系天体的最新探测，通过42个引人入胜的问题带领读者探索宇宙的奥秘。作者将科学背景、人物故事、前沿进展融入基础知识之中，并辅以精美的图片，让人们在轻松阅读中领略天文学的无穷魅力。本书适合任何对宇宙充满好奇的读者阅读。

图书在版编目（CIP）数据

星空下的凝思：42个关于宇宙的问题 / 张长喜著．北京：机械工业出版社，2024. 12. -- ISBN 978-7-111-76773-2

Ⅰ. P1-49

中国国家版本馆CIP数据核字第2024TP6027号

机械工业出版社（北京市百万庄大街22号　邮政编码100037）

策划编辑：蔡　浩　　　　责任编辑：蔡　浩

责任校对：肖　琳　刘雅娜　　责任印制：张　博

北京利丰雅高长城印刷有限公司印刷

2024年12月第1版第1次印刷

169mm×239mm・18印张・244千字

标准书号：ISBN 978-7-111-76773-2

定价：108.00元

电话服务　　　　　　　　　网络服务

客服电话：010-88361066　　机　工　官　网：www. cmpbook. com

010-88379833　　机　工　官　博：weibo. com/cmp1952

010-68326294　　金　　书　　网：www. golden-book. com

封底无防伪标均为盗版　　机工教育服务网：www. cmpedu. com

序 FOREWORD

早在2300多年前，我国伟大诗人屈原就发问苍穹："遂古之初，谁传道之？上下未形，何由考之？冥昭瞢暗，谁能极之？冯翼惟象，何以识之？"他问了30多个关于今天被称为天文学的问题，如宇宙初成、日月归属、恒星分布等，甚至问到"何所冬暖，何所夏寒"等气候异常的原因。先哲的问题都来自观察积累和深邃思考，却未曾借助神灵和上帝。《天问》中的不少天文学问题今天都已有了确切答案，但那些亘古以来人类关于宇宙起源等一些问题的思索，却依然等待天文学家们的努力。

这里呈现给大家的，是张长喜博士的科普著作《星空下的凝思：42个关于宇宙的问题》。与其他科普书相比，它有下面一些值得关注的特点。

首先，与多数科普书不同，作者没有按照章节形式，就天文学的基本概念和知识做系统的阐述，而是聚焦天文学中42个重要问题做相对详细的讨论，引导读者关注热点天文学问题；并且利用提问和回答的形式让读者比较容易找到自己感兴趣的问题的答案。

其次，对于每个问题，作者力图通过较为详细的历史资料，展现对该问题的认知过程和取得进展的来龙去脉。作者期望前辈天文学家的科学经历能给读者带来有益的启迪，让读者追寻天文学发展的足迹并了解学科总体的进步。

最后，作者将问题的科学背景、历史事件、天文学家的贡献、基础和前沿科学知识等多个方面的内容综合起来融为一体，希望作品读起来更有趣味。作者还注重叙述逻辑，力求文字简洁流畅，还辅以精美图片，以利于读者阅读。

作者是一位严谨的天文工作者。他于 2001 年在中国科学院国家天文台获得博士学位，后在北京大学天文学系做博士后研究，之后进入北京天文馆从事研究和科普工作。他在博士研究生学习期间，与合作者利用野边山射电日像仪进行 1.76 厘米射电观测，在国际上最早得到太阳活动区高色球的磁场强度和结构分布（Zhang et al. 2002, ChJAA, 2, 266）；他还是较早详细研究太阳耀斑与活动磁界面关系的学者之一（Zhang & Wang, 2002, Solar Phys, 205, 303）。

我非常期待这部天文科普著作的出版。科学研究和科学普及是发展传播新的科学知识、推动人类社会进步的重要驱动力。天文学的进步对发展科学的世界观和方法论有着重要的意义。我期盼着我国有更多原创性天文科学研究成果涌现，也期待着更多优秀天文科普著作问世。

汪景琇

2024 年 7 月 25 日

于中国科学院奥运科学院区

静悄悄的夜晚，举目凝望深邃的星空，人们总会产生无穷无尽的遐想，陷入深深的思考。千百年来，我们头顶的星点为什么一直闪烁？它们距离我们有多远？它们有没有尽头？为什么有几个星点会在星空中游走？为什么夏夜的天空中有一条南北方向的明亮星河？

夜晚，灿烂的星空让我们感触宇宙的浩瀚与多姿多彩；白天，明亮的天空有时也会上演惊人的剧目。2009 年 7 月 22 日上午，我国的长江流域发生了持续时间较长的日全食，许多天文爱好者观看和体验了这场宇宙大戏。光亮的白天转眼间变得暗黑如夜，天空再现星辰，阵阵凉风拂面，驱散周身的炎热，鸟儿们也惊慌失措，纷纷鸣叫着飞离枝头，在空中盘旋。

太空和天体是人类永恒探求和追问的目标。从久远的古代开始，我们的祖先便进行立杆测影、记录月圆月缺、观察星空和特殊天象，古老的天文学诞生了。以此人们制定历法，以服务于生产和生活。皇家雇佣专门的天文官员，利用天文观测来预测国家命运、皇帝安危、农业收成、战争胜负。而在古希腊先后出现了许多思想活跃的自然哲学家，如泰勒斯、柏拉图、托勒密，他们摆脱神秘性，从自然的角度探讨天体运行的规律以及规律背后的宇宙构型。最终，托勒密汇总各种研究成果，完成天文学巨著《至大论》，提出地心说，这个学说主宰此后约一千年的学术思想。

欧洲文艺复兴后期，天文学也呈现出蓬勃发展的局面。哥白尼发表《天体运行论》，创立日心说；伽利略发明天文望远镜，观察到许多崭新天体和天文现象；开普勒建立行星运动三大定律；笛卡儿提出无限宇宙的概念；牛顿发表《自然哲学的数学原理》，创立万有引力定律。经过一两百年的发展，天文学发生了革命性的变革，它成了推动科学发展和文明进步的重要角色。

广袤的太空中有着数不清的天体，从太阳系内的行星、卫星、矮行星，到银河系内各种类型的恒星、星云、星团，再到星系、星系团、超星系团，乃至整个可观测宇宙，它们都是天文学家的研究对象。宇宙中的特殊天体、极端环境和难以想象的物理状态给人类探索自然奥秘提供了条件。为了探究天体和宇宙的奥秘，天文学与物理学深度融合，形成天体物理学，这一分支逐渐成了天文学研究的主战场。

天文学研究对于保护人类安全、促进经济发展以及探索人类未来的生存空间也具有重要意义。太阳活动会产生高能带电粒子和高能电磁辐射，它们对航天任务、电力系统、通信网络、导航系统等会产生不利影响，因此研究太阳活动可以为人类的空间活动以及地面的生产生活服务，以减少损失和损害。天文学家推断，6500 万年前的恐龙灭绝事件可能是小行星撞击地球造成的，因此，天文学家建造观测网以监测近地小天体，并想方设法避免它们撞击地球给人类带来灾难。天文学家还发现有些小行星的贵金属含量较高，具有极大的经济价值，所以，探测小行星还会给人类带来巨大的经济利益。此外，天文学家还以前所未有的热情投入到系外行星的探索中，特别是那些位于宜居带的类地行星。这不仅是人类对未知世界的好奇探索，更是为人类未来可能面临的生存挑战寻找新的解决方案，为人类的星际移民梦想奠定坚实的基础。

近一两百年，天文学特别是天体物理学的发展速度明显加快。新的观测成果不断更新人们对宇宙和其中天体的认知，这得益于大口径望远镜、多波段观测设备、多信使天文学手段以及空间观测设备的发展。最近十几年，多达 5 年的诺贝尔物理学奖颁发给天体物理学的研究成果，可见，天体物理学仍是一个异常活跃的科学研究领域。诸如发现宇宙加速膨胀、发现引力波、发现类太阳恒星周围的系外行星、发现银河系中心的超大质量致密天体等，这些新发现都是人类在认识宇宙方面新的里程碑事件。

进入 21 世纪后，随着经济实力的增强，我国的天文学也呈现出蓬勃发展的势头。尽管整体实力跟世界先进水平仍有一定差距，但是，我国在太阳物理等研究领域已经处于世界第一梯队。郭守敬望远镜、“中国天眼”、“悟空”号暗物质粒子探测卫星、慧眼卫星等观天利器都取得了全球瞩目的成果。

我国的天文学科研队伍也日益壮大，主要分布在中国科学院下属的国家天文台等研究机构和南京大学等高校的天文学院或天文系。为培养天文学后备人才，越来越多的高校开设天文专业，包括北京天文馆和上海天文馆在内的天文科普场馆也不断增加，它们激发着众多青少年对天文学的热爱和向往。

20 多年来，笔者一直在北京天文馆从事天文科普工作，经过不懈的学习和积累最终完成了这本天文科普著作。本书分为观天历史、星系和宇宙学、恒星、太阳系、系外行星和地外生命等五个部分，着眼天文学中的一些重大问题，讲述天文学家开展研究的思路、方法和过程，展现新的天文学研究现状。希望本书能为青少年天文爱好者、新入门的高校学生以及众多科学科普工作者带来知识和思维方面的启迪和收获。鉴于笔者学识和写作能力的局限，书中必然存在瑕疵和不足，真诚地欢迎广大读者指正。

在本书的撰写和修订过程中，笔者曾多次与自己的博士指导老师汪景琇院士沟通，得到了不少启发，在此表示衷心感谢！本书初稿完成后，北京大学天文系刘富坤教授、国家天文台王有刚研究员和王炜研究员、北京天文馆刘成副研究员审阅了有关内容，对书中的不当之处提出了修改意见和建议，在此表示感谢！机械工业出版社蔡浩编辑对本书也给出了许多有益的意见和建议，为本书的出版做了大量工作，特别致谢！

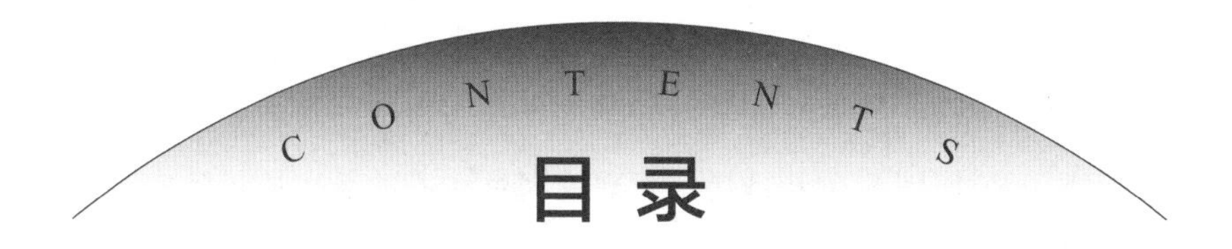

目录

第三部分 恒 星

第四部分 太阳系

第五部分 系外行星和地外生命

第一部分
观天历史

PART ONE

1 古人心目中的宇宙是怎样的?
2 托勒密的地心说是科学理论还是宗教谬误?
3 日心说为什么能够取代地心说?
4 宇宙结构怎样从日心说发展到银河系?
5 银河系是不是宇宙的全部?
6 可观测宇宙有多大?

古人心目中的宇宙是怎样的？

人类在地球上经历了漫长的进化历程。起初，人类制造和使用岩石器具；后来，人类制造和使用金属器具。古代，人类利用牲畜进行耕作或运输；近代，人类实现了以蒸汽机作为动力；目前，人类已经进入电机动力的时代。从原始社会到古代社会，再到近代和现代社会，在生产和生活中，人类不断认识自然、了解自然，在这一过程中，人类发展出了科学和技术。

旧石器时代，人类依靠狩猎动物和采集植物果实谋生，这要求人类准确地辨别方向、判断季节；新石器时代，人类逐渐发展了畜牧业和农业，此时，确定季节和时令变得更加迫切。白天，火热的太阳从东方升起，在西方落下；夜晚，满天的繁星闪闪发光。皎洁的月亮从圆到缺，不断变化。人们观察太阳、月亮和星空，了解它们的运行规律，并将其用于生产实践中。在长期的观察过程中，人类逐渐建立了天文学。

这个无所不包的宇宙到底是什么形状？结构怎样？如何运转？从古至今，人们一直在思考这些问题。

世界上有四大文明古国，分别是古埃及、古巴比伦、古印度和中国，它们都形成了各自的文化和科学技术，包括天文学。关于宇宙结构，四个文明古国都有各自的学说。在科技水平十分有限的远古时代，有的宇宙学说带有浓厚的神话色彩。

公元前1350年至前1100年间的古埃及法老陵墓的石壁上，刻有天牛图。它描述了宇宙的结构，天牛的腹部是满天的星斗，牛腹被一个男神所托举，牛的四肢各有两神扶持。在星际的边缘有一条大河，河上有两只船，分别为“日舟”和“夜舟”，太阳神“拉”先后驾驶着两船在天空中航行。这个天牛图显示了古埃及文明对宇宙的认知，他们心目中的宇宙大致是这种样子。

古巴比伦人生活在两河流域，即现在的伊拉克一带。在古巴比伦人的心目中，大地是浮在水面上的扁舟，天是一个半球状的穹顶，覆盖在大地上，天地都被水所包围，水之外是众神的居所。天上的太阳和星星都是神，每天出来走一趟。

古印度人也创建了自己独特的文明，他们认为天空像一只大锅扣在大地上，在大地中央，须弥山支撑着天空，日月均绕须弥山转动，日绕行一周为一昼夜；大地由四只大象驮着，四只大象则站立在一只浮在水面的龟背上。

中国的先民同样创造了光辉灿烂的文明，相比古埃及、古巴比伦和古印度，古代中国的宇宙观少了一些神话色彩，更近于一种自然科学学说。

根据公元前100年的《周髀算经》的记载，古人将宇宙的结构概括为盖天说。盖天说主张“天圆如张盖，地方如棋局”，即天圆地方。盖天说认为，大地是一个正方形，天如一个圆盖罩着大地，但圆盖形的天与方形的大地无法接合，于是又设想地上有八根大柱支撑着天。后来，盖天说进一步发展，它认为天是拱形的，大地也是拱形的，天地如同心球穹；两个球穹的间距是8万里（商周时期的1里约为407米），日月星辰的出没是由于远近所致，太阳则沿着“七衡六间图”运行。“七衡”指七个同心圆，春夏秋冬太阳在不同“衡”上运动：冬至在最外的一个圆“外衡”上运动，夏至在最内的一个圆“内衡”上运动，其他季节则在“中衡”上运动。内衡、外衡的半径长度分别是11.9万里和23.5万里。

中国古代关于宇宙结构的另一个学说是浑天说，主张浑天说的代表人物是东汉的张衡，他在《浑天仪注》中写道：“浑天如鸡子，天体圆如弹丸，地如鸡子中黄，孤居于内，天大而地小。天表里有水，天之包地，犹壳之裹黄。天地各乘气而立，载水而浮。”可以看出，浑天说主张天如球形，地球位于其中，浮在水或气中，日月都附在天球上运动。与盖天说的天之半球说相比，球形的天是一个进步，且浑天说对天球的运转作了不少定量描述，在解释天体运动方面占有一定的优势。

中国古代还有一种宇宙结构学说，即宣夜说。《晋书・天文志》中记载：“宣夜之书亡，惟汉郗秘书郎萌记先师相传云：天了无质，仰而瞻之，高远无极，眼瞀精绝，故苍苍然也……日月众星，自然浮生虚空之中，其行其止皆须气焉。是以七曜或逝或住，或顺或逆，浮现无常，进退不同，由于无所根系，故各异也。”由此可知，宣夜说认为天是没有形质的，不存在固体天穹，天是无边无际的气体。日月星辰漂浮在无限的气体之中，游来游去。可以看出，宣夜说是无神论视角下的一种无限宇宙观。

中国古代的宇宙观基本摆脱了神话的色彩，从客观现实出发思考宇宙的模样。以上三种宇宙结构学说——盖天说、浑天说和宣夜说，主要从宏观上和整体上考虑天和地（即宇宙）的形状，没有思考各种天体的具体运动规律。在这方面，古希腊学者思考宇宙结构的模式更接近现代科学。

古希腊早期，许多城邦国家同时并存，学术思想十分自由，古希腊学者对自然和哲学问题可以进行无拘无束的思考，当时产生了从自然界本身来解释自然现象的朴素唯物主义思想。在天文学方面，古希腊人非常重视对天象的观测，他们认为必须尊重观测到的天文现象，所提出的理论要尽量符合并能解释这些现象。

在天体运动和宇宙的结构方面，古希腊学者提出了三种理论。第一种理论是同心球理论，代表人物是柏拉图学派的欧多克斯和亚里士多德。欧多克斯提出了 27 个天球的同心球宇宙模型——5 大行星[一]各 4 个，太阳和月亮各

[一] 包括金星、木星、水星、火星和土星。在古代，地球并不被视为行星。

3 个，再加上最外面每天匀速地绕位于宇宙中央的地球转动一周的恒星天球。每个同心球的轴都支撑在其外面的那个同心球上，各个轴之间有不同的倾角，各个同心球又在以不同的速度做匀速圆周运动，将它们适当地组合起来就可以形成行星在恒星背景上顺行、逆行和留等复杂的视运动。后来，亚里士多德把这些同心球视为实际存在的壳层，他还在各组天球之间插进一些新球层，使天球总数达到 55 个之多。他还强调，这些天球都像水晶球一样透明，从地球上看去，根本无法觉察到它们的存在。亚里士多德的这一理论常被称为水晶球理论。

第二种理论是日心地动说，它是由亚历山大学派的学者阿里斯塔克首先提出来的。该学说认为：太阳位于宇宙的中央，且岿然不动，地球和诸行星都以不同的速度围绕太阳转动，行星的顺行、逆行和留是地球和行星都在围绕太阳转动而产生的合成效应。地球除了绕太阳转动外，本身还每天绕其自转轴自转一周，天体的东升西落正是由此造成的。

第三种理论是本轮均轮说。它由亚历山大城的学者阿波罗尼提出，该学说认为：地球位于宇宙的中央，行星在一个被称为“本轮”的小圆上绕其中心点做匀速圆周运动，而本轮中心点又在一个被称为“均轮”的大圆上绕地

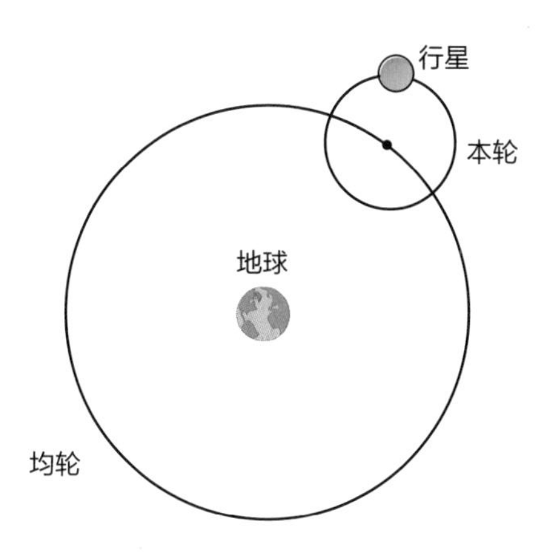

阿波罗尼提出的本轮均轮说。

球做匀速圆周运动，两种运动的叠加构成了行星顺行、逆行和留等复杂的视运动。在阿波罗尼之后，依巴谷经过长期天文观测指出，太阳在正圆轨道上做匀速圆周运动，但地球并非正好位于此轨道的中心，而是略有偏离，于是，太阳周年运动的不均匀性便可得到解释，这就是所谓的偏心圆模型。

相较四大文明古国的宇宙学说，古希腊学者的宇宙理论可以体现天体运动所表现出的天象，更能反映宇宙的实情。尽管这些理论与真实的宇宙状况还有巨大的差距，但是古希腊人走上了认识宇宙的正确道路。

托勒密的地心说是科学理论还是宗教谬误?

古希腊文明始于公元前 20 世纪，在公元前 146 年被罗马共和国㊀征服。在罗马帝国早期，仍有许多学者在亚历山大城居住，他们受到帝国统治者的较好礼遇，能继续自由地从事研究工作。这样一来，古希腊天文学的亚历山大学派得以延续，托勒密（约 90—168）是该学派的最后一位杰出代表。他继承了依巴谷等古希腊学者的天文观测成果，自己也进行了大量的观测，获得了宝贵的数据，编制了举世闻名的托勒密星表。在天文理论方面，他对古希腊各学派学者的理论进行扬弃和继承，最终发展出了闻名于世的描述宇宙结构的“地心说”。

关于宇宙结构，欧多克斯早期开创了同心球理论，这个理论后来被亚里士多德发展成为多达 55 层天球的水晶球理论。它应用起来十分烦琐，使人望而生畏。因此，这一理论首先被托勒密所抛弃。阿里斯塔克提出的日心地动说把地球当作一颗绕太阳转动的普通星球。今天看来，这是一个天才的预见，但受限于认知水平，当时的多数人广泛赞同亚里士多德的天地迥然有别的观

㊀ 古罗马先后经历了罗马王政时代（公元前 753—前 509）、罗马共和国（公元前 509—前 27）、罗马帝国（公元前 27—公元 1453）三个阶段。

念，而阿里斯塔克的理论与该观念相违背。另外，人们观察天地运动的直观感受是天在旋转并带动天体东升西落，而大地是静止不动的，日心地动说也与人们的这一直观感受相矛盾。所以，托勒密也并未采纳阿里斯塔克的日心地动说。

最终，托勒密沿用阿波罗尼的本轮均轮模型，吸收依巴谷的偏心圆理论，再加入自己独创的均衡点（对点）理论，提出了完整的地心说。

同其他学说一样，地心说需要建立在一些基本的观念上。托勒密在大量天象观测事实的基础上，首先确定了一些基本见解。比如，天球像一个不断转动的球，始终绕着它的两极自东向西做旋转运动，从而造成了日月星辰的东升西落；地球是球形的，位于诸天（宇宙）的中心，并固定不动；相对于天空即整个宇宙而言，地球非常微小，可以看成一个点；天层中有两种不同的基本运动，一种是所有天体随同天球作自东向西的运动，另一种是日月及五大行星以不同的速度做较缓慢的自西向东运动。

对于“地球在宇宙中心固定不动”这一条，托勒密明白，当然也可以认为天球不动，地球在不停地自西向东自转，这样也可以解释星辰东升西落的现象。但是，那样的话，由于地球巨大的旋转速度，在地面上垂直向上抛出的物体就不会沿原方向自由下落，鸟类就不可能自由飞翔。当然，今天我们已经知晓这个推理中的谬误所在，而当时的物理学还不足以正确解释这些现象。

托勒密的地心体系不仅可以定性说明天体的运行规律，它还可以定量地检验日月和行星的运动。他提出了均衡点的概念，以更好地解释天体的复杂运动。如图，在单位时间里，一颗行星的本轮中心先后从 A 点和 A′ 点出发，分别到达 B 点和 B′点，它们在均轮上分别转过了圆弧 AB 和 A′ B′ 。从地球（E）上看去，$\angle AEB \neq \angle A'EB'$ 。但从位于均轮中心 O 另一侧等距离的均衡点 F（OF=OE）看来，$\angle AFB = \angle A'FB'$ ，即该行星本轮中心在均轮上运行的角速度相等。

在确定了一些基本观念和基本概念的前提下，地心说对天体运动做了明

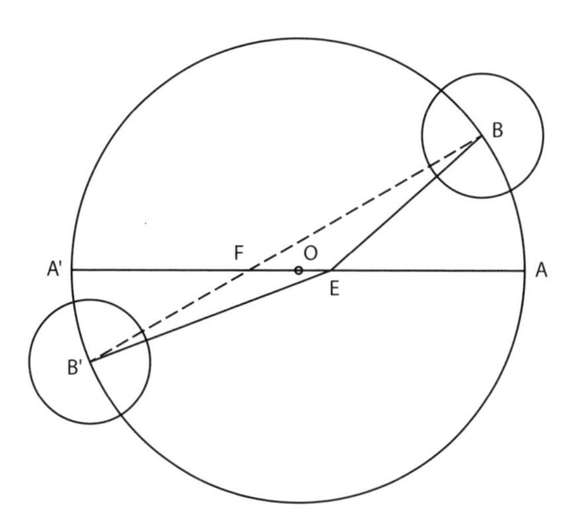

托勒密独创的均衡点的概念。

确描述，比如，各个行星以及月亮都在其本轮上匀速转动，本轮中心又沿均轮运转，只有太阳直接在均轮上绕地球转动。不论对太阳的均轮，还是对行星、月亮的均轮，地球都不位于它们的圆心上，而是偏离圆心一段距离。水星和金星的本轮中心位于地球与太阳的连线上，这一连线一年中绕地球转一圈。火星、木星和土星到它们各自本轮中心的直线总是与日地间的连线平行，这三颗行星每年绕各自的本轮中心转一周。恒星天（镶嵌着所有恒星的天球）携带所有恒星每天绕地球自东向西转动一周。太阳、月亮和行星除在本轮和均轮上运动之外，还与恒星天一起每天绕地球自东向西转一周。

地心说提出了本轮、均轮、偏心圆和均衡点等概念，还进一步拼凑出了各颗行星均轮半径与本轮半径的大小、行星在本轮上及本轮中心在均轮上的不同运行速度、均衡点对均轮中心的不同偏离值等相关参数，在当时观测精度较低的情况下，该模型的理论模拟结果大体上能与实际天象相符合，因此，它对古代天文学的发展起了十分重要的推动作用。

公元 3 世纪，基督教的思想家拉克坦提乌反对地圆说。他指出，如果地球是球形的，那么地球一端的人头朝上，脚朝下，而另一端的人岂不是头朝下，脚朝上？实际上，在6—12世纪的欧洲中世纪前期和中期，基督教教会一直扼杀地圆说。他们复兴了古老的天圆地平说，描绘出一幅带有宗教色彩的穹隆状天空覆盖圆盘状大地的宇宙图像。托勒密的地心说无疑是对抗基督教谬误的先进见解，在当时的科学发展舞台上代表积极正向的力量。

公元9世纪，托勒密的《天文学大成》被翻译成阿拉伯文，阿拉伯世界的学者们一方面开展天文观测编算星表，另一方面又努力研究并试图改进托勒密的地心体系，于是阿拉伯天文学出现了蓬勃发展的局面。12—13世纪，复兴古希腊科学的接力棒又从阿拉伯世界传到了欧洲，托勒密的地心体系冲破教会阻拦在欧洲广泛传播，从此，欧洲天文学走出低谷开始复兴。

但是，除了地球为球形这一正确见解之外，托勒密的地心说总体而言是一个不符合客观事实的理论。托勒密把天体东升西落的视现象看成天球绕地球旋转的真实运动，把太阳在天球上沿黄道的周年视运动看成太阳绕地球的真实运动，这些都是根本性的错误。另外，地心说中本轮、均轮、偏心圆和均衡点等概念的各种组合十分复杂，有明显的人为拼凑的痕迹，缺乏内在的和谐性。

到欧洲中世纪后期，由于天文观测精度的提高，地心体系的推算结果与观测结果明显不相吻合，对该体系的修补也不能根本改变这一局面。然而此时基督教会发现，托勒密地心体系主张地球位于宇宙中心静止不动，具有特殊地位，正好可以作为教会宣扬上帝创世说的理论依据。于是教会对地心说由排斥转变为支持，最后将它定为唯一正确的宇宙结构理论。此时，托勒密的地心说成了科学发展的绊脚石，应该说责任在基督教教会，而与托勒密及其学说无关。

日心说为什么能够取代地心说？

中世纪末期，欧洲社会手工业发展迅速，商业活动的规模和范围逐渐增大，探险、发现、考察活动日益成为人们的一种追求，这促进了造船和航海业的发展。而航海业的发展又迫使天文学提供可靠的航行历书。当时，已经问世十多个世纪的陈旧的托勒密地心说理论已无法准确预报日、月和行星的位置，天文学家对该理论进行了大量修补，以减小理论推算与实际天象观测之间的误差。15 世纪后期至 16 世纪初，在修补后的地心说理论中，日、月和各行星的本轮、均轮总数多达近 80 个，运算十分繁杂，但推算结果依然不尽如人意。

尼古拉·哥白尼正是这种时代背景下出现的一位杰出天文学家。1473 年 2 月 19 日，哥白尼出生在波兰托伦，1491—1495 年在波兰克拉科夫大学学习。在大学期间，哥白尼深受该校数学与天文学教授布鲁楚斯基的影响，立志献身于天文学研究。1496—1503 年，哥白尼曾两度到文艺复兴运动的发源地意大利留学。

在意大利留学期间，哥白尼深入钻研古希腊天文学原著，了解到毕达哥拉斯学派的费罗劳斯在公元前 5 世纪提出过地球不停地绕“中央火”转动，还了解到希塞塔斯和埃克番达斯用地球每天绕轴自转一周来解释天体每天东升西落的现象，这使他深受启发。后来，哥白尼渐渐发现托勒密地心说十分繁杂和牵强，存在明显的缺陷。他大胆地对该学说进行改革，将托勒密体系中每个行星一日一次的周期运动归因于地球的绕轴自转，部分行星一年一次的周期运动归因于地球绕太阳公转，引发岁差的周期运动归因于地球自转轴空间取向的变化。为了使理论无懈可击，更令人信服，他在弗龙堡大教堂的一个平台上，搭起了一座露天观测台，安装了他自己制造的三角仪、象限仪和星盘等多种天文仪器。经过近三十年坚持不懈的观测、思考和计算，最终哥白尼建立起了革命性的日心地动说（日心说），这是人类认识宇宙的一次巨大飞跃。哥白尼积毕生精力完成的不朽著作《天体运行论》在他临终前一刻出版。

哥白尼的日心说的主要观念为：宇宙是球形的；大地是球形的；天体的运动只可能是永恒的匀速圆周运动，或这种运动的复合；运动具有相对性，如果地球有任何一种运动，在我们看来，地球外面的一切物体都会有相同的，但方向相反的运动；天球比地球大得多；最外面的恒星天和宇宙中央的太阳

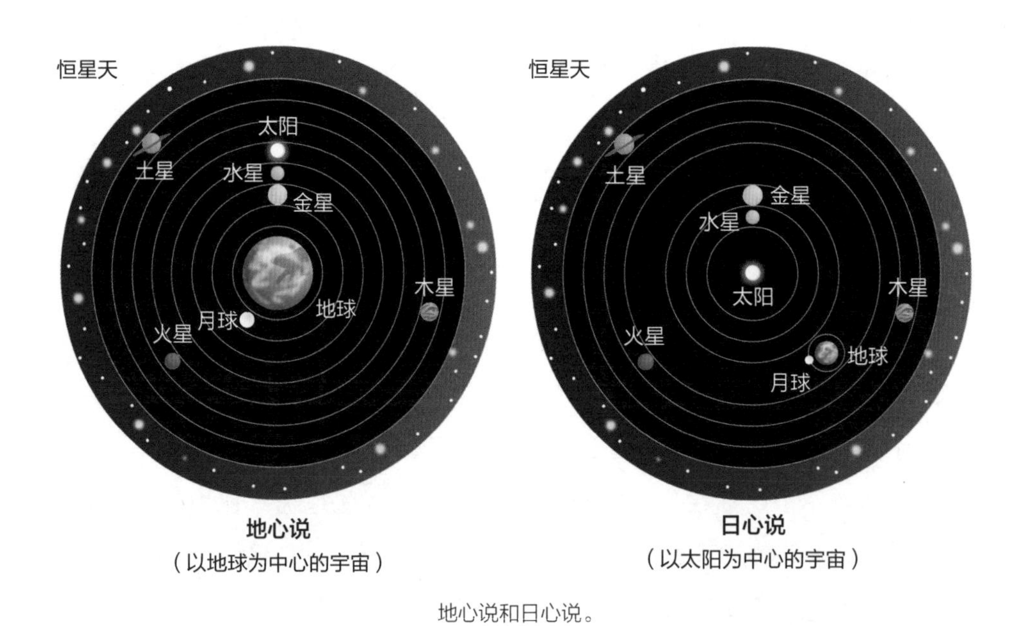

地心说和日心说。

静止不动，土星、木星、火星、携带月亮的地球、金星和水星共六颗行星，按绕太阳公转周期由长到短的顺序，自外向内排列。

在建立日心说的过程中，哥白尼对托勒密的地心说做了许多批驳。比如，托勒密认为，如果地球真的 24 小时自西向东转一周，那么就将出现地球会很快从天穹中坠出去、云彩再也不会向东漂浮、飞鸟再也不会自由飞翔、掷向天空的物体也不会自由下落回原处等现象。对于这种看法，哥白尼批驳说，如果天体的东升西落不是由地球自转所引起，那么只能由整个天穹的周日旋转造成，但整个天穹比地球大得多，因此，天穹转动的线速度也将大得多，这样必然会导致天穹的崩溃。

另外，哥白尼举例，“对于离港远航的船，虽然船在向前运动，但船中的乘客看到的却是陆地和城市在渐渐地后退。”哥白尼用这个运动相对性的例子说明地球的周日自转必然会使人们感到整个天穹在旋转。至于为何云彩依然能自由漂浮、飞鸟依然能自由飞翔、物体依然能自由落回原处，这是由于固态的地球带着包围它的大气在一起转动。

实际上，哥白尼的日心说仍有科学上的缺陷。比如，他认为所有恒星都分布在一个虽然极其巨大但却依然有界的恒星天球上；太阳位于宇宙的中央。如今，我们知道这些论断与事实不相符合。此外，哥白尼恪守古希腊学者所提出的天体所在的天球只能做匀速圆周运动或这种运动的组合这一陈旧观念，为了解释行星实际运动的不均匀性，他不得不沿用托勒密体系的本轮、均轮和偏心圆概念。哥白尼在定量拟合行星、月球的视运动所利用的本轮和均轮数量也不少，这使得日心体系依然相当复杂。

从历史的角度来看，哥白尼的日心说算不上首创，因为古希腊的阿里斯塔克曾经提出过日静地动的观点。但是，在托勒密地心学说被教会钦定为唯一正确的宇宙学说之后，哥白尼再次提出日静地动的学说，并且在几何论证和数学推算上能够胜过托勒密学说，这足以显示出哥白尼非凡的学识、见解和勇气。

今天看来，哥白尼的日心说以地球运动的概念为近代天文学奠定了基石，同时，又以日心体系的正确构想为科学的太阳系概念的诞生打下了基础。1543 年，《天体运行论》出版之后，有少数数学家接受了哥白尼的学说，但也有一些著名学者明确表示反对，因此，哥白尼的学说影响有限，并未对托勒密学说造成冲击。并且，根据当时的物理学和天文学知识，人们还无法理解地球在运动这一事实。随后几十年中，一些天文学家的天文观测、思考和研究逐步让哥白尼学说得到了强烈的支持，促使其得到了进一步发展。

《天体运行论》出版三年后，1546 年 12 月 14 日，第谷·布拉赫在丹麦的一个贵族家庭诞生。第谷自幼聪颖，青少年时代就开始对天文学拥有浓厚的兴趣。1563 年，木星和土星在恒星天空背景下发生“合”，他分别依据托勒密学说和哥白尼学说，再利用《阿尔方索星表》和《普鲁士星表》计算“合”的日期，理论与实际的误差分别为一个月和两天。自此，第谷意识到天文学亟待改进，而改进的关键应该在于进一步完善观测仪器和观测技术。

1572 年 11 月，第谷发现在仙后座出现了一个像恒星一样的目标，亮得在白天也可以看见。难道它是一颗彗星？按照当时流行的亚里士多德的学说，彗星属于地球大气范围内的物体，不属于天体，它可以在天空中运动，出现一段时间后会消失。但第谷的这次实际观测表明仙后座的这个目标是“固定的”，它应当比月球还远，推测应该是一个天体，第谷对自己的观测非常有信心。确认仙后座中“新星”的身份成了难题，这使得第谷开始对现有的宇宙结构学说充满怀疑。碰巧，1577 年出现了一颗彗星。第谷抓住这一难得的机会，做了非常仔细的观测。他发现这颗彗星位于行星际空间，行星际空间就是携带着行星绕中心的地球运动的那些看不见的天球层，这颗彗星正轻松穿过这里。于是，第谷得出自己的结论：那些“水晶天球层”或许根本就不存在。

第谷对“新星”和彗星的观测使他逐渐明白，以亚里士多德哲学为基础的托勒密学说是错误的。但第谷也没有相信哥白尼的学说，一方面，哥白尼

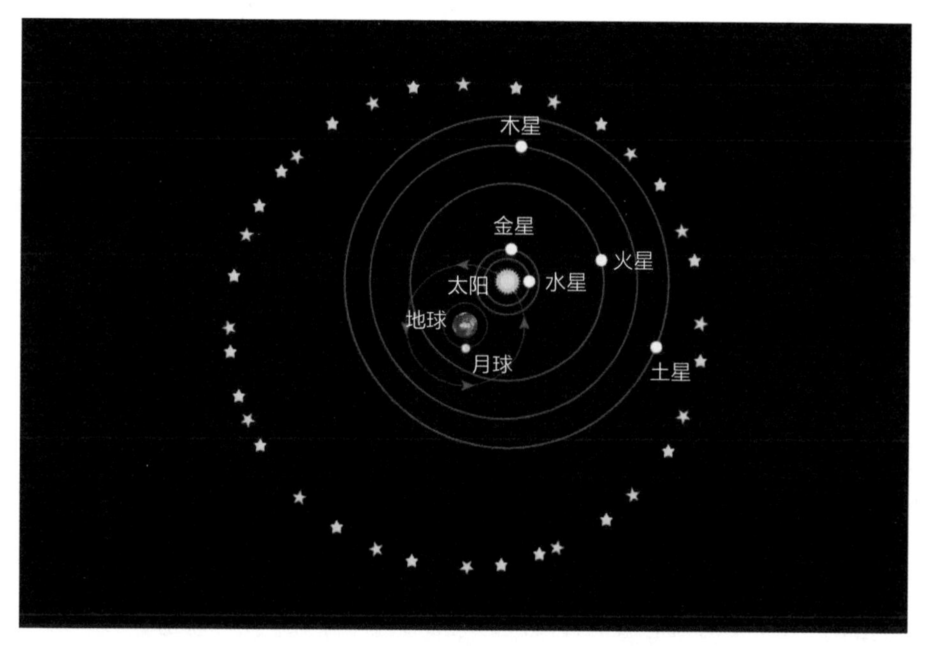

第谷的宇宙模型。

的日心说不符合《圣经》教义；另一方面，以第谷本人的高精度观测，仍然没有观测到恒星的周年视差（周年视差是指由于地球绕太阳的周期运动，人们可以观测到的恒星视位置的变化），也就意味着地球是静止的。在这种情况下，第谷提出了自己的宇宙学说，他认为水星、金星、火星、木星和土星围绕太阳旋转，太阳和月亮则围绕地球旋转，地球仍是宇宙的固定不动的中心，最外层是另一种不同的恒星天层。

从第谷对宇宙结构的见解可以看出，尽管他没有完全接受哥白尼的学说，但是，他已经强烈意识到托勒密体系的错误之处。可以说，第谷对哥白尼学说的关键支持，在于他取得的史无前例精确的行星观测资料。开普勒后来正是利用这些观测资料，得出了天体运动的真实状况和规律，使得哥白尼的日心说具有了不可撼动的地位。

约翰内斯·开普勒于 1571 年 12 月 27 日生于德国符腾堡。1587 年进入图宾根大学学习，在这里，他的老师麦斯特林一边讲授托勒密的地心学说，一边讲解哥白尼的日心学说，并剖析后者较前者的优越性，从这一时期开始，开普勒就成为日心体系的拥护者。

1599 年，在鲁道夫二世的资助下，第谷在布拉格建起了一座天文台。1600 年 10 月，开普勒受邀来到这里工作。1601 年 10 月第谷突然去世，将多年的观测资料留给了开普勒。

得到第谷的高精度观测资料后，开普勒便开始专心研究行星的运动规律。首先，开普勒假定地球和火星都在各自的偏心圆轨道上绕太阳公转，然后采用一个巧妙的办法，利用第谷的观测资料定出了地球的偏心圆轨道；接着，他进一步研究地球在轨道上的运动速度问题。开普勒放弃了哥白尼因袭的天体只能做匀速圆周运动或这种运动组合的陈旧框架，也抛弃了哥白尼采用的均轮和本轮等固有观念，他直接认为地球和行星在绕太阳的轨道上做非匀速运动。那么，这种非匀速运动又遵守什么规律呢？开普勒选择回归托勒密的均衡点的想法，但对此做了巧妙的改进，认为太阳与均衡点相对于圆轨道中心的距离不相等，将此引入日心体系中来。在这种情况下，开普勒不断地进行凑算，并不断地与第谷的观测资料进行对比。皇天不负有心人，最后开普勒终于得出一条新的行星运动规律：地球在绕日的偏心圆上做不均匀运动时，

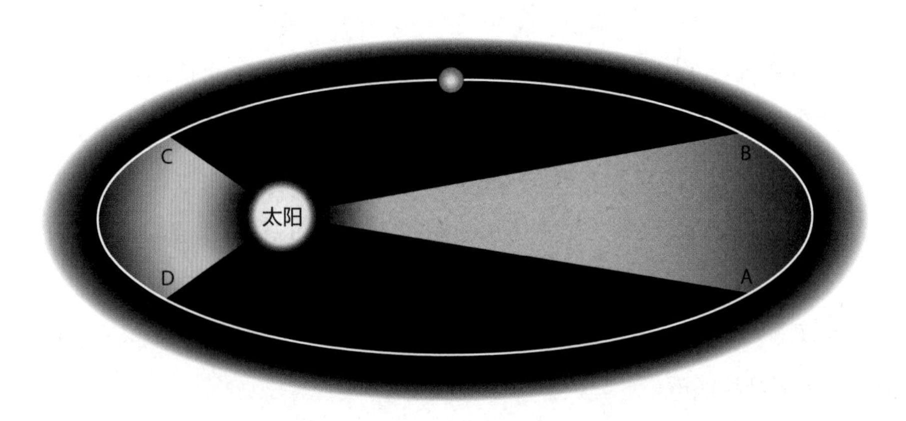

开普勒第二定律示意图。

在相同的时间里，太阳到地球的连线扫过相等的面积。这便是开普勒行星运动第二定律的雏形。

开普勒十分幸运，地球的轨道确实与圆相差不大，因此，他的假设与实际情况非常接近，从而使他初战成功。当他用第谷的观测资料推算火星的偏心圆轨道时，出乎意料地出现了 8 角分的误差，开普勒坚信天文观测大师第谷的观测数据是正确的，继而对火星绕太阳运动的轨道为圆产生了怀疑。经过种种尝试，最后，当他试用椭圆轨道时，发现理论推算与观测资料相符。于是开普勒得到一个结论：火星在椭圆轨道上绕太阳运动，太阳位于该椭圆的一个焦点上。这个结论的推广便是开普勒行星运动第一定律。此后，又经过多年研究，开普勒得出一条描述各行星轨道彼此间关系的规律，即任意两颗行星绕太阳的公转轨道周期与它们离太阳的平均距离平方根的立方成正比，这是开普勒行星运动第三定律。

由此可以看出，开普勒取得的天文学研究成果，有力地支持了哥白尼学说。实际上，开普勒在自己的行星运动定律中抛弃了哥白尼学说中的一些观念，提出了自己的一些新主张，这是对哥白尼学说的发展，使得当时的天文学向前迈进了一大步。

另一位支持和宣扬哥白尼日心说的是伽利略，他跟开普勒是同一时代的著名天文学家。1564 年 2 月 15 日，伽利略出生在意大利比萨。1609 年，伽利略发明了天文望远镜，开辟了天文学观测的新时代。伽利略利用自己制作的天文望远镜，发现了木星的四颗卫星、太阳黑子和月面的环形山，这些观测结果都动摇了当时已有的天文学观念。特别是伽利略用望远镜观测到金星也存在类似月相变化的圆面盈亏变化，如果依照托勒密学说，这种现象不可能出现，只有哥白尼的日心说才可以给出合理解释。伽利略不仅通过天文发现支持哥白尼的学说，还通过重新评价运动的概念从物理学角度支持了哥白尼学说。

宇宙结构怎样从日心说发展到银河系？

17 世纪早期，伽利略用望远镜观测到金星的相位变化以及木星的四颗卫星；同一时期，开普勒创立行星运动三大定律，用几何图形与严格的数学关系式，描述了行星绕太阳运动的规律。这些天文学成果摧毁了地心说，让哥白尼的日心说大获全胜。人们认识到，水星、金星、地球、火星、木星和土星组成一个绕太阳运动的天体系统。其中，在地球和木星的周围还有围绕它们运转的卫星，月亮是地球的卫星，围绕木星运转的卫星则有四颗。

1642 年 12 月 25 日，艾萨克·牛顿在英格兰林肯郡沃尔斯索普村出生。青少年时期，牛顿接受了良好的教育，在剑桥大学三一学院学习时就表现出过人的天赋。在科学的沃土中，牛顿很快就取得了不凡的成就。他提出了牛顿运动定律和万有引力定律。他的这些成就都囊括在 1687 年出版的不朽著作《自然哲学的数学原理》中。与前辈科学家相比，牛顿的理论不再只限于回答太阳系天体怎样在太空中运动，他还解答了那些天体为什么如此运动。

1656 年 10 月 29 日，又有一位英国著名天文学家诞生，他是埃德蒙·哈雷。哈雷出生于英国格林尼治，后来成了牛顿的好朋友。哈雷热衷于天文观测，他长期关注彗星动态。早期，第谷对彗星的观测让人们认识到，彗星不是地球大气内的现象，它位于行星际空间，跨越不同的行星轨道，这就否定了“水晶天球层”的观念。但是，夜空中出现彗星的机会很少，且一颗彗星在夜空可观测的时间也往往较短，这限制了天文学家对它们的观测和研究，因此，彗星在当时仍然是充满神秘色彩的一类天体。

1682年出现的一颗彗星引起了哈雷的注意。哈雷收集古今多种数据，并利用牛顿定律计算这颗彗星的轨道，最后，他指出1531年、1607年和1682年出现的彗星应该是同一颗彗星，并预言该彗星将在1758年再度回归。最终，哈雷做出的预言得到应验，这颗彗星就是著名的哈雷彗星。

哈雷完美计算出彗星的运动轨道和周期，这是探究天体运动规律的又一次重大成功，也证实了牛顿定律的正确性。至此，哥白尼的日心说更加深入人心；太阳是宇宙的中心，几颗行星围绕太阳运转，天空中不存在所谓的水晶天球层。17世纪和18世纪天文学的进展，逐渐促成了太阳系天体系统的观念的形成。按照当时的理论，太阳系天体系统之外是恒星天球，那么，这个恒星天球又是怎样的一种天体系统？

历史上，不少学者具有非常敏锐的直觉，布鲁诺就是其中之一。布鲁诺出生于意大利那不勒斯附近的诺拉镇，他本身不是天文学家，更擅长哲学。哥白尼的《天体运行论》发表后，布鲁诺刚一接触日心说，其思想就受到强烈影响，并以天才般的直觉发展了哥白尼的宇宙学说。他认为宇宙是统一的、物质的和无限的，太阳系之外还有多个太阳系，太阳并不静止，也不是宇宙的中心。不过，以当时的观测手段，这些论断不可能得到证实。现在看来，布鲁诺对“恒星天球”的否定以及对远处恒星本质的直觉猜想称得上超越时代的真知灼见。

1609年，伽利略发明天文望远镜后，他在恒星天球上看到了更多暗弱的恒星，也发现天上的银河中更有数不胜数的恒星。这预示着，“恒星天球”中可能隐藏着不为人知的秘密。荷兰天文学家惠更斯就是一位探索这些秘密的后来者。惠更斯发现了土星的卫星土卫六；他估计天狼星到地球的距离比太阳远27000倍。晚年，他根据自己多年的天文观测研究，提出了对太阳系和太阳系以外宇宙部分的独到见解。他认为天上的恒星都是跟太阳一样的天体。

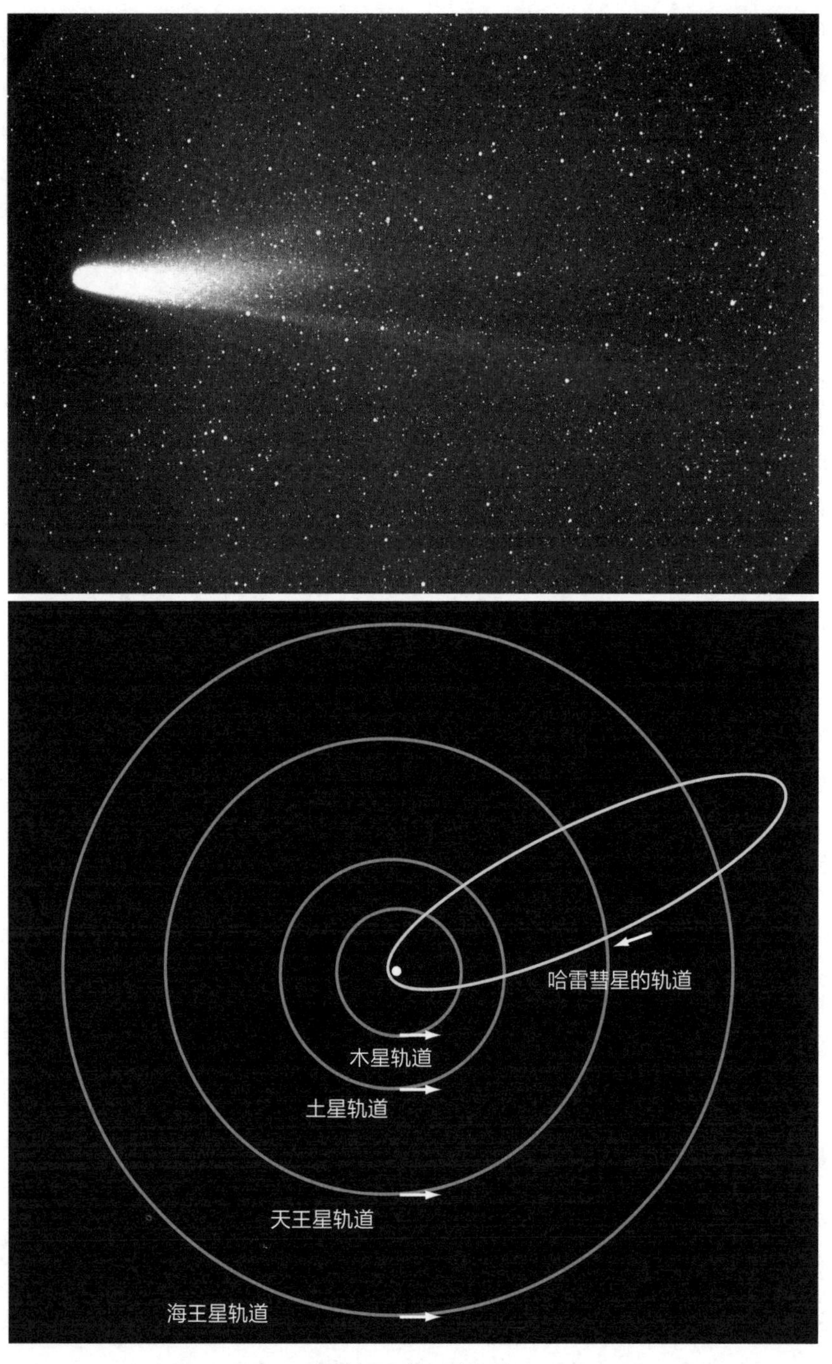

哈雷彗星及其运动轨道。

关于恒星天球，无论是布鲁诺的直觉，还是惠更斯的见解，都给人们带来启迪，但是，揭开恒星天球的神秘面纱，仍需要通过天文观测去实现。

18 世纪 10 年代，在研究彗星方面取得硕果的哈雷着手研究岁差问题，也就是春分点和秋分点沿黄道的西退运动。他把自己测定的恒星位置与刊载在托勒密《天文学大成》中的相关恒星的位置相比较，在扣除了岁差和黄赤交角的变化引起的坐标变化之后，发现三颗亮星南河三（小犬座 α）、天狼星（大犬座 α）和大角星（牧夫座 α）的位置有显著变化。考虑到《天文学大成》中恒星位置由古希腊天文学家提莫恰里斯、阿里斯提鲁斯、依巴谷与托勒密共同进行测定，这样的数据应该准确无误。那么，这些恒星位置的变化是不是“本身有任何特殊的运动”引起的？哈雷认为，对于距离地球近的恒星（因而显得亮），这种运动容易在经过较长的 1800 年后显示出来。于是，1718年哈雷提出，恒星在太空中是运动的，因而在天球上的位置会发生变化。哈雷的这一发现被称为恒星“自行”。

恒星自行的发现，表明恒星存在固有的空间运动。这个事实动摇了“恒星天”“恒星恒定不动”等固有观念。在随后的十年内，英国著名天文学家布拉德雷发现了恒星的光行差和章动，这为进一步准确测量恒星的运动奠定了基础。

此后，越来越多的天文学家加入到探究“恒星天”的队列中来。18 世纪中期，在没有可靠观测事实的情况下，英国天文学家赖特和德国哲学家康德等人发布了关于宇宙结构的新观点，他们认为银河中的所有恒星，包括太阳，共同构成一个比太阳系更高一级的巨大天体系统，该天体系统大体上是一个圆盘，它的直径比厚度大得多。这一猜想是否正确？

英国天文学家威廉·赫歇尔（1738—1822）是历史上一位非常出色的天文学家，他一生中取得了卓越的天文学成就，其中，对于恒星的研究更是具有开创性的贡献。他发现了太阳本动，即太阳本身在恒星际空间的运动；对双星、星团和星云的研究也取得了丰硕的成果。因此，他被誉为“恒星天文学之父”。

1789年，赫歇尔制成了口径48英寸（122厘米）、焦距40英尺（12.2米）的望远镜，这是当时世界上口径最大的望远镜。赫歇尔不仅制造出了当时世界一流的天文望远镜，还利用它对恒星天和宇宙结构进行观测研究，探究天上的银河和其他散布四周的恒星之间到底是怎样一种关系。

威廉·赫歇尔制作的大口径望远镜。

1783—1785年间，赫歇尔在天空中选取了683个区域，共观测到117600颗恒星。给出一些假设后，他用统计方法对恒星天的构造进行研究。最终他得出结论，天上的银河、散布天球各方的恒星，还有我们的太阳系，共同构成一个巨大的恒星系统——银河系，它呈扁平盘状、轮廓参差、太阳位居中心，以1等星的平均距离为单位，银河系的直径约为950单位，厚度约为150单位。这是赫歇尔推演出的银河系结构模型，也被认为是我们所处的整个宇宙的模样。

当然，在赫歇尔的研究中，他做出了我们今天看来并不正确的假设。比

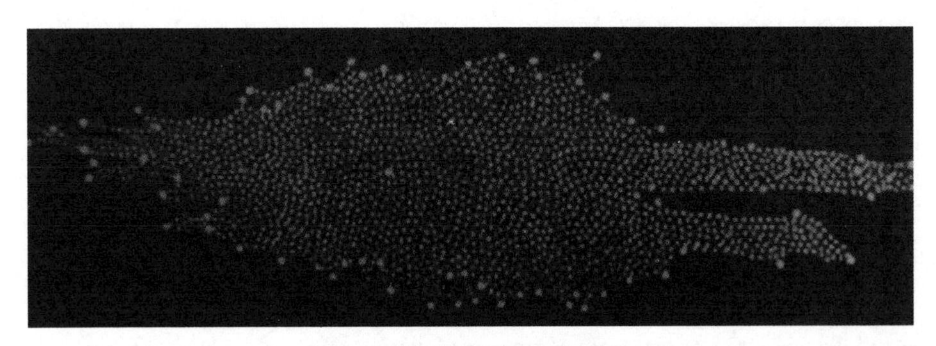

威廉·赫歇尔得到的银河系结构模型。

如，恒星的固有亮度相同，它们看上去的明暗差别是由距离不同引起的；进而，他认为 2 等星的距离是 1 等星的 2 倍，3 等星的距离是 1 等星的 3 倍。他的假设还包括：恒星均匀分布，宇宙空间完全透明，他的望远镜可以看到银河的外沿，等等。因此，威廉·赫歇尔的银河系结构模型是非常粗略和初步的观测结果。但是，无论如何，人们认识到银河系是一个天体系统，这是天文学发展史上的又一个重大飞跃。

银河系是不是宇宙的全部?

古希腊哲学家芝诺有一个著名的比喻，说人的知识就像一个圆，圆内是已知，圆外是未知。你知道的越多，圆就会越大，圆的周长也会越长，你接触到的未知也会越多。因此，你知道的越多，不知道的就会越多。在认识宇宙的过程中，天文学家面对的情况的确如此。

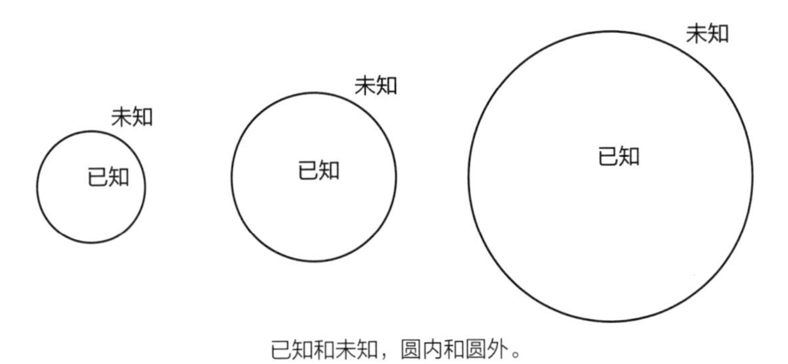

已知和未知，圆内和圆外。

18 世纪后期，威廉·赫歇尔通过观测，打破了哥白尼创立的包含太阳、行星系统及恒星天的日心说所描述的宇宙体系，建立起银河系的宇宙观念。观测过程中，他和其他天文学家发现了一些陌生的云雾状天体，它们被称为星云。这些星云在当时的大口径望远镜中，有的可以分解为一颗颗恒星，有的则不能。这些星云是什么？它们可能是跟银河系一样的恒星系统吗？或者，它们是位于银河系内的某种恒星组织？或者，属于其他类型的天体？这些星云让天文学家感到十分困惑。为了将这些云雾状天体与彗星区别开来，著名的彗星猎手、法国天文学家梅西叶将这些天体编制成一个星表，即梅西叶星表。

早在 1755 年，康德在他的著作《宇宙发展史概论》中提出，人们所见的大部分恒星都以银河为基本面从两边向其集中，构成一个宇宙岛，整个宇宙由无数个这种有限大小的宇宙岛组成。18 世纪后期，当赫歇尔将一些星云分解为一颗颗恒星时，起初他以为星云是银河系外的其他星系；后来，经过进一步的仔细观测，他又否定了自己的看法。实际上，赫歇尔当时分解的这些星云是球状星团和疏散星团。

在接下来的整个 19 世纪里，“星云是什么”这一难题一直困扰着天文学家。19 世纪 40 年代末期，英国天文学家威廉姆·帕森斯（1800—1867），用当时世界上最大的反射望远镜分解了赫歇尔未能分解的星云，他发现有些星云有旋涡结构，如 M51 和 M99。1898 年前后，美国利克天文台台长凯勒（1857—1900）利用格罗斯利反射望远镜进行系统的星云照相观测，发现有两类明显不同的星云：一类是形状不规则的星云；另一类星云则形状规则，呈圆形、椭圆形或旋涡状。不过，凯勒也不能确定它们处在银河系之内，还是银河系之外。

19 世纪，天体分光观测技术不断发展，天文学家了解天体的能力得到进一步提升。除了照相观测外，有天文学家采用分光观测试图解开星云的奥秘。1864 年，英国天文学家哈根斯用分光镜观测天龙座的一个行星状星云，发现它的光谱是明线光谱，这证明它不是一群星，而是一团气体。随后哈根斯又观测过几个明亮星云，得到了同样的结果。实际上，哈根斯也对仙女座大星云做过分光观测，但由于光线被棱镜分光后变得非常微弱，没有得到明确的观测结果。1899 年，德国天文学家沙伊纳（1858—1913）经过七个半小时曝光，拍得仙女座大星云的暗淡光谱，发现它确实和恒星光谱相似，即在连续光谱背景上出现了很多吸收线，于是他报告称仙女座大星云为遥远的恒星系统。

伴随着天文学家们对星云的困惑、观测和探索，时间来到了20世纪。1912年，美国天文学家斯立弗（1875—1969）用分光的方法观测昴星团，发现其反射星云的光谱也是呈现恒星那样的带吸收线的连续光谱。由于昴星团属于银河系这一点确定无疑，所以斯立弗认为仙女座大星云也可能在银河系内，并非银河系外。至此，采用分光观测并不能解决关于星云的困惑。

如果能够确定银河系的大小，同时确定星云或星团的距离，就能知道它们处于银河系内还是银河系外。这依赖于天体距离的测量。当时，三角视差

昴星团。（图片来源：Encyclopaedia-Britanica）

法是测量天体距离的主要方法，但是这种方法只能测量比较近的天体的距离，使用它测量遥远星云的距离颇受限制。到 20 世纪初，关于星云的困惑已持续了 100 多年。当某些科学研究徘徊不前时，要突破瓶颈期，往往需要新思路、新方法的出现，造父变星周光关系的发现给星云研究带来了曙光。

20 世纪初，美国天文学家勒维特（1868—1921）在位于秘鲁的哈佛大学天文台南方观测站工作。她在拍摄小麦哲伦云的照片时，发现了许多变星，便仔细测量其中 25 颗变星的光变周期和它们最亮以及最暗时的星等数据。1912 年她得出结论，该星云中这些变星光变周期的对数与其最亮时（或最暗时）的视星等有线性关系。由于这些变星都处在小麦哲伦云中，它们的距离近似相等，所以根据变星的光变周期，可以确定它们的星等，继而确定变星的距离。这就是著名的造父变星的周光关系。

利用造父变星的周光关系可以测定天体的距离，这让星云和星团的研究出现了新局面。1915 年，美国著名天文学家沙普利（1885—1972）利用 11 颗造父变星的自行和视向速度数据，求出了它们的距离，并用统计方法定出了周光关系的零点。1916—1917 年，使用威尔逊山天文台口径 1.5 米的当时世界上最大的反射望远镜，沙普利观测球状星团中的造父变星，并利用周光关系确定星团的距离，进而研究球状星团在银河系中的分布。利用统计方法，他发现有 1/3 的球状星团位于占天空面积只有 2% 的人马座内，90% 的球状星团位于以人马座为中心的半个天球上。沙普利猜测，球状星团在银河系内是均匀分布的，由于太阳不在银河系中心，造成了这些视觉上的不对称。这样，沙普利得出新的银河系模型：银河系中心在人马座方向距离太阳约 5 万光年的地方，银河系直径约为 30 万光年。

沙普利的成果否定了 1785 年以来威廉·赫歇尔的银河系模型，这是人类认识宇宙结构的又一次重大飞跃。但是，当时沙普利的研究结果没有被人们广泛认可，直到 1926 年，瑞典天文学家林得布拉德（1895—1965）通过对银河系自转的测量，证明银河系中心在人马座方向距离太阳几万光年的地方，

银河系的实际尺度（中），沙普利测得的银河系尺度（左），柯蒂斯测得的银河系尺度（右）。

沙普利的银河系图景才逐渐被人们接受。实际上，沙普利的测量确实存在巨大缺陷，他推演出的银河系尺度过大，主要原因是没有考虑星际消光。

20 世纪初期，在研究星云、星团以及河外星系的领域中，还有另一位知名的美国天文学家柯蒂斯（1872—1942），柯蒂斯采用两种方法测定星云的距离。其中一种是“自行”的方法，1915 年柯蒂斯测定了 66 个星云的自行，再根据自行计算出星云的距离，得出星云的平均距离为 10000 光年，用相近年份的照片对比时，测量误差远远大于自行本身，这使得测量结果的可信度不高。另一种是新星的方法，20 世纪 10 年代后期，柯蒂斯在一些旋涡星云中找到了不少新星，他假定这些新星的极大亮度和银河系中其他的新星一样，由此估算出仙女座大星云的距离为 1000 万光年，后来又减小为 50 万光年。

星云、星团以及河外星系的研究是当时的天文学的热点，吸引了众多天文学家的注意力，各种测量方法、众多观测结果纷纷呈现出来。不过，对于星云和星团究竟位于银河系内，还是银河系外，以及银河系有多大等问题，观点大致分为两种：一种以沙普利为代表，主张银河系尺度巨大，银河系就是整个宇宙，其他旋涡星云都位于银河系内，属于银河系内天体；另一种以柯蒂斯为代表，认为银河系尺度较小，像仙女座大星云这样的旋涡星云，位于银河系外，是跟银河系一样的星系。

1920 年 4 月 26 日，时任威尔逊山天文台台长海尔（1868—1938）召集美国相关天文学家，在华盛顿的一所礼堂内举办了主题为“宇宙的尺度”的讨论会。沙普利和柯蒂斯分别代表持不同观点的双方，就“银河系的大小、结构和旋涡星云的真相”展开辩论。这就是天文学历史上著名的沙普利 - 柯蒂斯大辩论。实际上，限于当时的观测设备和观测方法，辩论双方没有分出胜负，也没有达成共识。不过，通过辩论，当时科学研究的症结被呈现出来，非常有利于天文学家的下一步工作。正是在这种情形下，天文学界出现了一位伟大的人物——埃德温·哈勃。

银河系是否为整个宇宙的世纪大辩论，左侧为沙普利，右侧为柯蒂斯。

可观测宇宙有多大?

古老的“恒星天”的观念被打破以后，从18世纪中期，康德等人提出宇宙岛的想法，到1920年，柯蒂斯与沙普利进行大辩论，大约170年的时间里，“宇宙是什么样子的？”“银河系是不是宇宙的全部？”这样的疑问成了天文学家热衷探讨的问题。但是限于当时的天文观测能力和科学技术水平，天文学家不可能得到这些重大问题的正确答案。但情况很快出现了转机，大口径天文望远镜和杰出天文学家的出现，让人们对宇宙的认识登上了新的高度。

埃德温·哈勃（1889—1953）是20世纪做出开创性贡献的天文学家。哈勃出生于美国密苏里州马什菲尔德市，1910年获得芝加哥大学天文系理学学士学位，1914年到芝加哥叶凯士天文台读研究生，1919年到威尔逊山天文台工作，直至去世。哈勃是杰出的天文学家，在星系和宇宙学领域取得了多项载入史册的重大成果，他通过观测确定仙女座大星云为银河系之外的河外星系，发现了描述星系运动速度与其距离关系的哈勃定律。

埃德温·哈勃。

20世纪20年代初期，哈勃受到沙普利－柯蒂斯大辩论的触动，决心从事这一方面的观测研究。恰逢威尔逊山天文台胡克望远镜建成不久，它是当时世界上最大口径的天文望远镜，口径达 2.54 米。依靠这一观天重器，哈勃进行长期仔细的观测，在仙女座大星云（M31）和三角星系（M33）中，分别发现了 36 颗和 47 颗变星。他分别使用其中 22 颗和 12 颗造父变星，对沙普利得出的造父变星周光关系稍作改进，于 1924 年求得 M31 和 M33 的距离约为 93 万光年，远大于银河系的直径，因此两者都是位于银河系之外的星系。1925 年，他将研究结果公之于众。哈勃获得的这一重大成果为沙普利 – 柯蒂斯大辩论做出了裁定，也支持了 170 年前康德等人关于宇宙岛的见解。这是人类认识宇宙过程中的又一次巨大飞跃。从此，人们知道，宇宙由许多相隔很远的星系构成。

尽管哈勃确定了河外星系的存在，但是，他的测量方法使得测量结果误差较大，不利于后续进一步研究星系的各种性质。1952 年，著名天文学家沃尔特·巴德（1893—1960）在两个星族概念的框架下，对沙普利造父变星的周光关系进行改进，缩小了哈勃的测量误差，将 M31 的距离修正为 230 万光年。巴德对距离测量方法的改进，为日后的星系和宇宙学研究扫清了障碍。

距离最近的星系

仙女座大星云从此被改称为仙女星系。它的视星等约 3.4 等，北半球的人们可以用肉眼直接看见它。因此，19 世纪末和 20 世纪初，欧洲和北美的天文学家更多地将目光和注意力指向了这个天体。如今，天文学家最新测定，仙女星系距离地球约 250 万光年。仙女星系是距离地球最近的旋涡星系，但是，它不是距离地球最近的星系。

南半球的夜空中，在杜鹃座内的小麦哲伦云，在剑鱼座和山案座边界处的大麦哲伦云，它们是两个肉眼可以看见的、彼此挨得较近的云雾状天体。大麦哲伦云距离地球 16 万光年，小麦哲伦云距离地球 19 万光年，两者之间的距离为 7.5 万光年。1522 年 9 月，葡萄牙航海探险家麦哲伦率领的船队成功环绕地球一周，天文学家根据麦哲伦的航海记录得知了这两个星云的存在，

仙女星系。（图片来源：NASA）

这也正是它们名称的来源。

大麦哲伦云和小麦哲伦云是两个不规则星系，它们到地球的距离比仙女星系近得多。在之前的很长一段时间，它们被认为是距离银河系最近的两个星系，并和银河系一同被看成一个三重星系。然而，随着天文观测技术的发展，新的观测成果不断改变人们的认识。1994年，加拿大和英国天文学家发表论文指出，人马矮星系距离我们7万光年，比大小麦哲伦云更近，因此，人马矮星系成了距离银河系最近的星系。人马矮星系位于银心背后，受到前景光的影响，不容易被人们观测到。

然而，仅仅9年之后，人马矮星系“银河系最近星系邻居”的称号就被其他星系抢走了。使用两微米全天巡视（2MASS）观测设备，经过多年观测，2003 年天文学家发现大犬矮星系距离银河系中心只有 4.2 万光年，距离太阳系只有 2.5 万光年。观测显示，大犬矮星系正在被银河系吸食，它的部分恒星已经融入银河系。

目前，大犬座矮星系被认为是距离银河系最近的星系。在银河系周围，像大犬矮星系、人马矮星系、大麦哲伦云和小麦哲伦云这样的矮星系有几十个。另外，在仙女星系周围也分布着几十个矮星系。这两组星系一起构成一个星系群，被称为本星系群，成员有 80 多个。其中，银河系、仙女星系、三角星系和大麦哲伦云是本星系群中四个最大的星系，其他成员都非常小，本星系群跨越的空间尺度达 1000 万光年。

更大的宇宙尺度

利用空间望远镜和大口径地面望远镜，天文学家能够看到更遥远的宇宙深处。他们发现存在比星系群更大的星系系统，即星系团。在室女座天区，距离地球约 5400 万光年的地方有一个星系团——室女星系团，它含有 1300~2000 个星系成员，跨度达 1500 万光年。本星系群处在室女星系团的外围，也有天文学家将本星系群看成室女星系团的组成部分。

比星系团更大的天体系统是超星系团。包括本星系群、室女星系团等在内的约 100 个星系团和星系群构成一个超星系团，即室女超星系团。它包含 47000 多个星系成员，其横跨的尺度达 1.1 亿光年。2014 年，天文学家指出，室女超星系团是更大的超星系团拉尼亚凯亚（Laniakea）的组成部分，拉尼亚凯亚的横跨尺度达 5 亿光年。

在超过几亿光年和几十亿光年的尺度上，宇宙又是什么样子？现在，天文学家已经有了初步的答案。在更大的尺度上，我们观测到的宇宙呈海绵、蜂窝或肥皂沫的形状，也叫作宇宙网，其间有巨洞、长城、超星系团复合体及星系纤维等结构特征。天文学家可以观测到最远约 140 亿光年的星系，考虑到宇宙的膨胀，可以大致计算出目前可观测宇宙的直径约为 930 亿光年。

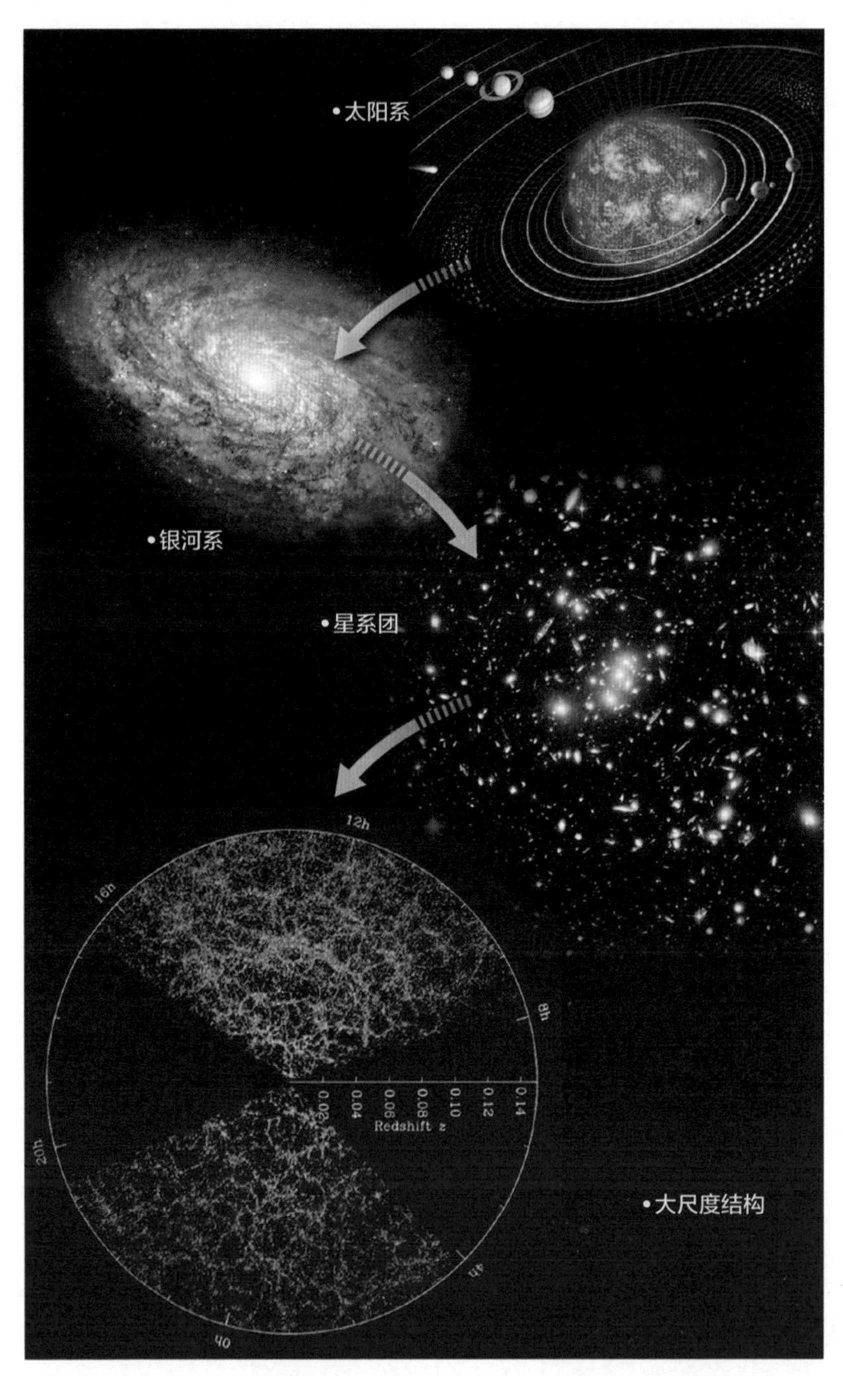

宇宙的结构。（图片来源：NASA/SDSS）

第二部分
星系和宇宙学

PART TWO

牛顿心目中的宇宙是怎样的?

一提起宇宙，人人都会有许多疑问，宇宙由什么组成？宇宙有多大？宇宙有没有边界？宇宙有没有开端？宇宙是永久存在，还是会最终消亡？自古至今，人类一直在不断地探寻这些问题的答案。

我国古代三国时期徐整所著《三五历纪》中写道："天地混沌如鸡子，盘古生其中。万八千岁，天地开辟，阳清为天，阴浊为地。盘古在其中，一日九变，神于天，圣于地。天日高一丈，地日厚一丈，盘古日长一丈。如此万八千岁，天数极高，地数极深，盘古极长。"盘古开天辟地创造出世界，这是我国的一个神话故事。它是古时候中国先民关于宇宙来源的一种看法：宇宙存在一个创始过程。

西汉时的著作《淮南子·天文训》开篇写道："天坠未形，冯冯翼翼，洞洞灟灟，故曰太昭。道始于虚廓，虚廓生宇宙，宇宙生气，气有涯垠，清阳者薄靡而为天，重浊者凝滞而为地，清妙之合专易，重浊之凝竭难，故天先成而地后定。天地之袭精为阴阳，阴阳之专精为四时，四时之散精为万物。"相比盘古开天辟地的神话传说，这段表述是古代学者对天地（指宇宙）形成的又一种见解，它描述了宇宙创生的过程。尽管这种说法与现代科学理论有非常大的距离，但其中的哲学思想值得我们借鉴。

16 世纪和 17 世纪，欧洲出现了以哥白尼、伽利略等人为代表的一批优秀科学家，他们利用精确的天文观测、可靠的物理实验、巧妙的数学方法以及严谨的逻辑推理，极大地推动了人类对宇宙及宇宙天体的了解。但是，面对整个宇宙，科学家们要准确地回答它的来源、大小和本质等种种疑问，大多情况下依然无能为力，茫茫然不知所以。

意大利哲学家布鲁诺是令后人敬佩的学者，他从哲学的角度出发，根据当时已有的天文学知识，提出“宇宙空间是无限的、统一的、物质的、永恒的”，这一观点在今天看来仍是少有的远见卓识。法国科学家笛卡儿（1596—1650）则提出了一个无限宇宙模型，他认为宇宙空间中充满物质，这些物质的运动形成了无数的旋涡。可见，在 17 世纪，学者们已经产生了宇宙无限的观念，这超越了地心说和日心说中“有限水晶球”的宇宙概念。

1687 年，牛顿出版《自然哲学的数学原理》，提出了牛顿运动定律和万有引力定律，这些定律适用于包括宇宙天体在内的所有自然界物体。除了这些定律本身所蕴含的物理规律，牛顿还指出了与这些规律密不可分的宇宙时空和力的性质：宇宙中存在绝对时间、绝对空间和绝对运动。也就是说，宇

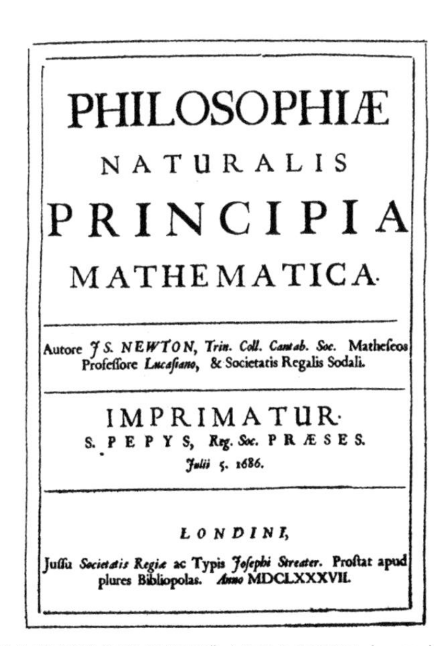

PHILOSOPHIÆ

NATURALIS

PRINCIPIA

MATHEMATICA.

Autore *J S. NEWTON*, *Trin. Coll. Cantab. Soc.* Matheseos Professore *Lucasiano*, & Societatis Regalis Sodali.

IMPRIMATUR.

S. PEPYS, *Reg. Soc.* PRÆSES.

Julii 5. 1686.

LONDINI,

Jussu *Societatis Regiæ* ac Typis *Josephi Streater*. Prostat apud plures Bibliopolas. *Anno* MDCLXXXVII.

《自然哲学的数学原理》拉丁文版封面（1687）。

宙中某处有一个严格准确、时间均匀流逝的“钟”，它可以为任何事件计量时间。宇宙中还存在一个标有刻度的巨大框架，可以作为任何运动物体的参考系。此外，在牛顿的理论中，宇宙中物体之间的万有引力是瞬时作用力。

利用牛顿的引力理论考察整个宇宙的性质，可以得出牛顿的宇宙图景：宇宙在空间上是无限的，它向各个方向均匀地无限延伸；在时间上也是无限的，宇宙没有开始，也没有结束，它一直稳定地存在着。这个图景似乎非常符合我们的日常感受：年复一年，星空看不出任何变化；经过数百年数千年的观测，人类也没能看到太空的边缘。

太阳系是一个非常好的实验室，人们可以通过它判别一个物理定律正确与否。早期，天文学家测量了太阳系中几颗行星的宏观运动，结果表明牛顿定律是正确的科学定律，它揭示了天体运动的规律和本质。特别是 18 世纪人们观测到哈雷彗星如期回归，19 世纪发现海王星，这些事实让牛顿的理论成了不可置疑的神圣学说。

19 世纪，英国物理学家麦克斯韦建立电磁场方程组，得出电磁波在真空中的传播速度，即光速，为 2.9979×10^8 米 / 秒。因此，不少科学家从直觉出发，将牛顿的绝对空间作为光速传播的参考系。根据当时的认识，所有波的传播都依赖于某种介质，因此，科学家们假定在这个绝对坐标系中，到处充斥着“以太”。1887 年，牛顿的《自然哲学的数学原理》出版 200 年后，为了寻找这个绝对参考系或者说“以太”，两位美国物理学家阿尔伯特 · 迈克耳孙和爱德华 · 莫雷，在美国克利夫兰做了一个著名的物理实验。他们用迈克耳孙干涉仪测量两束垂直光束的光速差值，这就是历史上著名的迈克耳孙 – 莫雷实验。他们转动实验装置，让光束的方向分别平行和垂直于地球的公转运动方向，结果没有观察到预期中的干涉条纹。实验结果否定了“以太”的存在，也就否定了绝对时空的存在。

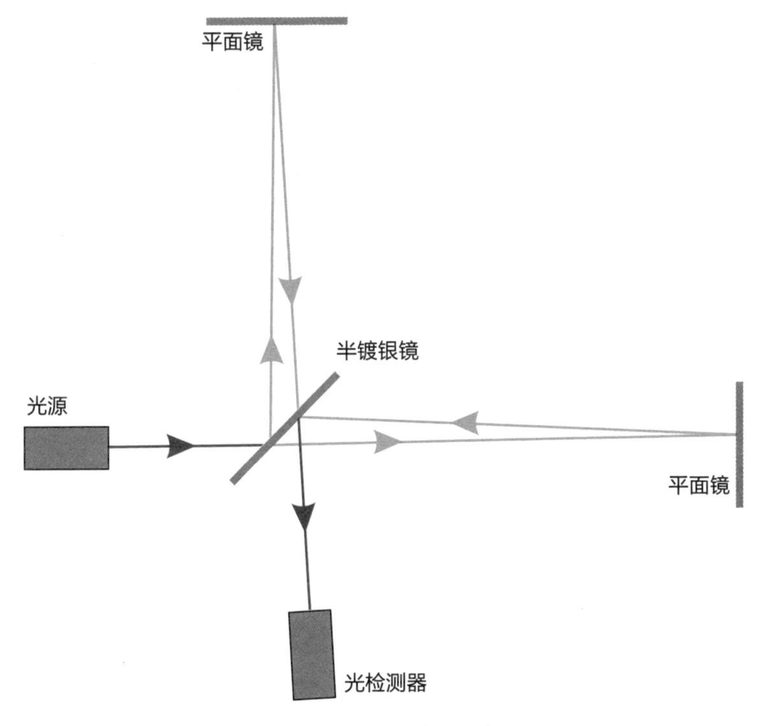

迈克耳孙－莫雷实验的光路图。

迈克耳孙－莫雷实验给科学家提出了一个难题：在牛顿的理论被天文观测证实正确后，却出现了意想不到的实验结果。问题在哪里？难道牛顿的宇宙观存在纰漏？

实际上，19 世纪的天文学领域还有另一个难题，即所谓的奥伯斯佯谬。1823 年，德国天文学家奥伯斯提出一个问题：夜晚的天空为什么是黑的？乍听起来，这个问题好像非常幼稚。太阳落山后，没有了明亮的光源，天上只有一个个小星星，天空变黑是理所当然的事情。但是，奥伯斯提出的这个问题实际上并不是那么简单。

奥伯斯指出，尽管天空中的星星距离我们非常遥远，看上去非常暗弱，可是根据牛顿的宇宙图景，在无限广阔的宇宙空间，各个方向应该存在无限多的恒星。严格的数学计算表明，夜空每个方向的光的亮度都是非常大的。也许有人会说，有些恒星距离太遥远，它们的光线还没有到达地球，这种说法与牛顿的宇宙理论不符。因为，从时间上讲，宇宙没有开始，也没有结束，宇宙是永恒稳定存在的。经过之前无限长的时间，不管多远的恒星发出的光线，都肯定已经照射到了地球。也许还有人会说，太空中的气体和尘埃挡住了一部分光线。但是，物理学规律告诉我们，经过足够长的时间，气体和尘埃达到热平衡后，它们吸收多少光线，就会辐射出多少光线。经过深入思考，奥伯斯认为夜空本不应该是黑暗的。

这就是天文学历史上有名的奥伯斯佯谬。此外，还有一个被称为引力佯谬的难题。1894 年，德国科学家诺曼和西利格各自提出，假使宇宙无限大，物质均匀分布，那么作用于每一个天体的万有引力将会积累到无限大。这也与观测到的实际情况不符。引力佯谬又叫诺曼－西利格佯谬。

两个科学佯谬，再加上出人意料的迈克耳孙－莫雷实验，让天文学的天空阴云密布。这意味着，牛顿的时空观和宇宙观可能并不完全正确。“存在绝对时间和绝对空间”“宇宙是无限的”“宇宙永恒稳定地存在着”——宇宙的这些特性或许不符合客观实际，那么真实的宇宙又是什么样子的呢？

人们如何知道宇宙在膨胀?

伽利略制造第一架天文望远镜后的几百年，望远镜的功能不断增强。使用天文望远镜，天文学家可以看到天空中越来越多的天体，也能够看到越来越遥远的天体。不过，人们没有看到宇宙的尽头。然而，迈克耳孙－莫雷实验、奥伯斯佯谬和引力佯谬表明，牛顿的宇宙时空观似乎存在纰漏。时光匆匆流逝，在困顿和迷茫之中，人类进入了 20 世纪。此时，一位伟大的物理学家正在用自己的智慧和汗水，为解决宇宙学和物理学当时面对的困境而努力工作。他的名字叫阿尔伯特·爱因斯坦。

经过几年的艰辛探索，1905 年，爱因斯坦提出了狭义相对论。该理论以两个基本假设为前提：第一，在相互做匀速直线运动的任何参考系中，物理学定律都相同，匀速直线运动的参考系是惯性参考系，这是所谓的相对性原理；第二，在任何惯性参考系中，光在真空中以固定速度 c 传播，与光源的运动状态无关，即光速不变原理。依此，爱因斯坦建立了狭义相对论方程，即洛伦兹变换，它给出不同惯性参考系中的物理量之间的变换规则。洛伦兹变换表明，时间和空间不再各自独立，它们是有内在联系的时空整体。比如，我们在车站站台上测量一列高速行驶的列车的长度，将比在它静止的时候测量要短一些，同时列车上的时钟走得要慢一些，这就是尺缩钟慢效应。

爱因斯坦没有止步于狭义相对论，他随即转向研究客观世界更深层的秘密。他试图研究非惯性系中的物理规律，非惯性系是指做非匀速运动（有加速度）的参考系。首先他提出了等效原理，即惯性质量等于引力质量，引力与惯性力的物理效果完全无法区分；其次，爱因斯坦认为，无论是惯性参考系还是非惯性参考系，一切参考系都等价，物理规律在任何坐标系下形式不变。

又经过几年的潜心思考，1915 年，爱因斯坦创立了广义相对论，用引力场方程表述物质分布和时空属性之间的关系，把时间、空间、物质和运动四个基本物理概念联系起来。该方程可以用一句话简单表述为：物质决定时

爱因斯坦的弯曲时空。

空如何弯曲，时空决定物质如何运动。有了引力场方程，人们好像得到一把解锁宇宙谜团的钥匙。不过，天文学家也明白，引力场方程也有前提和假设：从大尺度上看，宇宙是均匀和各向同性的，这就是宇宙学原理，也叫哥白尼原理。让人感到惊奇的是，一百年后的天文观测结果表明，这个假设竟然奇迹般地跟实际情况一致。

广义相对论创立之后，越来越多的实验结果验证了它的正确性。例如，天文学家观测到引力透镜效应，即光线在引力场中弯曲；天文学家也验证了不同引力场中的时钟计时情况的变化。最终，一系列的天文观测结果给牛顿的绝对时空观判了“死刑”。

1917 年，爱因斯坦首次把广义相对论的引力场方程应用到整个宇宙，试图得到一个宇宙模型。但是，在只有引力作用的情况下，宇宙不是膨胀就是收缩，这跟千百年来人们感受到的静止宇宙相矛盾。为了得到一个静止的宇宙模型，爱因斯坦在引力场方程中加入一项参数“Λ”，它叫作宇宙学常数，代表一种斥力，用来抵消引力的作用，以保持宇宙处于静止状态。添加宇宙学常数后，再次求解引力场方程，就能得到一个有限、无边界、没有中心的静态宇宙。我们可以把它看成四维时空中的一个三维超球面。为了便于理解，可以用三维空间中两维球面的情形做类比。在这样的宇宙中，一个光子向任何一个方向辐射出去，在封闭的时空中传播，永远碰不到时空的边缘，甚至最后还会回到出发地。

1922 年，苏联数学家弗里德曼（1888—1925）重新求解引力场方程，得到一个一般解。爱因斯坦的宇宙解只是一个静态的特例，另外还有三个动态解，包括两类膨胀解和一类振荡解。由此，弗里德曼也提出了一个宇宙模型：整个宇宙空间不是静态的，它随着时间而变化，空间的属性和两点之间的距离也随着时间而变化，宇宙空间不是膨胀着就是在不停地收缩。此外，1927 年，比利时数学家和天文学家勒梅特（1894—1966）在假定宇宙半径可随时间变化的基础上求解引力场方程，得到一个宇宙膨胀解。

20 世纪早期的宇宙学研究有两条分支：一条是求解引力场方程，另一条是天文实测。在天文实测这条线上，有一位杰出的天文观测战士，他就是前面提到的哈勃。20 世纪 20 年代，哈勃和哈马逊在美国威尔逊山天文台致力于旋涡星云视向速度的测量。除这项测量工作之外，哈勃还采用各种方法测量和估算旋涡星云的距离。皇天不负有心人，最终哈勃得到了一个珍贵的结论：远处的旋涡星云都在远离我们而去，且它们退行的速度与它们的距离成正比，这就是著名的哈勃定律。它反映了宇宙正在均匀膨胀，而且，任何一个星系上的观测者都能同样观测到其他星系在退行，银河系并不处于特殊地位。

理论推算和天文实测得到了相同的结论。至此，人们认识到，我们的宇宙可能不是永恒静止的，它或许在不断膨胀。

大爆炸宇宙论是怎么回事？

遥远的星系远离地球而去，这说明宇宙正在膨胀。这一发现像点亮了一座灯塔，引导了未来宇宙学研究的方向。哈勃的发现与勒梅特求得引力场方程的宇宙膨胀解不谋而合，这增强了后者对自己研究工作的信心。1932 年，勒梅特进一步设想，宇宙早期的全部物质都集中在一个“原初原子”（也称作“宇宙蛋”）里。通过计算，勒梅特认为，宇宙蛋的尺度不大于地球到太阳的距离。这里密度极大，并且很不稳定，不断发生衰变，于是物质向四面八方飞散，宇宙空间就这样膨胀开来。

乔治·伽莫夫（1904—1968）原本是一位苏联物理学家，1934 年定居美国，他专注于核物理研究。1948 年，在勒梅特宇宙起源学说的基础上，伽莫夫和他的博士生拉尔夫·阿尔弗为了解释宇宙中元素的形成，提出在宇宙膨胀初期存在一个高温高密的“原始火球”。在这样一个特殊状态下，原始火球中同时存在着质子、中子、正负电子和中微子，并处于平衡状态。随着宇宙膨胀，物质和能量密度减小，温度降低，其平衡状态被破坏，一部分中子通过 β 衰变转变为质子和电子，质子俘获中子成为氘核。这样的过程反复发生，形成更重的元素。为了让他们的理论的名字更好听一些，伽莫夫说服著名核物理学家汉斯·贝特一起署名，于是，这个理论被称为 αβγ 理论，即大爆炸元素形成理论，也就是人们常说的大爆炸宇宙论。

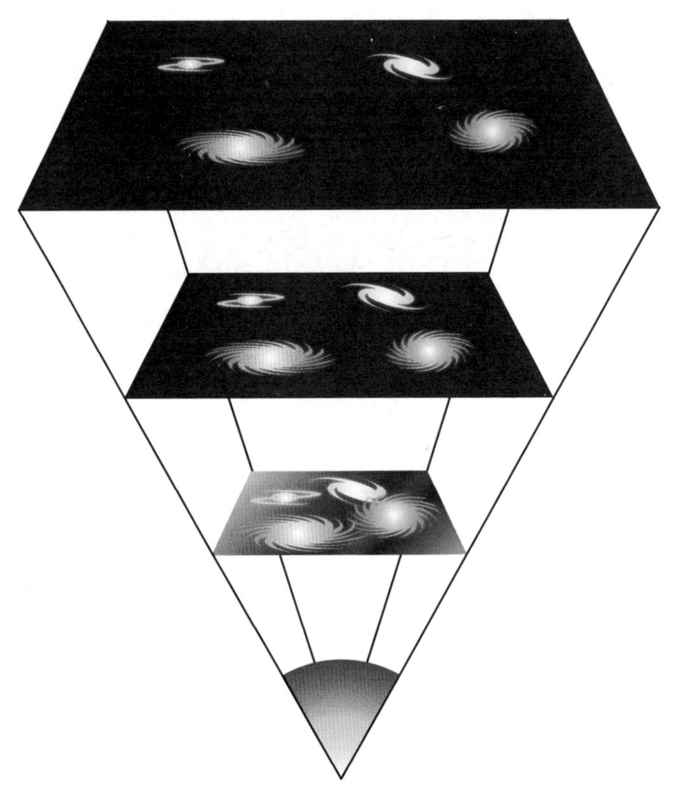

根据大爆炸宇宙论，宇宙是由超高温、超高密度的“原始火球”膨胀而来的，且现在仍在膨胀着。（图片来源：Papa November）

宇宙由原初原子膨胀而来的观点逐渐被更多的人所了解。作为支持这一理论的观测证据，由哈勃定律得出的哈勃常数 H_0 的数值最初为 500 千米 /（秒·兆秒差距），对应宇宙的年龄为 20 亿年。但 20 世纪 30 年代，由岩石放射性衰变得出的地球年龄为 40 多亿年，比宇宙年龄还大。这一事实让伽莫夫等科学家处于尴尬境地，因此，大爆炸宇宙论在当时的天文学界并没有占据优势地位。

20 世纪 40 年代后期，英国天文学家邦迪、戈尔德和霍伊尔建立了稳恒态宇宙论。他们除了采用均匀和各向同性的宇宙学原理外，还假设宇宙不随时间而变化。稳恒态宇宙论认为：宇宙是无限的，没有开端也没有终结，它一直保持同样的状态。这个理论可以回避大爆炸中原始火球来源和大爆炸的原因等难题，但是，对于宇宙空间膨胀的观测事实，没有令人满意的解释。后来，各种支持大爆炸宇宙论的观测事实不断出现，让稳恒态宇宙论在科学界的地位一落千丈。

稳恒态宇宙论的创建者之一、英国剑桥大学的天文学家霍伊尔在 1949 年英国广播公司（BBC）的一次广播节目中，为了宣传自己的理论，把宇宙由原初原子膨胀而来的观点戏称为“大爆炸”（the big bang）理论。正是从这次广播节目之后，“大爆炸宇宙论”的说法开始流行起来。一个戏谑名词成为一个重要理论的名称，这可谓天文学历史上的一件趣事。

一个正确的科学理论不仅需要能够解释科学事实，还应当对科学事件的发展趋势以及其他有关效应给出预测。哈雷研究彗星的物理本质和运动规律，预测哈雷彗星回归的日期，最终得到证实；爱因斯坦的广义相对论给出许多科学预言，如光线在恒星附近弯曲、宇宙中存在黑洞和引力波等，现在这些预言都得到证实。伽莫夫等人创建的大爆炸宇宙论构想了宇宙的详细演化过程，包括原子和星系的形成等。除此之外，伽莫夫还预言，宇宙初期的高温辐射随着宇宙膨胀而冷却，至今应有残留的电磁辐射，辐射温度可能为 5~10K。

大爆炸宇宙论及其对残留宇宙辐射（微波背景辐射）的预言，在当时并没有得到天文学家的重视。此后十多年中，几乎没有人研究这些问题。但是，到了 20 世纪 60 年代，情况有所改观，不少天文学家又着手研究这些宇宙学问题，包括苏联天文学家泽尔多维奇、英国天文学家霍伊尔和泰勒，以及美国普林斯顿大学的皮伯斯等人。在测量微波背景辐射的工作上，美国科学家行动最快，普林斯顿大学的迪克、劳尔和威尔金森一起，专门制造了一台小型低噪声天线，工作波长在 3.2 厘米处。然而，观测还没有开始，他们便得到了一个出乎意料的消息：贝尔实验室的射电工程师彭齐亚斯和威尔逊已在无意中发现了微波背景辐射。

让我们将故事转到贝尔实验室。20 世纪 60 年代初期，在美国新泽西州克劳福特山上，贝尔实验室建造了口径 6.1 米的角锥状喇叭天线，配有低噪声辐射接收机，主要目的是接收卫星反射回来的极其微弱的通信信号。不久，具有较强信号的通信卫星上天，这架天线变成了多余之物。但是，实验室的两位年轻工程师彭齐亚斯和威尔逊决定用它做射电天文观测，对宇宙中的一些射电辐射源进行绝对定标测量。

1964 年 5 月，经天线改造而成的射电望远镜开始正式观测，但彭齐亚斯和威尔逊很快发现了一种来源不明的噪声信号，对应的辐射温度为 3.5K。该信号表现奇特，它既不随周日变化，也不随季节变化，还不随天空的方向而变化，这让彭齐亚斯和威尔逊感到无比困惑。他们决定对观测仪器的各个部分进行详细检查，为了去除各种可能的因素，他们竟花费了大半年的时间。最后，彭齐亚斯和威尔逊认识到，这一额外的信号不是仪器噪声，不是地面的某种信号，也并非来自地球大气或银河系，它来自普遍的宇宙空间。但是，

喇叭天线前的彭齐亚斯和威尔逊。（图片来源：Roger Ressmeyer/CORBIS）

这种信号的物理来源和本质是什么?

经过朋友介绍，彭齐亚斯和威尔逊与普林斯顿大学迪克教授领导的宇宙学研究小组取得了联系。经过共同讨论，迪克研究小组马上意识到，这正是他们打算寻找的微波背景辐射。微波背景辐射的发现是20世纪60年代射电天文的四大发现之一，凭此发现，彭齐亚斯和威尔逊获得了1978年诺贝尔物理学奖。更重要的是，这项观测成果使得伽莫夫的预言得以证实，从此，大爆炸宇宙论开始被天文学家普遍认可。

宇宙中轻元素丰度（即相对含量，用质量百分比表示）与观测事实一致是支持大爆炸宇宙论的另一个强有力证据。根据元素核合成理论，伽莫夫构想了宇宙早期的元素合成过程，推算出早期宇宙中氢元素约占75%，氦-4约占25%，氘和氦-3各占约0.01%，还有极其少量的锂。后来的观测事实与大爆炸理论预期大致符合，特别是氘元素的含量最为符合。

宇宙初期是否有一个短暂的暴胀过程?

勒梅特和伽莫夫等人深入探究宇宙的来源和演化，共同促成了大爆炸宇宙论的建立。该理论描绘出宇宙演化过程可能经历的多个不同环节，以及演化过程中有关的物理机制。比如，宇宙从一个高温高密状态开始演化，并不断膨胀；宇宙的最初状态以辐射为主，后来转化为以物质为主；宇宙经历了原初核合成，以及恒星和星系的形成过程，等等。对于宇宙的这些演化图景，最初，人们充满怀疑。

后来，大爆炸理论预言的微波背景辐射和轻元素丰度值，先后得到天文观测的证实，这使得该理论逐渐被普遍认可和接受，并成为主导宇宙学研究的主流学说。近几十年，宇宙学研究领域中，天文学家构建出更高精度更高水平的天文观测设备和探测手段，进一步提高和深化了人们对宇宙起源和演化的认识。然而，大爆炸理论并非尽善尽美、无懈可击，它面对着几个疑难问题的挑战，比如视界问题、平坦性问题和磁单极子问题等。

视界问题

在天体物理学中，“视界”这个名词出现在多个场合。讨论黑洞时有“事件视界”，它是引力场方程在特定情况下的史瓦西半径。在宇宙学中，视界表示宇宙的可观测范围。此处的“视界”跟日常生活中的“地平线”意思相

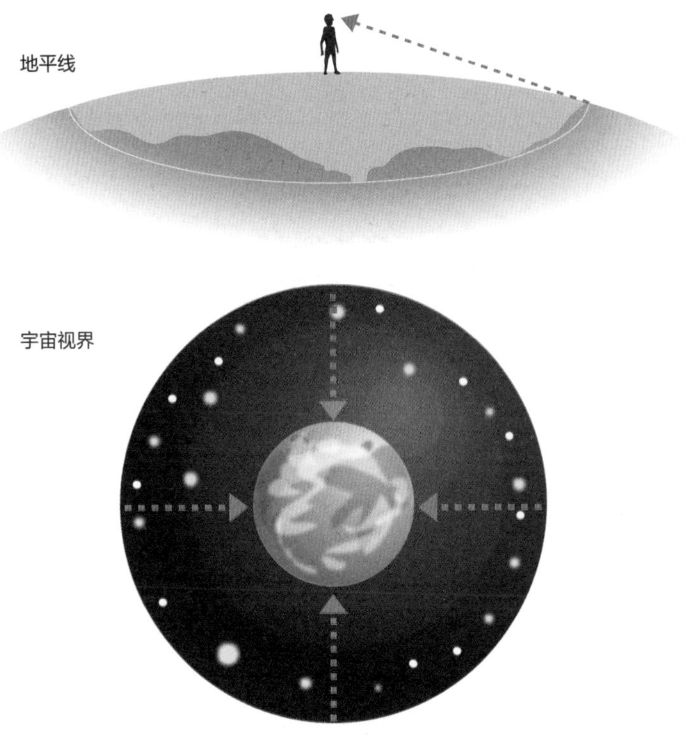

地平线与宇宙视界。

似。当人们乘坐轮船，在大海上航行，举目远望，视野中是一望无际的海洋。在海天相接处，是一条朦朦胧胧的曲线，它围绕轮船构成一个圆圈，这就是地平线。轮船上的观察者能够看到地平线圆圈之内的海洋，而看不到地平线之外的海洋或陆地。

同样，当天文学家将望远镜指向天空，他们只能观测到宇宙的有限区域。因为宇宙仅仅诞生于 138 亿年之前，且其中的最快速度——光速——是一个有限值。这样一来，光线在宇宙 138 亿年的寿命内（更准确的说法是光子和物质退耦后的宇宙寿命）只能走过有限的路程。这个尺度是天文学家能够观测到的宇宙范围，即宇宙学中所说的视界。不管宇宙有限还是无限，人们都观测不到视界之外的宇宙部分。

假设地球位于O点，在我们视界的边缘有两个点A和B。考虑到光在有限的宇宙寿命中只能走过一定的路程（BO或AO），因此,A不在B的视界内，B也不在A的视界内。也就是说，A和B两个点在宇宙寿命内不可能有光信号联系。

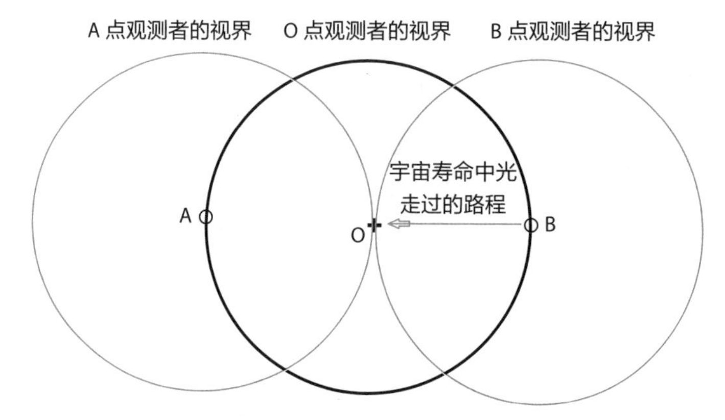

分别各自位于对方视界之外的两个点 A 和 B 处于热平衡状态。

另一方面，微波背景辐射的现代观测表明，它非常接近各向同性，也就是说，从天空任何一点（比如A点和B点）看到的光都有同样的温度，为2.725K，且这一结果的测量精度非常高。物理规律告诉我们，相同温度状态是热平衡的结果。如果天空的不同区域（比如A点和B点）能够相互作用，朝着热平衡的方向发展，那么，微波背景辐射温度各向同性的观测结果就容易得到解释。

但遗憾的是，从视界一端A点看到的光，从宇宙退耦开始就一直朝地球上的观察者而来（退耦时刻与大爆炸发生的时刻非常接近），现在A点处的光刚刚到达我们这里，那么现在或之前A点处的光绝不可能到达可观测宇宙的另一端B点。或者说，没有时间使天空两个相反方向的区域A和B以任何方式发生相互作用，这意味着，有相同的微波背景温度的A点和B点，不可能是由于相互作用建立了热平衡。微波背景辐射各向同性的观测结果导致的视界问题成了大爆炸宇宙论无法解释的一个难题。

平坦性问题

我们再来看一看宇宙的平坦性问题。

任何物体都有一定的形状，形状反映物体的几何特性。那么，宇宙的几何特性又是怎样的？受到主观和客观条件的限制，目前，人类对于宇宙的了解非常有限。在描述宇宙变化的弗里德曼方程中，有一个表示宇宙几何特性的参数 k，它代表空间曲率。这个参数不是描述某颗恒星、某个黑洞、某个星系或某个星系团附近的空间弯曲特性，它描述宇宙整体的空间几何弯曲情况。

在均匀和各向同性的宇宙模型下，宇宙会有三种不同的几何类型，分别对应 $k>0$、$k<0$ 和 $k=0$ 的情况。第一种情况，$k>0$，对应球面几何（三角形内角和大于 180°），此时宇宙的密度参数 $\Omega>1$，这种类型的宇宙是有限和闭合的。[1]第二种情况，$k<0$，对应双曲几何（三角形内角和小于 180°），此时 $\Omega<1$，这种类型的宇宙是无限和开放的。第三种情况，$k=0$，对应平面几何（三角形内角和等于 180°），此时 $\Omega=1$，这种类型的宇宙

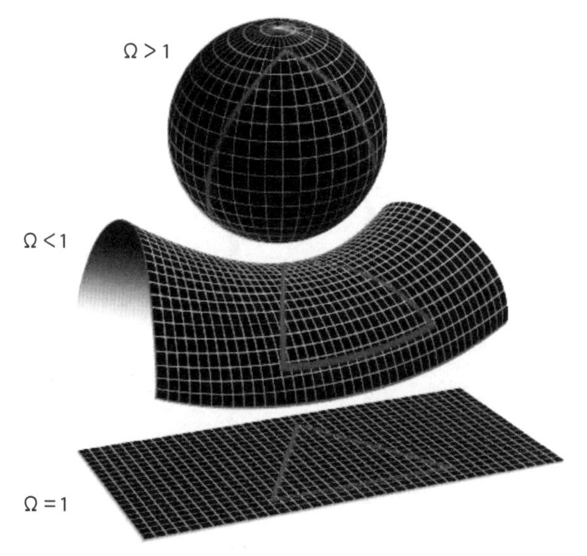

宇宙有三种不同的几何类型。（图片来源：NASA / WMAP Science Team）

[1] 宇宙的密度参数 Ω 定义为宇宙的物质密度 ρ 与临界密度 ρ_c 的比值。

介于前两者之间，是平坦的，它可能是有限的，也可能是无限的。

现在的天文观测表明，我们的宇宙是非常平坦的，宇宙密度参数 Ω 十分接近 1，与 1 的差值率在 0.5% 以内。另一方面，根据理论计算可以知道，随着宇宙年龄增加，宇宙的不平坦性会被迅速地放大。这样我们倒推回宇宙初期，比如原初核合成时期，Ω 与 1 的差值率应该只有 10^{-60}。宇宙早期呈现如此高的平坦性，这是大爆炸理论在初期无法解释的，这就是所谓的平坦性问题。

磁单极子问题

自然界中，既有正电荷，也有负电荷，它们产生自己的电场，那有没有产生磁场的“磁荷”呢？一根磁铁棒有两个磁极——北极和南极，它们共同产生出磁场。能不能将磁铁棒分为两个各自产生自己磁场的独立部分？当我们将磁铁棒从中间切开，每根磁铁棒的两端又会是不同的极性，即便无限切分下去，我们也不可能得到只有一种极性的磁单极子（磁荷）。科学家们认为，根据粒子物理学，在宇宙大爆炸初始阶段，可以产生大量磁单极子，然而目前并没有发现任何磁单极子。这就是大爆炸宇宙论遇到的又一个难题，它被称为磁单极子问题。

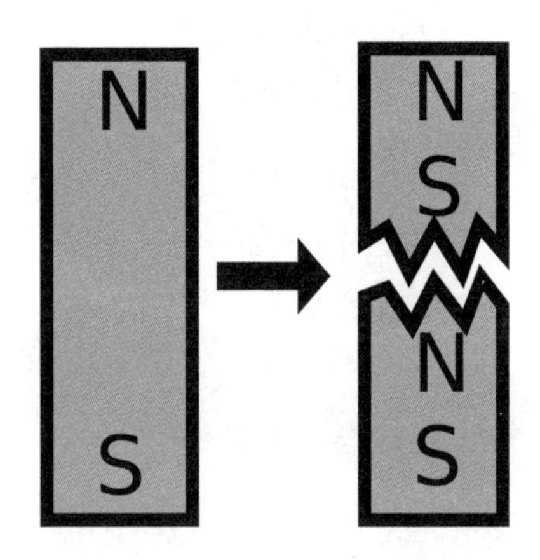

将磁铁棒一分为二，并不会发生一半是北极、另一半是南极的状况，每一部分都有自己的北极与南极。

上述这三个难题给大爆炸宇宙论带来了不少质疑，这个理论该何去何从？1981 年，美国天文学家和粒子物理学家古斯借用真空相变理论，提出在宇宙极早期发生过一次急速膨胀过程，即暴胀。宇宙诞生后，随着膨胀而逐渐冷却下来。当宇宙演化到 10^{-35} 秒时，温度降为 10^{27}K，在这个临界温度下，宇宙经历了一次相变（物质从一种聚集态转变为另一种聚集态）。在非常短的距离内，强核力（即强相互作用，四种基本力之一）从其他作用力中分离出来，

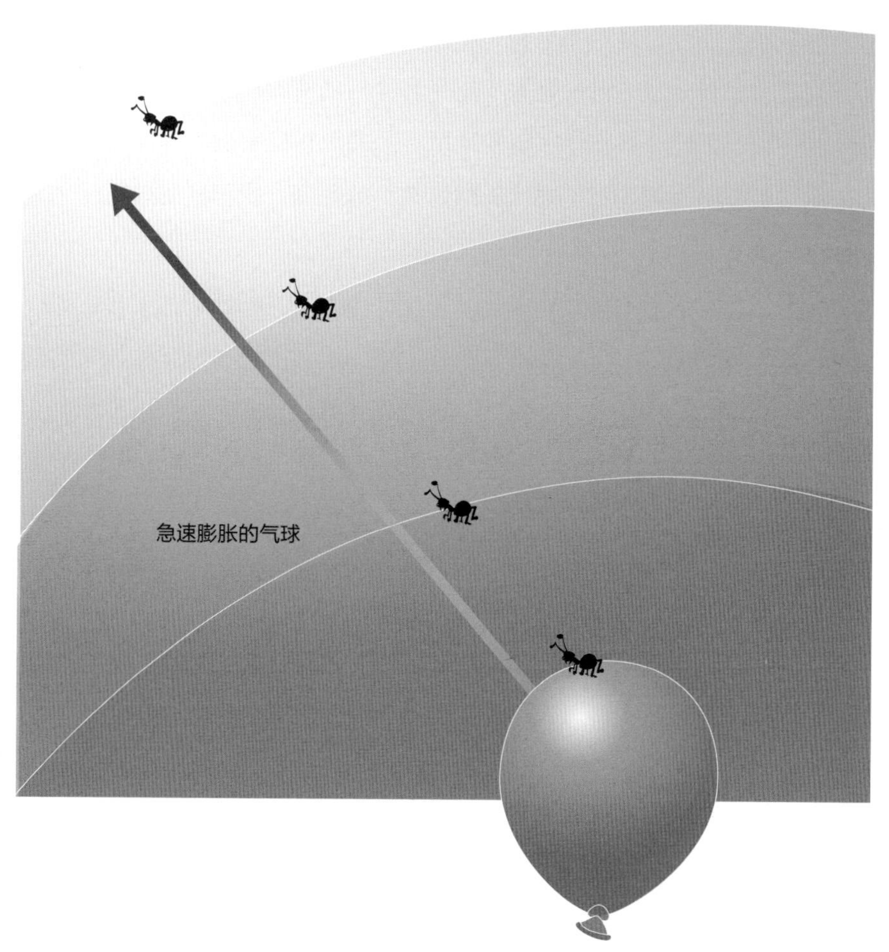

暴胀理论认为不均匀的宇宙因急剧膨胀而变得平坦，就像站在气球表面的蚂蚁：当气球急速膨胀时，蚂蚁的周围变得平坦。

物理学家称之为“对称性破缺”，此时释放大量能量，使得宇宙以指数形式膨胀，在 10^{-33} 秒内宇宙膨胀了 10^{30} 倍。

古斯的宇宙暴胀理论使得大爆炸理论面临的三个宇宙难题得以解决。根据暴胀理论，我们今天观测到的宇宙实际上是由大统一时代远小于视界的一个极小区域膨胀产生的。现在彼此不在对方视界内的两点，比如前面提到的 A 点和 B 点，暴胀前都在处于热平衡状态的同一个小区域内，也就是说这两点在一开始就完成了信息的交流，具有相同的温度。再说平坦性问题，在宇宙刚产生时，也许并不十分平坦，但是由于暴胀，很容易一下子把宇宙空间抻平，从而变得非常平坦，就像气球在未吹气之前的些许褶皱在吹气之后马上消失一样。这样，暴胀让宇宙的平坦性问题也得以解决。同样，由于宇宙的暴胀，宇宙中的磁单极子被稀释到非常小的程度，找不到磁单极子也变成一种正常情况。

后来，宇宙暴胀理论得到安德烈·林德等人的不断修正和完善，让标准宇宙大爆炸模型更趋完整。另外，包括宇宙微波背景辐射的多个天文学观测事实也支持宇宙暴胀对宇宙演化环节的补充。

宇宙是如何诞生和演化的?

根据大爆炸理论，宇宙已有约138亿年的历史。在宇宙漫长的过去，它自导自演着一场场精彩纷繁的连续剧。宇宙的源头是什么？它经历了哪些阶段？为何其中辐射、物质（包括暗物质）和暗能量轮番扮演主角？基本粒子为什么逐步结合成为更大更重的物质粒子？四种基本力是怎样相继登场的？恒星和星系是何时形成的？

对于这些问题，天文学家已经得到初步的答案。但受限于现代物理学的发展水平，天文学家并不能清楚地回答宇宙谜团的所有疑问，特别是对于宇宙的极早期，没有成熟理论的支持，人们的理解是非常初步、粗略和具有猜测性的。天文学家把他们可以探讨的宇宙最早期称为普朗克时期。我们就从普朗克时期开始，盘点一下宇宙的演化过程。

宇宙的演化

普朗克时期　宇宙诞生后 $0\sim10^{-43}$ 秒，这段极早期的时间叫作普朗克时期，或者称为超统一时期。此时宇宙中的四种基本相互作用，即强相互作用（强核力）、弱相互作用（弱核力）、电磁相互作用（电磁力）和引力相互作用（引力），统一成一体，不可区分，表现为同一种基本相互作用形式（基本力）。科学家们认为，这一时期的物理过程需要量子力学理论处理，所以，这一时期又叫作量子宇宙学时期。

大统一时期 从 10^{-43} 秒至 10^{-36} 秒是宇宙的大统一时期。随着宇宙的膨胀和冷却，在 10^{-43} 秒的时刻，宇宙的温度降为 10^{32}K，引力从基本力中分离出来。强核力、弱核力和电磁力仍然统一在一起。

弱电统一时期 从 10^{-36} 秒至 10^{-12} 秒是宇宙的弱电统一时期。由于宇宙进一步膨胀和冷却，在 10^{-36} 秒的时刻，宇宙温度降为 10^{28}K，强核力从弱电力中分离出来，开启了宇宙弱电统一时期。在这一时期中间 10^{-33} 秒的短暂时间内，伴随着强核力与弱电力的分离，宇宙发生相变，导致宇宙膨胀了 10^{30} 倍，这一阶段被称为宇宙暴胀。暴胀结束后，宇宙中充满夸克–胶子等离子体。夸克是构成质子或中子等强子的更小粒子，胶子是传递强核力的基本粒子，它可以把夸克束缚在一起形成质子和中子。

夸克时期 从 10^{-12} 秒至 10^{-6} 秒是宇宙的夸克时期。在 10^{-12} 秒时，宇宙的温度降为 10^{15}K，弱核力和电磁力相互分离。至此，宇宙进入四种相互作用力各自独立存在的状态，直至如今。此时，宇宙中充满了热夸克等离子体，包括夸克、轻子和它们的反粒子。这些粒子具有一定的质量，这一时期宇宙的温度过高，不允许夸克结合起来形成强子。

强子时期 从 10^{-6} 秒至 1 秒是宇宙的强子时期。强子是受强核力作用影响的亚原子粒子，比原子小，它是构成原子的粒子，包括质子、中子和介子等。这个阶段的初期，宇宙中的夸克–胶子等离子体中，不断形成强子 / 反强子对。随着宇宙温度降低，形成强子 / 反强子对的过程逐渐停止，大多数强子和反强子在湮灭中消失。在大爆炸后的 1 秒时，湮灭过程结束，宇宙中残留下少量强子，也就是后期主导宇宙的可见物质。

轻子时期 从 1 秒至 10 秒是宇宙的轻子时期。轻子是指不参与强相互作用的粒子，例如电子、中微子和 μ 子。此时，轻子和反轻子主导宇宙。大爆炸后约 10 秒，宇宙温度降到不能再产生新的轻子和反轻子的程度，大多数轻子和反轻子通过湮灭而消失，只留下少量残余轻子。

轻元素核合成时期 从 10 秒至 10^3 秒是宇宙的轻元素核合成时期。由于温度降低，在这段时间，质子和中子通过核反应形成稳定的氦-4、氘、氦-3以及锂，另外，还有不稳定的氚和铍-7。

复合时期 在大爆炸后约 38 万年，宇宙经历了一个复合时期。由于宇宙的温度和密度进一步降低，氢核和氦核不断俘获电子，形成电中性的氢原子和氦原子，此过程称为“复合”。复合结束时，宇宙中大部分物质为电中性原子，光子在宇宙中几乎通行无阻，不再与稠密的自由电子以及质子相碰撞，即所谓“光子退耦”。退耦时存在的光子就是如今观测到的宇宙微波背景辐射。

黑暗时期 大爆炸后 38 万年至 2 亿年，光子与物质退耦，宇宙处于电中性状态，没有闪闪发光的恒星。而且，由于宇宙不断膨胀，微波背景辐射的

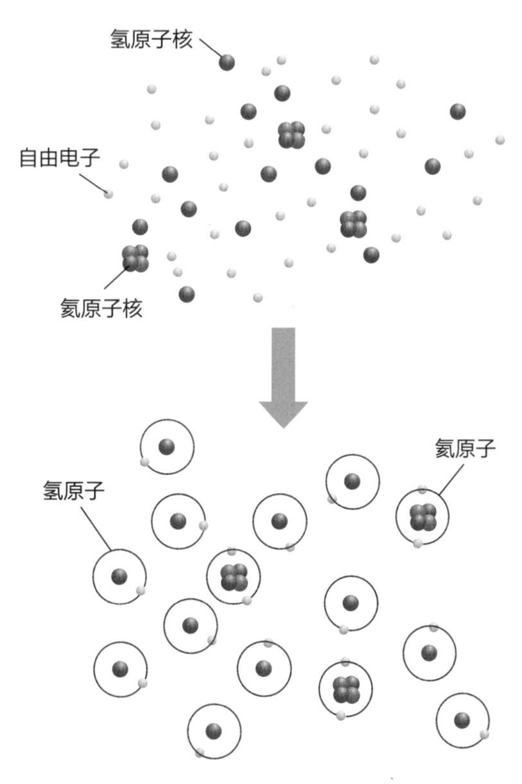

电子和原子核结合，整个宇宙变得中性化。

温度已经足够低，无法发出可见光辐射了。所以，这一宇宙时期被称为黑暗时期。

第一代恒星形成 大爆炸之后5万年，暗物质开始簇聚，宇宙中形成很多凝结体，大量原子落入其中。随着宇宙演化，原子继续坠入暗物质群，由于引力不稳定性，宇宙中出现了恒星般大小的物质团块和包含无数原星系的巨大丝状结构。大约在大爆炸后2亿年，宇宙中出现了第一代恒星。恒星照亮了宇宙，黑暗时期结束。

再电离时期 大爆炸后2亿年至10亿年，第一代恒星向周围发出极高能量的辐射，能够以高能光子轰击的方式，将电子从中性氢原子和氦原子中剥离，使得宇宙再次电离。

第一批星系形成 随着宇宙的继续膨胀和冷却，前期宇宙中出现的恒星般大小的物质团块和包含无数原星系的巨大丝状结构继续演化，在大爆炸后约10亿年（也有天文学家认为约7亿年），第一批星系形成。

宇宙的密度、温度、辐射、粒子的变化，以及恒星和星系形成的过程，大致如上所述。当然有些推测并没有得到观测方面的严格证实。

根据大爆炸理论，宇宙早期处于高温、高压和高密度状态，没有稳定的原子，更没有恒星和星系。此时宇宙一片混沌，能量主要由光子主导。原初核合成后，光子频繁地与质子、电子相互作用，辐射能量仍大大超过物质能量。因此，从大爆炸开始至5万年的宇宙时期称为辐射主导时期。在大爆炸后约5万年，随着温度下降，原子形成，普通物质和暗物质的能量逐渐超过辐射能量，成为主导部分，直到大爆炸后约98亿年。因此，5万年至98亿年的宇宙时期称为物质主导时期。随着宇宙膨胀，无论辐射密度还是物质密度都迅速下降，但是暗能量密度却保持不变。在大爆炸后98亿年，暗能量在宇宙中占主导地位，自此，宇宙进入暗能量主导时期。

宇宙的终结

回顾了宇宙的演化过程，我们再来展望一下宇宙的未来。根据弗里德曼的均匀各向同性宇宙模型，宇宙有三种可能的未来走向，终于不同的结局。

若宇宙密度大于临界密度，未来将发生大挤压（大坍缩）。在这种情况下，宇宙膨胀将逐渐减缓，然后转为收缩。收缩起初缓慢，而后将加速，星系将逐渐靠近，直到合并成一个巨大的恒星集团。恒星最终将在相互碰撞中瓦解，或者被强烈的辐射热所蒸发，形成一个火球。这时的火球相当不均匀，密度更高的区域会率先坍缩形成黑洞，然后合并成为更大的黑洞，直至在大

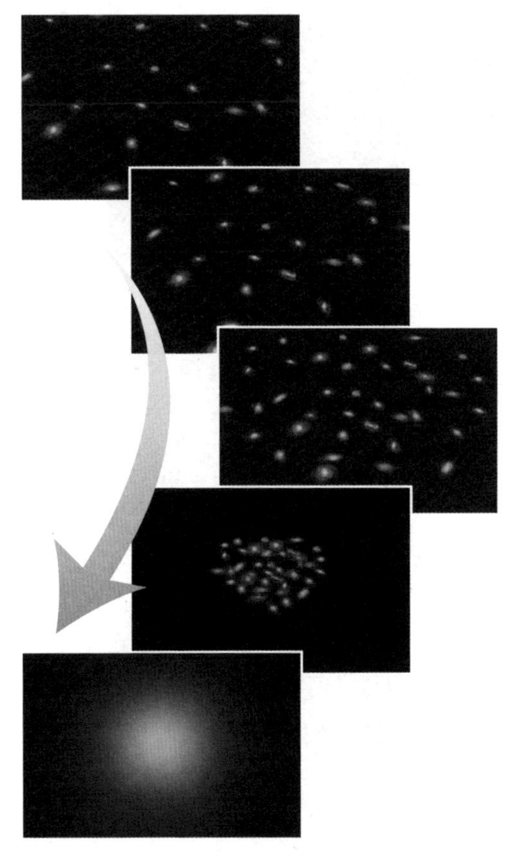

大挤压的想象图。

挤压的作用下，所有物质合并到一起。

若宇宙密度小于临界密度，宇宙未来将分裂至解体（大撕裂）。在这种情况下，宇宙将永远膨胀下去。在不到一万亿年的时间内，所有的恒星都将燃尽其核燃料，变为一群冷却的恒星遗迹，如白矮星、中子星和黑洞。宇宙将变得完全黑暗，昏暗的星系将分散开来，向膨胀空间的远处飞去。这种状态要持续约 10^{31} 年，构成恒星遗迹的物质最终衰变为正电子、电子和中微子这样更轻的粒子。电子和正电子湮灭放出光子，恒星遗迹就这样慢慢分解，就连黑洞也不例外。在不到 10^{100} 年的时间内，宇宙中我们所熟知的结构，如

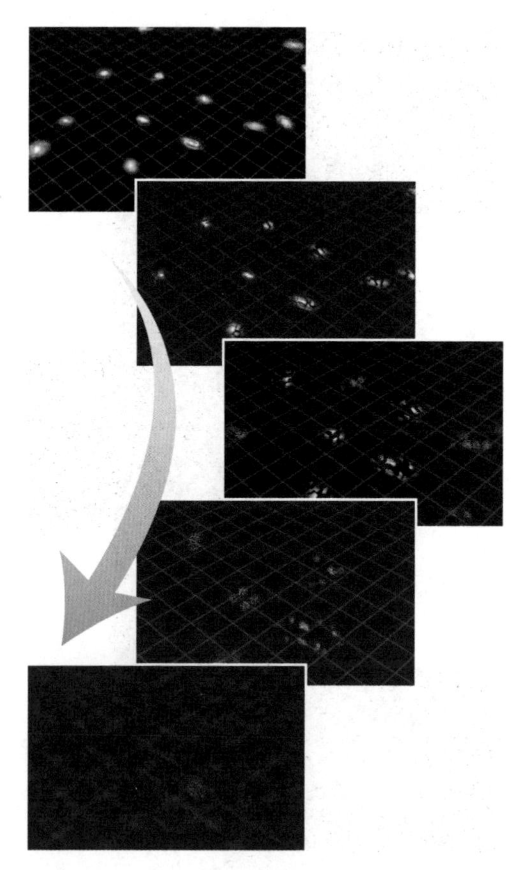

大撕裂的想象图。

恒星、星系、星系团都将消失得无影无踪，只留下日益稀薄的中微子和辐射混合体。

若宇宙密度等于临界密度，在这一临界状况下，宇宙未来会膨胀得越来越慢，但永远不会完全停止，这样的宇宙勉强逃脱了大挤压的命运，最终会变成一个荒凉寒冷之地。

目前，天文学家的测量结果是宇宙的密度非常接近临界密度，那么，宇宙未来的命运到底会怎样？是不是会按照第三种情况发展？期待将来科学家们进一步的研究结果。

宇宙中究竟有没有暗物质?

19世纪末和20世纪初，物理学的天空中漂浮着两朵乌云：第一朵是迈克耳孙－莫雷实验导致“以太”说破灭；第二朵是黑体辐射的“紫外灾难”。这两朵乌云，让物理学家们忧心忡忡，在一段时间内，他们不知如何是好。然而，正是在驱散这两朵科学疑云的过程中，物理学家创建起两门崭新学科：相对论和量子力学。在物理学发展历史上，这是一段令人赞叹的时期，出现了爱因斯坦、普朗克等一大批卓越的物理学家。如今，在天文学和物理学的天空中，又出现数朵乌云，暗物质正是其中之一，它是当前的研究热点，这朵乌云是否也能带来新的科学呢?

说起暗物质，它最早被提及已是100多年前的事情了。1922年，荷兰天文学家卡普坦根据银河系天体的旋转运动，首先提出银河系中应该有不可见物质，这些不能被观测到的物质便被称为暗物质、不可视物质或短缺质量。1932年，荷兰天文学家奥尔特研究太阳附近其他恒星的运动，得出同样的结论，并指出银盘中有几倍于普通可见物质的暗物质。1933年，在美国加州理工学院工作的瑞士天文学家弗里茨·兹威基仔细研究了后发星系团中星系的运动，发现星系的光度质量与动力学质量相差悬殊，这意味着星系团中有大量的暗物质。

三位天文学家关于星系和星系团中有暗物质的想法在当时并没有引起其

他众多天文学家的重视。或许这一观点过于离奇，在此后的40年内，暗物质问题几乎无人问津。

20世纪70年代，美国卡内基研究院的天文学家薇拉·鲁宾和肯特·福特研究星系自身的旋转运动，重新将暗物质问题呈现在人们面前。他们首先对邻近的仙女星系进行细致的光谱观测，发现星系中恒星的运行速度在恒星与星系中心的距离超过特定值后，开始趋于平稳、不再下降，即所谓的“平坦自转曲线”。根据物理学定律，星系中恒星的运转速度应该与它们受到的引力有关。当时已知的状况是：星系中心的物质密度较高，越靠近边缘，其物质密度越低；考虑到距离星系中心更远处受到的引力更小，那么远处恒星的运转速度应该更慢。鲁宾和福特的观测结果与理论预期之间产生了矛盾，这是为什么？

仙女星系呈现的矛盾是个别现象还是普遍问题？为弄清真相，鲁宾和福特又连续观测了其他几十个星系，结果所有星系的自转曲线同仙女星系如出一辙。后来，鲁宾猜想，如果每个星系都伴有一个不可见的暗物质晕，其质量遍布整个星系，而不是集中在星系中心，那么他们观测的自转曲线难题便

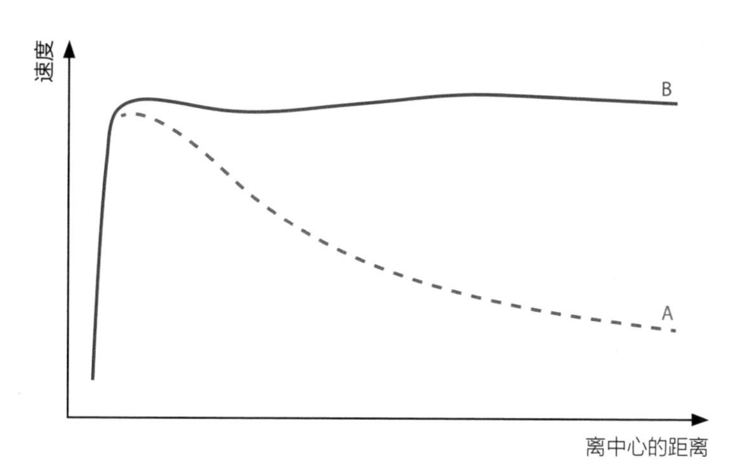

典型的旋涡星系自转曲线。如果只有重子物质存在，星系自转曲线应当如虚线（A）那样在星系外围迅速衰减，然而实际的观测（B）却发现并非如此，这意味着星系外围有着大量“不可见”的物质存在。

迎刃而解。仅仅几年之后，普林斯顿大学教授、诺贝尔物理学奖获得者詹姆斯·皮伯斯便在鲁宾和福特的研究基础上，将暗物质的概念融入宇宙学的框架中。

一个星系发出的光线在传播的过程中经过一个大质量物质团块（不管是普通物质团块还是暗物质团块）附近时，它的光线会发生弯曲，从而远处的观察者会看到这个星系的两个像（或者多重像），这就是强引力透镜现象（除强引力透镜现象之外，还有弱引力透镜现象和微引力透镜现象）。20 世纪 80 年代以来，随着望远镜技术的发展，在深空天体观测中，天文学家发现的引力透镜现象越来越多。利用引力透镜进行星系团研究，可以给出星系团中暗物质的多少和分布情况，这让天文学家更加确信宇宙中存在暗物质。

近年来，天文学家发射了三个观测宇宙微波背景辐射的卫星：宇宙背景探测器（COBE）、威尔金森微波各向异性探测器（WMAP）和普朗克卫星（PLANK）。它们的观测结果表明，在宇宙的总物质能量密度中，普通物质占 4.9%，暗物质占 26.8%，暗能量占 68.3%。而且，只有假定存在暗物质，才能解释大爆炸宇宙论中的一些演化细节，如星系、星系团和恒星的形成，以及宇宙的平坦性。因此，尽管科学家并不知道暗物质为何物，但它必须是宇宙中必不可少的组成部分。

可是，暗物质究竟是什么？时至今日，面对这个难题，天文学家们仍是一头雾水。

最初，天文学家认为，暗物质是宇宙中那些不发光的天体，如黑洞、褐矮星、行星等，它们被称为晕族大质量致密天体（Massive Astrophysical Compact Halo Objects，MACHOs）。虽然这些天体不发光或者发光极其微弱，但是当它们经过背景天体前方时，可以起到透镜作用，使得背景天体亮度暂时上升，借此，天文学家便可以得知这些天体的存在。20 世纪 80 年代，波兰天文学家波丹·巴钦斯基基于引力透镜效应，发起了对麦哲伦云的 MACHO 巡天计划。然而，巡天结果表明，至少在大小麦哲伦云中，MACHOs 的数量远远无法满足所需要的暗物质质量，于是这一假说很快被否定了。此后，科学家们只好向基本粒子寻求解答。

中微子是最先进入科学家视线的基本粒子，它们呈电中性，可以在宇宙中大量存在，并且质量极小，运动速度可以接近光速。这就意味着，它们在宇宙早期冷却下来的时间较晚，甚至比重子物质更晚。这些粒子被选作热暗物质（Hot Dark Matter，HDM）的候选物。此时，恰逢计算机技术兴起，多体模拟在计算机中得以实现。因此，科学家们以这些粒子的性质作为变量，使用计算机对宇宙的演化进行数值模拟。依据宇宙微波背景辐射的观测结果，宇宙是从一个高度均匀的状态开始膨胀的。这种情况下，在数值模拟中，热暗物质粒子无法帮助宇宙形成星系这样“小尺度”的团块。这样的话，这些基本粒子也被从暗物质候选体中排除了。

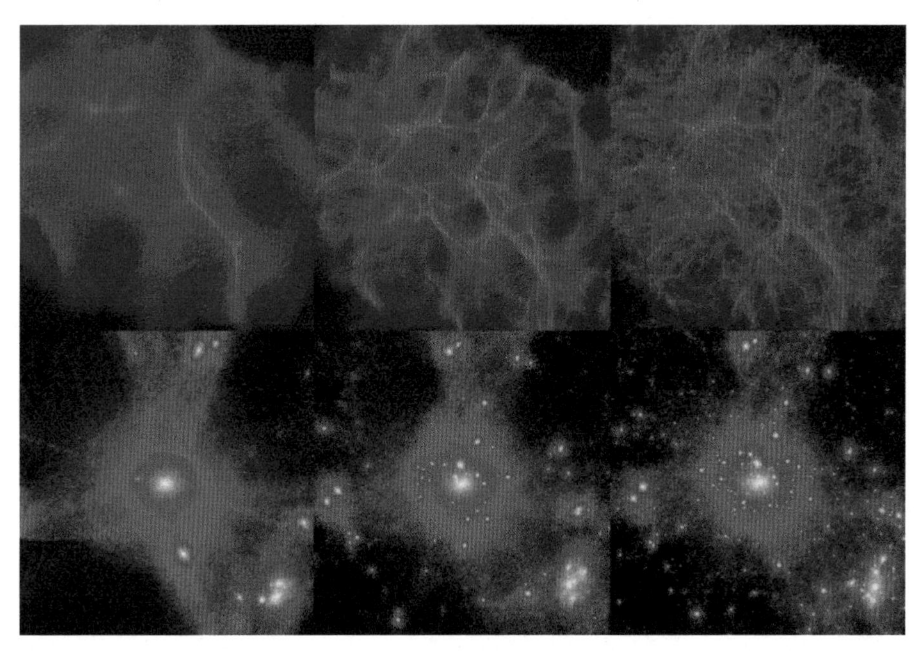

数值模拟中的热（左）、温（中）、冷（右）暗物质模型，显示了宇宙早期（上）以及现阶段宇宙（下）中的物质分布结构，随着暗物质“温度”逐渐降低，能够形成的小尺度结构就越密集。（图片来源：苏黎世大学）

有了热暗物质作为参考，冷暗物质（Cold Dark Matter，CDM）模型也便应运而生。这类模型是对那些质量较大、速度更小的粒子的统称，它们被称为弱相互作用大质量粒子（Weakly Interacting Massive Particles，WIMPs）。它们是质量和相互作用强度都在电弱相互作用量级的基本粒子，不参与电磁作用和强相互作用。

寻找暗物质

目前，WIMPs 是暗物质的最佳候选者。但由于 WIMPs 本身的物理性质极其不活泼，因此很难直接寻找到它们。不过，众多物理实验已经建立起来，科学家们大致采用三类办法寻找这类神秘莫测的物质。

第一类为直接探测法，利用的是暗物质粒子与实验室物质的直接作用。目前，世界上有不少这样的实验室。我国在四川锦屏也建造了这样的地下实验室，实验利用液氙探测器寻找一系列极其稀有的信号，探索宇宙中超出标准模型的新物理现象，包括暗物质、马约拉纳中微子和天体中微子等。银河系中的暗物质可以穿透地球，到达地下实验室，并且跟探测器中的氙原子发生相互作用，从而产生能量转移，在探测器中以氙原子发光和电离的形式表现出来。

第二类为间接探测法。暗物质粒子衰变和湮灭的过程中，会产生我们能够探测到的其他粒子，如伽马射线、正负电子对等，通过探测这些已知粒子可以找寻暗物质粒子。华裔美籍物理学家丁肇中领导的阿尔法磁谱仪（AMS-02）实验试图通过探测正负电子对的高能谱寻找暗物质粒子。我国“悟空”号探测卫星的主要目的也是探测暗物质，它通过测量高能宇宙线能谱寻找暗物质，高能宇宙线包括高能电子和高能伽马射线。这些空间探测设备得到了初步数据，但是还不能给出明确的结论。

第三类为高能粒子对撞法。两个高能粒子在对撞的过程中可能产生暗物质粒子，精确测量对撞后的各个部分，再与对撞粒子的各物理量对比，就可

阿尔法磁谱仪（AMS-02）是太空中探测暗物质的实验装置。（图片来源：NASA）

以了解所产生的暗物质粒子的物理属性，从而发现暗物质。欧洲核子研究中心（CERN）的大型强子对撞机（LHC）正在进行这方面的实验。

暗物质并不存在?

如今，星系和宇宙学中有多个证据让绝大多数天文学家相信，宇宙中一定存在暗物质。然而，另有一些天文学家持不同的见解，他们认为暗物质可能根本不存在，天文观测遇到的引力困境可以通过改进物理定律解决。鉴于当前寻找暗物质的僵持局面，这也是解决问题的一种合理做法。

1980 年，以色列物理学家密尔格罗姆从经验规律出发，假定当万有引力的强度（即重力加速度的大小）比较大时，物体受到的引力可以用牛顿万有引力的公式描述；但是当其减弱到一定程度时，则偏离了标准的牛顿动力学。具体地说，密尔格罗姆把牛顿第二定律改为 $F=m\mu(x)a$。他在中间加入了一

个未知项 $\mu(x)$，其中的变量 x 为加速度 a 和常数 a_0 的比值。当 x 非常大时，$\mu(x)$ 趋近于 1；而当 x 趋近于 0 时，$\mu(x)$ 趋近于 x。所以在加速度很大的情况下 $F=ma$。而在加速度非常小的情况下，引力像观测到的数据那样和加速度的平方成正比；又根据向心加速度的计算公式，可以得出这时速度和中心距离无关，这就解释了轨道速度不随距离变化的现象。后来，这一理论被称为修正的牛顿动力学理论（MOdified Newtonian Dynamics），简称MOND理论。

MOND 理论在处理单个星系的问题时比较成功。但是，一个物理学理论必须能在各种情况下都适用。对于宇宙演化、光线偏折（引力透镜）、宇宙微波背景辐射等需要相对论才能解决的问题，原始的 MOND 理论无法给出明确的预测。

MOND 理论的支持者们一直在努力构建相对论性的修正引力理论，并做了很多尝试。2002 年，另一位以色列物理学家、以提出黑洞熵公式而著称的贝肯斯坦构造出了一种既满足相对论、又能产生 MOND 行为的理论，它被称为张量 - 矢量 - 标量（TeVeS）理论。但是，TeVeS 理论有明显缺陷，比如，在用于预测宇宙结构增长速度时，得到的结果与观测结果不太一致。特别是在 2017 年，人们探测到一对中子星并合时产生的引力波（GW170817），同时探测到了这次事件的伽马射线信号，二者几乎同时到达，说明引力波的传播速度非常接近光速。而 TeVeS 预测的引力波传播速度低于光速，因此，这一理论现在基本被抛弃了。

虽然 TeVeS 理论被实验否定了，但这一理论仍然带给人们有益的启发。2019 年到 2021 年，两位捷克物理学家斯科蒂斯和兹罗斯尼克在分析了 TeVeS 失败原因的基础上，又构造了一种新的理论，他们称之为相对论 MOND（RMOND）理论。在这一理论中，引力波传播速度等于光速。另外，RMOND 理论在早期宇宙里也能产生更强的引力作用，从而使它能替代暗物质模型，给出正确的宇宙微波背景辐射的各向异性，满足现有的各种宇宙学观测。这是一项重要的成果，在各方面都可以和暗物质理论竞争。

宇宙中的暗物质呈网络状分布，可见星系团在暗物质纤维的节点处出现。（图片来源：WGBH）

总体来说，在星系尺度上，MOND 理论与观测符合得不错。但是，在星系团尺度上，MOND 理论表现不佳，还面临子弹头星系团的挑战。近期发现的一些暗星系也对该理论构成了新的挑战。而暗物质在解释天文观测现象和宇宙学问题上较占优势。

寻找暗物质的工作依然继续着，人们都在等待将来某一天，暗物质以一种崭新的方式突然出现。但目前，对于暗物质这个“怪物”，我们只知道：它拥有质量，约是普通物质质量的 5 倍；用各种波段的望远镜都不能看见；它跟星系待在一起，遍布我们周围，但是普通物质碰不到它，暗物质团块和暗物质团块之间也可以相互穿过而毫发无损；除了引力相互作用外，它没有任何其他作用力。当然，暗物质之间以及暗物质跟普通物质之间，可能有我们尚未知晓的作用力。

如今，暗物质不仅是科学家追逐的对象，普通民众甚至中小学生对它同样感到好奇。或许，暗物质的世界更加丰富多彩，暗物质食物更加美味，暗物质生命具有更高级的智慧。让我们期待破解暗物质之谜那一天的到来。

暗能量到底是什么?

如今，人们陶醉在现代科学技术取得的辉煌成就中，可以通过互联网实时获取全球各处的信息，未来或许还可以乘坐宇宙飞船到其他星球旅行。然而，天文学家却宣称我们能够看到、嗅到、触摸到以及用科学仪器探测到的东西，只是宇宙的一小部分，约占宇宙总物质能量密度的 5%，另有约 27% 的暗物质和 68% 的暗能量，我们既不能抓到，也不知道它们是什么。暗物质已经搞得科学家晕头转向，还有一个更加莫名其妙的暗能量让局面更加迷乱。

要想明白暗能量是怎么回事，还得从 20 世纪 20 年代说起。

1929 年，通过观测远方星系的距离以及它们的运动速度，美国天文学家哈勃发现，宇宙中许多星系正在远离我们的银河系，且退行的速度与距离成正比，这说明宇宙在膨胀。这一发现大大出乎人们的预料，因为按照物理学定律，宇宙中任何物体之间都有引力作用，星系之间也如此。在引力作用下，星系远离我们的速度应该逐渐缓慢下来。那么，星系运动的实际情况是怎样的？只有天文观测才能给出问题的答案。

1998 年，天文学家利用良好的标准烛光，即 Ⅰa 型超新星，探究星系的运动情况。他们发现，目前的宇宙不仅在膨胀，而且在加速膨胀。这项观测成果再次颠覆了人们对宇宙的认知。凭此观测成果，美国劳伦斯伯克利国家实验室及加州大学伯克利分校的索尔 · 珀尔马特、澳大利亚国立大学的布莱恩·施密特、美国约翰·霍普金斯大学及太空望远镜科学研究所的亚当·里斯获得2011年诺贝尔物理学奖。

宇宙加速膨胀的观测事实表明，宇宙中除了星系和其他物质之间的引力以外，必定还存在着巨大的斥力，只有斥力超过引力，宇宙才会加速膨胀。那么关键的问题是，巨大的斥力作用来自哪里？对此，天文学家百思不得其解。于是，他们将这种神秘莫测的推动宇宙加速膨胀的斥力称为暗能量。暗能量显然不同于人们常见的任何能量，天文学家既不知道它来自何处，也不知道它是什么，其中的“暗”字代表了天文学家对这种斥力的无知与无奈。

还有一项观测研究能证明暗能量的存在，那就是宇宙微波背景辐射。它来自宇宙大爆炸后的38万年，即光子退耦时期，它经历了整个宇宙演化过程的绝大部分时间，携带了宇宙早期演化的许多信息。1965年，彭齐亚斯和威尔逊首次观测到宇宙中的微波背景辐射，从此以后，观测微波背景辐射便成

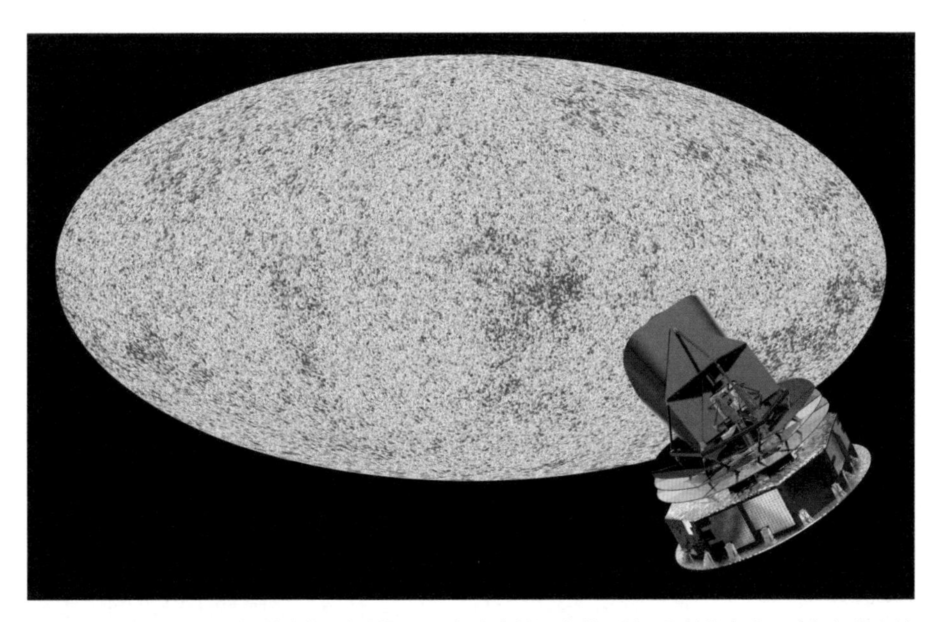

由普朗克卫星观测得到的微波背景辐射图。局部方向的温度差异以不同的颜色表示（红色代表较热，蓝色代表较冷）。（图片来源：ESA，the Planck Collaboration-D.Ducros）

了天文学家探究宇宙的一个有效途径。随着科学目标的不断优化、观测设备的不断升级和观测技术的极大进步，通过这条途径，天文学家获取到不少研究成果。2001 年发射的威尔金森微波各向异性探测器和 2009 年发射的普朗克卫星是目前世界上两个观测微波背景辐射的先进设备。通过分析它们的高精度观测数据，天文学家推断，宇宙中必然存在暗能量，而且暗能量约占宇宙总物质能量的 68.3%。

观测 Ⅰa 型超新星，进而发现宇宙加速膨胀，该测量结果是暗能量存在的直接证据；微波背景辐射的观测数据算是暗能量存在的间接证据。此外，还有一些暗能量的间接观测证据。例如，澳大利亚英澳天文台的“两度视场星系红移巡天”（2dFGRS）项目，通过星系光谱巡天，也为暗能量的存在提供了证据；美国斯隆数字巡天项目，利用位于美国新墨西哥州阿帕奇点天文台口径 2.5 米的望远镜，测得大量星系的数据，天文学家以此构建星系的三维空间大尺度结构，也得到了支持暗能量存在的证据。

多种观测事实支持宇宙中存在暗能量，那么，暗能量是一种怎样的东西？它的存在形式和物理本质是怎样的？目前，科学家们还没有确定的答案。不过，科学家们对此有多种猜测，最早进入他们视野的是爱因斯坦曾经提出的宇宙学常数。

1916 年爱因斯坦发表广义相对论，1917 年他利用引力场方程研究宇宙的特性。在只有引力的情况下，爱因斯坦得到的宇宙解并不稳定，不是膨胀就是收缩，不能得到当时人们心目中的稳态宇宙。为了解决这个问题，爱因斯坦在引力场方程中添加了一个常数项 Λ，这一项起斥力作用，来对抗引力，使得宇宙稳定。但是，几年之后，哈勃发现宇宙实际上在膨胀。得知这一消息，爱因斯坦非常懊悔，认为宇宙学常数是他犯下的一个大错误，并将该常数从引力场方程中去掉。然而，又过了将近 60 年，天文学家发现宇宙在加速膨胀，这就需要一种具有斥力作用的暗能量，于是，爱因斯坦提出的宇宙学常数便被科学家们重新关注起来。

宇宙学常数作为暗能量的候选体，具有负压特性，可以很好地解释宇宙的演化历程，深受天文学家青睐。考虑在静态空间中，有两个星系以近似恒定的速度相互远离，引力会使它们远离的速度逐渐变慢。目前，天文学家找不到任何其他外力使得它们加速远离。如果空间（或者说真空）具有某种与其相关的能量，该能量密度引起空间（或真空）加速生成，充当负压角色，从而导致宇宙膨胀，那么，宇宙膨胀就有了恰当的因果逻辑。天文学家试图将那个能量密度归结为宇宙学常数。但是，根据量子理论计算，量子真空能量比实际宇宙学常数大 120 个数量级。这一结果让宇宙学常数作为暗能量的候选体面临挑战。

除了宇宙学常数外，科学家们还从其他角度寻找暗能量，指出暗能量是类似于引力场的动力学场，它可以随着空间位置和时间而变化。至于构成动力学场的微观粒子，科学家们给出了多种模型，比如精质模型、幽灵模型和精灵模型，等等。如今，科学家们对暗能量的研究进行得非常深入，比如提出了全息暗能量的概念。尽管各种暗能量模型百花齐放，但是，关于暗能量的本质仍然不能确定。不过，暗能量有几个特点基本是确定无疑的。比如，暗能量具有负压强，不参与电磁等相互作用，只存在引力相互作用，在宇宙中的分布是均匀的，并且各向同性，不会集结成团，等等。

尽管暗能量的研究如火如荼，但是我们必须明白，暗能量是为了解释宇宙加速膨胀引入的物理客体，实际上，这等价于修改爱因斯坦引力场方程的右侧。其实也有另一种可能，在宏观尺度，引力场方程对时空的描述可能存在缺陷。因此，我们需要另一种方案，那就是修改引力场方程左侧的时空曲率项，即修改引力，以便得到与观测宇宙相一致的理论。

由此看来，暗能量是否存在或许还是一个未知数。

银河系的形状是怎样的？

18 世纪后期，英国天文学家威廉·赫歇尔通过观测天上的众多恒星，探讨这些恒星之间的关系。为什么夜空中有一条密集的恒星亮带？这条亮带有多厚？它会延伸到哪里？赫歇尔最终得出结论，银河亮带和天空中其他恒星构成一个巨大的系统，该系统具有类似凸透镜或铁饼的扁平结构，我们的太阳系位于这个恒星系统的中心。20 世纪早期，美国天文学家哈洛·沙普利采用新的观测手段，再次探究这个恒星系统，对于太阳的位置，他得出了不一样的结论。沙普利指出，太阳不在这个系统的中心。这个巨大的恒星系统就是银河系。

宇宙中有许多银河系这样的庞大恒星系统，它们被称为星系，一个个星系就像宇宙中的一座座岛屿，我们居住在银河系这座宇宙岛上。继赫歇尔及沙普利之后，天文学家一直在探究银河系这座岛屿，它究竟是什么样子的？包含多少恒星？它的边界在哪里？

如果天文学家坐上宇宙飞船，带上先进的天文望远镜，飞出银河系，去往距离银河系中心非常远的地方，比如 15 万光年或者 30 万光年以外，在那里回头瞭望，那么银河系的形状便一目了然。可是，人类目前还没有足够高级的太空飞行技术，不能从外部洞察银河系的形状。如同我们身处草木繁茂、层峦叠嶂、蜿蜒曲折的山脉，不易识别它的真面目一样，地球位于银河系中的一个偏僻角落，受到星际气体和尘埃以及众多恒星的阻挡和干扰，要了解银河系的形状和结构，同样非常困难。

20 世纪中期，第二次世界大战结束，军用技术迅速应用到天文学领域，射电波段和红外波段的天文观测技术逐渐发展起来。射电波不受星际气体和尘埃的消光影响，可以带来银河系远处的信息，为天文学家了解银河系的形状和结构打开了一扇大门。最近几十年，大口径地面望远镜技术和空间望远镜技术也突飞猛进，天文学家可以观测到许多遥远的星系，参考这些星系的状况，天文学家对银河系的整体结构和形状已经有了比较深入的了解。

银河系是一个棒旋星系，它拥有几千亿颗恒星，总质量达上万亿倍太阳质量。银河系的绝大部分质量（约 93%）来自暗物质，而我们熟悉的可见物质只占约 7%，包括恒星、气体和尘埃，它们形成了银河系的可见结构，让银河系呈现为特定形状。就可见物质来看，整个银河系可以划分为三个不同的部分，分别是居于中心的核球状银心、围绕银心的扁平状银盘以及包裹着银心和银盘的球状银晕。

如果我们去往南半球的某地，比如说南美洲的智利，在观察银河最佳的

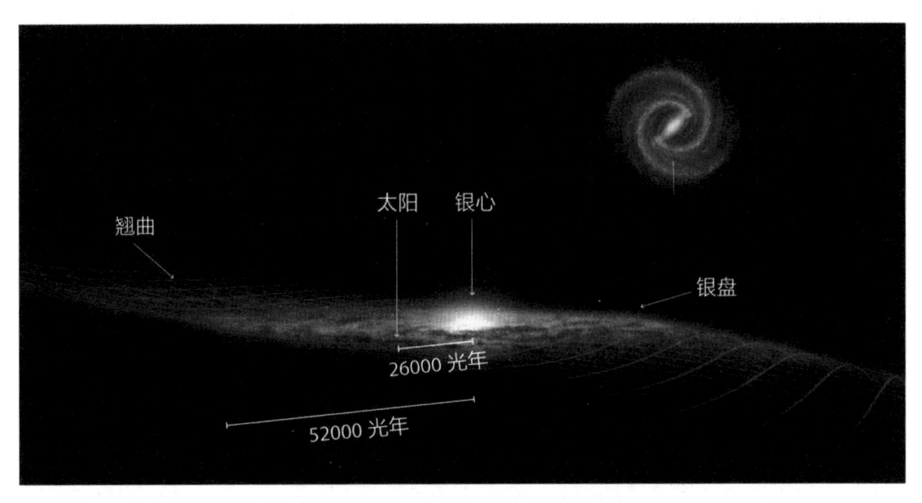

银河系的侧视图，反映银河系有一个翘曲的银盘，右上侧小图是银河系俯视图，可以看见银河系的旋臂。（图片来源：Stefan Payne-Wardenaar; NASA/JPL-Caltech; ESA）

5 月份，选一个晴朗无月的夜晚，抬头仰望人马座区域，会看到此处的银河亮带格外明亮而宽阔，这里是银河系的中心方向，不过，我们并不能辨识出一个核球。天文学家利用专业的观测方法，确定在银河系的中心有一个核球结构，跟周围扁平的银盘相比，这里有明显的隆起。从银盘的上方或下方看，银心像一颗花生或土豆，呈现为棒的形状，长度约 2 万 ~3 万光年。银心中积聚着上百亿倍太阳质量的物质，这里的恒星密度非常高，大多数是年老的贫金属恒星，也有少部分年轻的富金属恒星。

桃和杏是人们喜爱的水果，它们的中心有桃核和杏核；地球的核心是一个高温铁核，这里是地球磁场的发源地；太阳中心的日核是它的核反应区，为太阳发光发热提供能量；太阳系的核心是它的唯一恒星太阳。从上述实例可见，核心往往是一个非常特殊的地方。那么，银河系的核心有没有特殊之处？这是一个极具吸引力的问题，它吸引许多天文学家进行思考和探究。

20 世纪 60 年代，天文学家发现了遥远的类星体，后来，人们认识到类星体的中心有大质量黑洞。受到类星体的启发，有天文学家提出，近处的星系可能是已经熄灭的类星体，银河系很可能就是这种情况。难道在银河系的中心也有大质量黑洞？

为了寻找答案，天文学家主要从两条路径进行探测：一条路径是探测银心的致密射电源；另一条路径是寻找被约束在银心黑洞引力势中的介质或恒星的运动学效应。1974 年，美国天文学家布鲁斯 · 巴利克和罗伯特 · 布朗发现了位于银河系中心的射电源人马座 A*。进入 21 世纪，口径 8~10 米的大型望远镜相继投入使用，它们配备了自适应光学系统，让衍射极限达到 0.05 角秒。有两个团队的研究工作非常出色，一个是莱因哈德 · 根泽尔领导的德国马普地外物理研究所（MPE）团队，他们使用位于智利的欧洲南方天文台甚大望远镜；另一个是安德里亚 · 格兹领导的美国加州大学洛杉矶分校团队，使用位于夏威夷的凯克望远镜。他们在近红外波段观测银心，分析其中恒星的运动，结果显示银心处存在一个 400 万倍太阳质量的致密天体。凭借这项

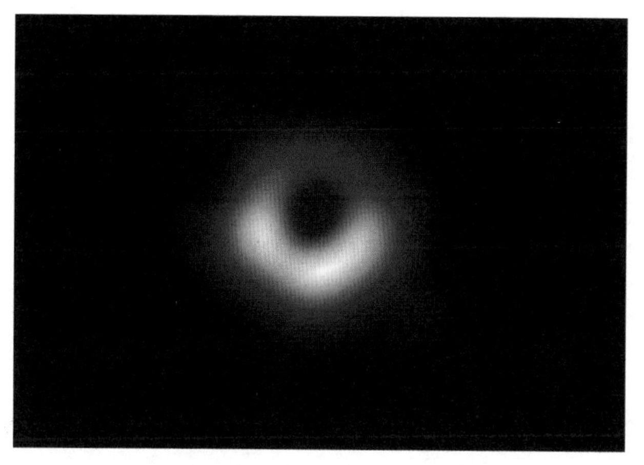

事件视界望远镜拍摄的银河系中心黑洞。（图片来源：EHT / NASA）

成果，根泽尔和格兹获得了 2020 年诺贝尔物理学奖。2022 年 5 月 12 日，传来一条更加令人振奋的消息，事件视界望远镜合作组织向全球发布银河系中心超大质量黑洞人马座 A* 的首张照片，我国天文学家也参与了这项卓越的观测活动。

在银河系中央核球的四周，围绕着一个扁平的圆盘，它向外延伸到距离银心 5 万 ~6 万光年的地方，包含大量的恒星、星云、星际气体和尘埃。银盘中的恒星数量约占银河系恒星总数的 90%。我们的太阳系处在银盘中，距离银心约 2.6 万光年。北半球中纬度的夏季夜晚，天空朝向银河系内部，面对着数量极大的恒星，银盘投影产生的银河亮带特别显著；冬季夜晚，天空朝向背离银心的方向，银河亮带则逊色许多。

银盘中的恒星、气体和尘埃分布并不均匀，大致上，距离银心由近到远，这些物质的密度逐渐减小。如果从远处面对银盘观看，银盘呈现出一些独特结构。从银盘中央的核球（棒）的末端，延伸出几条朝相同方向弯曲的臂，它们被称为旋臂。银盘旋臂的整体形状就像草坪上旋转喷水龙头喷出的一道道弯曲水流。中间的棒加上周围的旋臂，这一构形是银河系被称为棒旋星系的原因。旋臂中恒星、气体和尘埃的密度比旋臂之间的区域更大。银盘中的恒星主要是富金属的星族 I 恒星。实际上，银盘是一个转动的圆盘，其中的恒星和气体都在围绕银心旋转。太阳围绕银心公转的速度是 220 千米 / 秒，公转一周需要 2.4 亿年。

银盘中有四条主旋臂，分别是人马臂、英仙臂、盾牌 – 半人马臂和矩尺臂，在中心棒的两侧附近是近三千秒差距臂和远三千秒差距臂。太阳位于人马臂跟英仙臂之间的一条被称为猎户支臂的旋臂上。近些年，天文学家发现，银盘并非一个平直的扁盘，在边缘附近呈翘曲的形状，像晾干后的薯片，而且银盘边缘附近的厚度有所增大。2010 年，费米伽马射线卫星在银道面上下

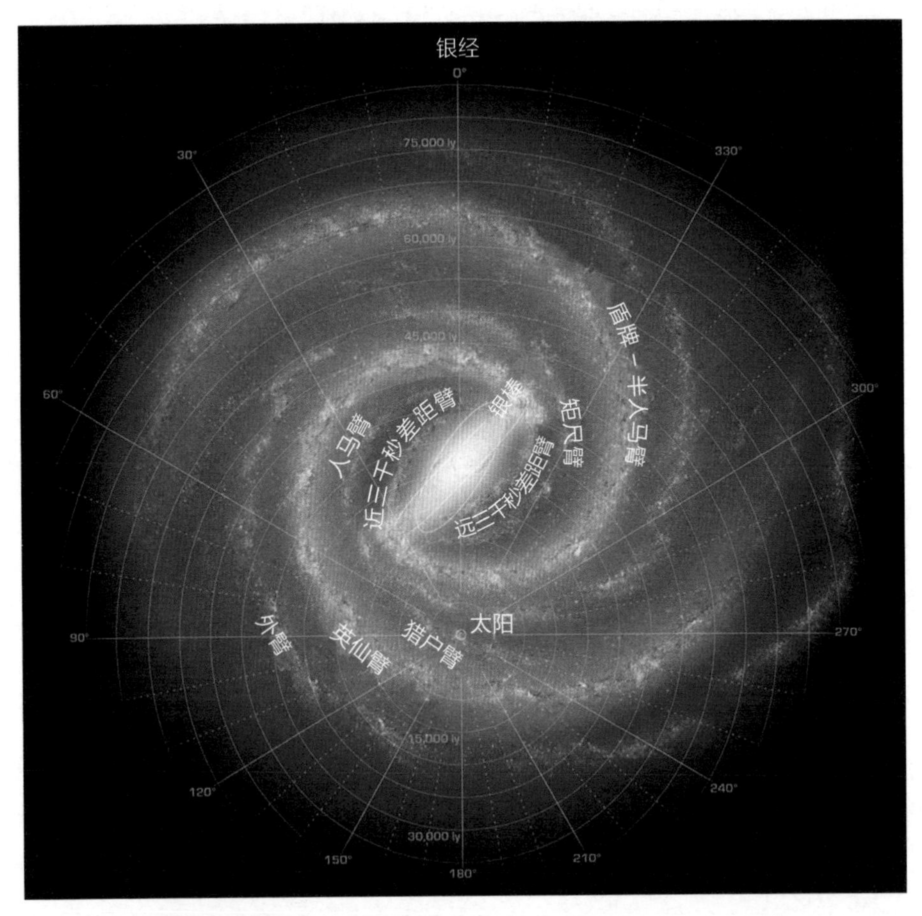

银河系的旋臂结构。[图片来源：NASA/JPL-Caltech/R.Hurt (SSC-Caltech)]

发现了一对巨大的气泡状结构，相对银盘和银心对称分布，直径约 25000 光年。这对气泡被称为费米气泡。

在银心和银盘的上下和四周，零星地分布着一些恒星、星流，还有约 150 个球状星团，这些天体分布在一个圆球形的区域内，这个球形区域被称为银晕，银晕中恒星的质量约占银河系总质量的 1%。在银晕中，朝特定方向运动的一系列恒星形成星流，而恒星和球状星团则随机运动，没有规律。银晕中的恒星主要为贫金属的星族Ⅱ恒星，它们大多集中在距离银心 10 万光年的范围内，也有少部分成员位于 10 万 ~20 万光年的区域中。近几十年，X 射线观测表明，在比恒星晕更大的范围内有极其稀薄的气体晕，气体晕中高温气体的总质量十分巨大。银河系总质量中，由于暗物质占 90% 以上，因此，银河系还有一个看不见的暗物质晕，它的范围可能延伸到距离银心 20 万光年甚至更远的地方。

银心超大质量黑洞、中心核球、银盘及旋臂、X 射线气泡和银晕等不同但相互联系的各个部分构成了整个银河系，它看上去好像一个巨大的艺术品，自然界的鬼斧神工令人敬佩。可是，对于天文学家来说，关于银河系仍有许多有待研究和破解的谜团。

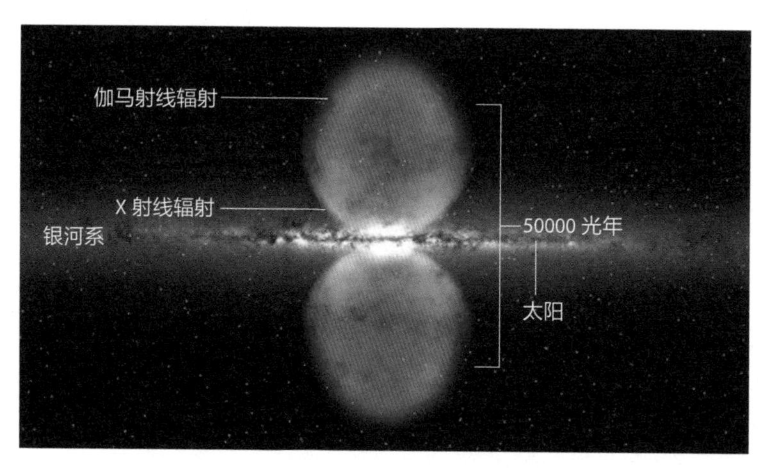

银河系银盘两侧的费米气泡。（图片来源：NASA）

星系有哪些不同的类型？

在银河系以外的浩瀚太空中，有数量众多的星系，它们距离地球十分遥远，因而绝大多数星系显得非常暗淡，人眼不能直接看见它们。望远镜是人类的观天利器，随着科学技术的发展，天文学家不断制造出功能强大的大口径地面望远镜和先进的空间望远镜，通过这些望远镜进行观测，一个个遥远的河外星系犹如近在眼前。

哈勃空间望远镜是一个贡献卓越的空间望远镜，它以美国著名天文学家埃德温·哈勃的名字命名，于 1990 年 4 月 24 日发射升空，口径为 2.4 米。多年来，它让人们清楚地目睹了河外星系的千姿百态。

北斗七星是人们非常熟悉的一个星空图案，七颗星构成一个“大勺子”，它们是大熊座的一部分。勺柄最外端的两颗星叫开阳和摇光，在这两颗星附近，靠近北极星的一侧，有一个赫赫有名的河外星系，它的形状像一个旋转的风车，被命名为风车星系，它是 101 号梅西叶天体（M101）。非常巧合，风车星系正向面对我们，因此，利用望远镜可以看到它的清晰“标准照”。它的中心是明亮的球状核心，从这里伸出几条缠绕的旋臂，旋臂是恒星、尘埃和气体的集聚区，其中包含许多年轻恒星。风车星系是一个大型旋涡星系，直径约 170000 光年，接近银河系的两倍，距离地球约 2090 万光年。透过风车星系，人们可以看到它背后更远处的星系，可见其旋臂构成的圆盘的厚度

风车星系 M101。（图片来源：NASA，ESA）

并不大。

宇宙中如风车星系这样的旋涡星系为数众多，其中一些看上去跟风车星系的形状相似，同样分布着缠绕的旋臂，但在星系的中心有一个明亮的棒状结构，旋臂发源于棒的两端，天文学家称它们为棒旋星系。位于波江座的 NGC1300 就是一个典型的棒旋星系，其直径约 10 万光年，大小跟银河系相

棒旋星系 NGC1300。（图片来源：NASA，ESA）

近，它距离地球约 7000 万光年。近些年，天文学家想尽办法探测银河系的真实形状，从目前的结果看，银河系也是一个典型的棒旋星系。

星系相对于地球的方位或朝向千变万化，风车星系和 NGC1300 跟我们正面相对，有些星系则是侧向或斜向地球，比如草帽星系 M104 和仙女星系 M31，这两个星系显示出盘的形状，也表现出旋涡星系的样貌。尽管我们不能围绕一个星系从四面八方观看它，但是，通过众多星系呈现的多种角度及其显示的各种形状，人们能够推断和了解某一类星系的实际构形。

宇宙中有一类星系被称为椭圆星系。它们的形状看上去是一个椭圆，中心最亮；从中心向四周的边缘，亮度平滑地减小。它们没有旋臂结构，星系的颜色整体偏红，其中主要是年龄较老、质量较小的恒星。由于我们观测的

草帽星系 M104。（图片来源：HST/NASA/ESA）

是星系的投影形状，因此，椭圆星系的扁度并不是星系真实三维结构的反映。各个椭圆星系的体积大小和包含的恒星数量会相差很大，星系尺度从 3000 光年到 70 万光年不等，恒星数量从几百亿颗到上万亿颗。

1781 年，法国天文学家梅西叶在室女座发现了一个被称为 M87 的天体，它是一个巨大的椭圆星系，看上去呈圆形。M87 距离地球 5400 万光年，它拥有几万亿颗恒星，中心有一个超大质量黑洞，还拥有 15000 个球状星团。M87 是室女星系团的主角。而另一个椭圆星系 NGC4660 看上去要扁许多，它跟 M87 同属于室女星系团。

样貌相对单调的椭圆星系也会给人们带来惊奇，带来迷茫。NGC3923 位于长蛇座，它距离地球 9000 多万光年。通过高分辨率图片，天文学家竟然发现它的星系晕呈现为一层套着一层的多壳层结构，共有 20 多层。这样独特的样貌是如何形成的？这种层状结构会一直保持下去，还是会慢慢消失？对于这些问题，目前还没有确切答案。不过，有的天文学家猜想，这可能是大星系吞噬小星系时，引力作用产生的“涟漪”。

椭圆星系 M87。[图片来源：NASA, ESA and the Hubble Heritage Team (STScI/AURA)]

椭圆星系 NGC3923。(图片来源：ESA/Hubble & NASA)

不管是旋涡星系、棒旋星系，还是椭圆星系，它们看上去都具有比较规则的形状，也有明亮的核心以及大致对称的结构。可是，有些星系既没有明亮的球状核心，其整体形状也不规则，这些星系被称为不规则星系。位于猎犬座的 NGC4449 就是一个不规则星系，它距离地球约 1200 万光年，直径约 20000 光年。NGC4449 的显著特点是它包含不少气体云，这里是恒星正在诞生的地方。

在南半球的天空中，肉眼可以看到银河系的两个近邻星系——大麦哲伦云和小麦哲伦云，它们与地球的距离分别为 16 万光年和 19 万光年，直径分别

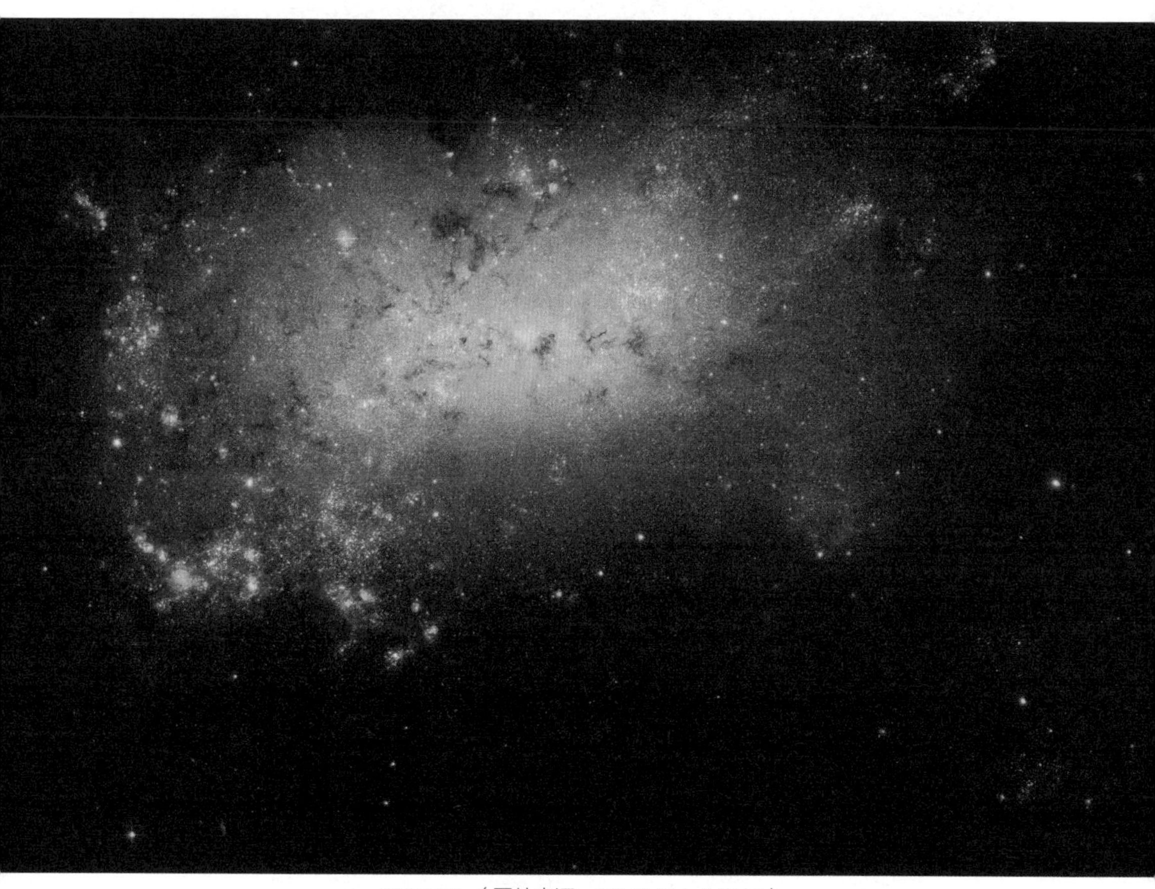

NGC4449。（图片来源：ESA/Hubble & NASA）

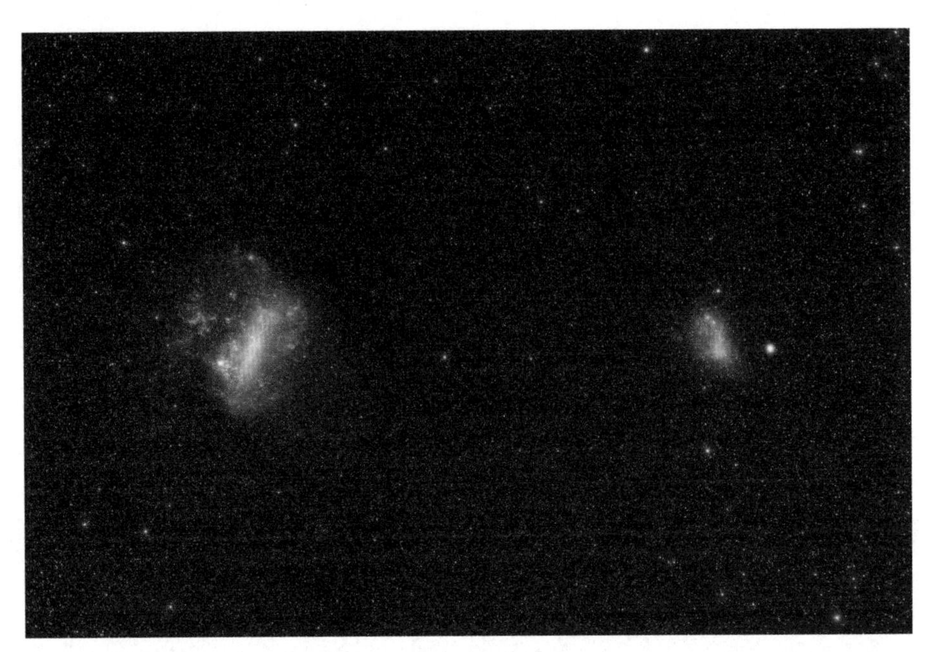

大小麦哲伦云。（图片来源：Lorenzo Comolli）

为 14000 光年和 7000 光年。它们也是不规则星系，不过，这两个星系中有棒状结构。天文学家发现这两个星系之间以及它们与银河系之间有气体桥连接。

星系的分类

宇宙中的星系就像河床上的鹅卵石，多姿多彩，千变万化，它们是构成宇宙的基本单元。美国天文学家哈勃被称为星系天文学之父，1936 年，他在观测了大量星系后，根据形态不同对星系进行分类，后来美国天文学家桑德奇等人对哈勃的工作进行补充和改进，形成了如今流行的“哈勃序列”或“哈勃音叉图”。

音叉图的左侧是椭圆星系，它又被分为 8 个次型：E0、E1、E3……E7，依扁度从小到大排列。音叉图的右侧分别是旋涡星系和棒旋星系，它们构成音叉的两个支叉。其中的旋涡星系，根据核球由大到小、旋臂由紧到松，分为

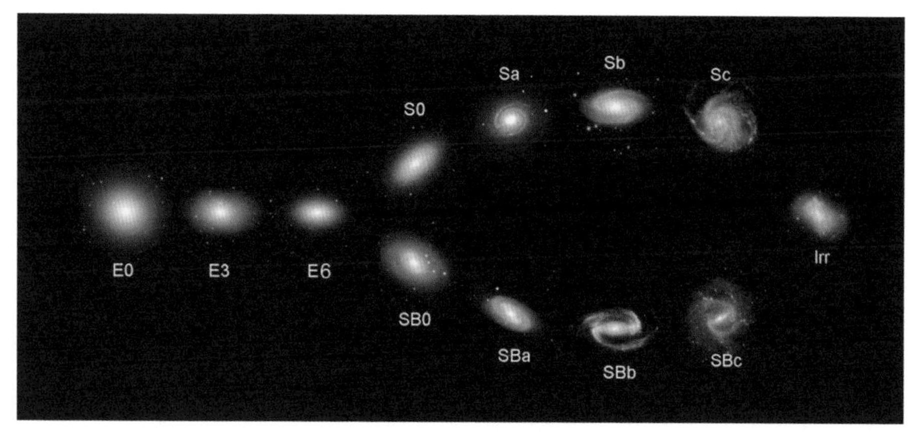

描述星系分类的哈勃音叉图。

Sa、Sb、Sc 三个次型；与之类似，另一支叉的棒旋星系分为 SBa、SBb、SBc 三个次型。在椭圆星系和旋涡星系（棒旋星系）之间的星系，被称为透镜状星系，它们是椭圆星系和盘星系两大类型之间的过渡。

在科学研究中，分类是一个有效的研究方法，它往往可以透露出被研究对象的一些奥秘。星系音叉图是否可以告诉我们星系的一些奥秘？根据不同星系中恒星的性质以及其他属性，哈勃初期将左侧的椭圆星系看成年龄较老的早型星系，将右侧的盘星系看成较为年轻的晚型星系。然而，后期的观测研究表明，这一看法并不正确。那么实际情况是怎样的？

在浩瀚的太空中，天体距离地球非常遥远。在真空中，光的传播速度是一个有限的固定数值。天体发出的光线传播到地球需要一段时间，因此，人们看到的天体不是它当前的面貌，而是该天体以前的形象。比如，人们看到的太阳是 8 分钟前的太阳，看到的比邻星是 4.2 年以前的比邻星。对于更加遥远的星系来说，人们目前看到的图像是星系几十万、几百万甚至几十亿年前的形状。这样一来，人们看到的不同距离处的星系具有不同的宇宙年龄。

一个人从幼年，到青年，再到老年，身高和相貌都会发生明显变化。星系是否也是如此？它们是怎样演化的？

宇宙膨胀让星系的光谱表现为红移，红移越大的星系，距离地球越远，对应的宇宙年龄就越小。天文学家观测发现，在红移为 1 的时候，星系的形态已经呈现出人们所熟知的哈勃序列，而形态不规则的星系占比明显比近邻宇宙中高出很多；红移大于 2 时，宇宙主要由形态不规则的星系主导，规则星系数量很少。只有红移小于 0.3，也就是更近处，高龄星系的诸多特征才与近邻星系一致。结合距离与年龄的关系，可以知道，星系演化的大致趋势应该如下：不规则星系→旋涡星系（棒旋星系）→透镜状星系→椭圆星系。

最遥远的星系代表着早期宇宙的状况，但是观测它们的难度非常大，因此，宇宙早期仍然迷雾重重。星系的形成理论是宇宙形成和演化理论的重要组成部分。

标准的现代宇宙学模型是天文学家对宇宙形成和演化的最新论断。宇宙是由暗能量（约 68%）、暗物质（约 27%）和少量的重子物质（约 5%）组成的。暗能量使得宇宙加速膨胀，暗物质充当星系形成、演化和并合的骨架。物质分布的起伏在大爆发之后极短时间内产生。随着时间的推移，引力不稳定性加剧物质分布的不均匀。重子物质不断落入暗晕中心。在较大的暗晕中心，气体能够冷却聚集，形成恒星，并且形成原始的星系。这些暗晕中的星系吸积气体形成恒星，并通过并合形成更大的星系。

宇宙是一个谜，谜底可能就在形形色色的星系之中。我国天文学家也在探究星系和宇宙之谜中贡献着自己的智慧，观测星系是中国空间站工程巡天望远镜的任务之一，该望远镜计划于 2026 年前后发射升空。

类星体是怎样被发现的?

多种观测事实表明，宇宙有一个开端，宇宙诞生后在不断膨胀。那么，早期的宇宙是什么样子的？早期的星系是什么样子的？或许，类星体可以提供部分线索。根据现有的观测资料，天文学家认为，类星体是最遥远、最古老且最明亮的天体，它是早期宇宙中的活动星系核。基于此，发现古老而遥远的类星体应是天文学中的重大课题。

20 世纪 60 年代是天文学历史上的一段黄金时期，射电天文观测在此期间取得了四个重大发现：类星体、脉冲星、星际分子和微波背景辐射。这些新发现意义重大，为天文学研究开辟了全新的领域。而射电天文的发展又跟第二次世界大战密切相关。当时，德国军队几乎攻占了整个欧洲，但是，英国凭借英吉利海峡这个天然屏障，并未沦陷。为了对付德国的持续空袭，英国发展了相当先进的雷达技术，他们的海岸预警雷达随时能够监视敌机的到来。

射电天文观测与军用雷达技术具有相同的物理原理。二战结束后，一批为战争服务的科学家转身投入射电天文研究，这让英国的射电天文学在一段时间内处于世界领先地位。很快，英国剑桥大学的天文学家开始利用射电望远镜进行巡天观测。所谓巡天观测，就是寻找天空中辐射射电波的天体。不久，他们观测到多个这类目标，鉴于不知道它们是什么具体类型的天体，因而统称其为“射电源”。天文学家发现的第一个射电源是天鹅座 A。1950

年，剑桥大学的天文学家发表了他们的第一个射电源表（The first Cambridge Catalogue of Radio Sources），简称1C。1C包含50个射电源。1955年，他们又发表了2C，包含1936个射电源。后来，天文学家意识到，由于观测技术的原因，这些源大部分不是真正的射电源。1959年，经过重新鉴定，剑桥大学的天文学家发表了3C，3C射电源表包含471个源。

为了弄清这些射电源到底是怎样的天体，天文学家纷纷采用熟悉的可见光波段对这些射电源进行辨认。1960年，美国帕洛玛天文台的马修斯和艾伦·桑德奇利用月掩射电源的方法，首先在三角座找到了3C 48（3C表中的第48号源）的光学对应体。它的样子就像一颗普通的恒星，视星等为16等，但其光谱中分布着不少宽发射线，且人们无法证认这些谱线的身份——跟普通恒星光谱中身份明确的吸收线相比，这种光谱看上去十分陌生。另外，射电源3C 48光学对应体的紫外波段辐射也比普通恒星强很多，且具有光变。1962年，

哈勃望远镜拍摄的类星体3C 273的图像。（图片来源：ESA/Hubble）

西里尔·哈泽德等人用位于澳大利亚帕克斯（Parkes）的口径64米的射电望远镜，准确地测量了3C 273的位置，通过进一步的光学观测，发现其对应光学天体的星等为13等，也具有宽的发射线，这些发射线同样无法得到证认。

看上去像恒星，但是有宽的发射线，而且谱线身份难以证认——射电源光学对应体的这些奇怪表现着实让天文学家一头雾水。它们究竟是怎样的天体？最终，哈泽德的同事、美国帕洛玛天文台的天文学家马尔腾·施密特揭开了谜底。同样在1962年，施密特用帕洛玛天文台的5米海尔光学望远镜，进一步观测3C 273。面对这颗特别“恒星”的陌生光谱，经过长时间的反复思考和比对，施密特的灵感悄然降临。他恍然间意识到，把氢原子的三条巴耳末谱线向红端移动其波长的16%，正好能对应上3C 273的几条发射线。按照这样的逻辑，他进一步推测出3C 273的另外两条发射线Mg Ⅱ和H_α经过红移后的位置，然后，果真在预测的波长位置观测到两条对应的宽发射线。1963年，施密特将这项开创性的发现发表在《自然》杂志上。

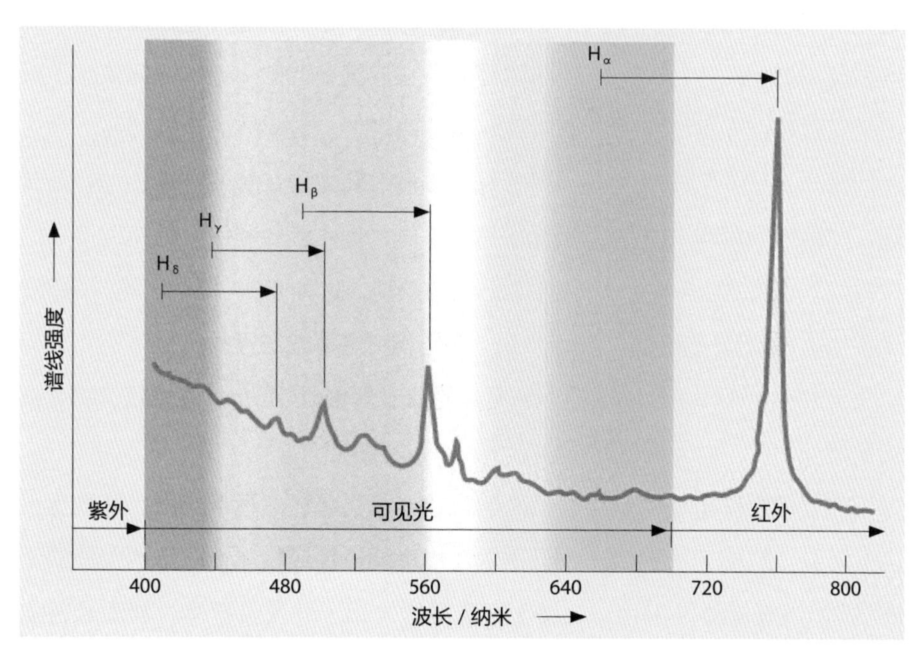

类星体3C 273的氢原子谱线。（图片来源：University of Alberta）

最初发现的这类天体都是从射电源上去寻找的。这些射电源的光学对应体看上去和普通恒星一样，所以，它们被称为类星射电源。类星射电源有一个共同的特点：它们的紫外辐射很强，颜色看上去是明显的蓝色。根据这一特点，天文学家开始用光学方法去寻找这类天体。人们把用光学方法找到的这类天体称作蓝星体。很快，天文学家就认识到，类星射电源和蓝星体属于同一类天体，尽管它们在射电辐射上有时表现不同，而且人们当时也还不清楚它们的物理本质。鉴于这种情况，人们就把这类天体叫作“类似恒星的天体”，英文是“Qusi-Stellar Object”。华裔美国天文学家邱宏义给这类天体起了一个简洁的名称“Quasar”，即类星体，一直沿用至今。

后来，经过大量观测，天文学家逐渐认识到，大部分类星体在射电波段的辐射都很弱。具有强射电辐射的类星体只占类星体总数的10%左右。这样一来，要想发现更多的类星体，必须使用传统的光学方法。那么，天文学家是如何从茫茫星海中去寻找类星体的？实际上，类星体的最大特征表现在它的光谱上。一颗恒星的光谱主要由两部分组成：连续谱和线谱。连续谱是光谱强度按波长的连续分布；线谱则是分布在连续谱上的一些孤立的谱线，可以是发射型的亮谱线，也可以是吸收型的暗谱线。类星体的连续谱有一个显著的特征，就是随波长变化非常平滑。不过，其光谱在短波一端，也就是蓝端，辐射强度很强。用光学方法寻找类星体，首先就要利用它的连续谱的这一特性，也就是它和普通恒星在颜色上的差别。这种方法叫作“多色方法”，类星体的发现者施密特和他的学生，就是利用这种方法寻找类星体的。他们对北天区中10714平方度的天区进行了巡天，历时近10年，共发现了114颗类星体。

随着类星体数量的增加，天文学家建立了类星体的标准光谱，其上有很多发射线。历史上，天文学家很早就使用物端棱镜或物端光栅得到天体的无缝光谱。20世纪70年代，天文学家开始将之用于发现类星体。利用发射线寻找新类星体的方法叫作“无缝光谱方法”。最初，这种方法是由位于智利的托洛洛山泛美天文台的科学家开创的，他们用一架 60 厘米的施密特望远镜加上物端棱镜去寻找类星体和发射星系。20 世纪 80—90 年代，在澳大利亚的英澳天文台，天文学家用无缝光谱法寻找类星体时，分析强发射线氢莱曼α 线（Lyα）、电离碳的 2 条线（CИ，CⅢ）和电离镁（MgⅡ）的一条线。在一般的恒星光谱中，这些谱线处于紫外波段；而对于类星体，由于红移，观测到的波长需乘以红移因子，这些谱线会出现在可见光区，刚好被观测到。天文学家在无缝光谱底片上搜寻有这些发射线的天体，作为类星体的候选体。将候选体找出来之后，再用大口径望远镜仔细观测它的光谱，测出其红移值，便可宣告发现了新的类星体。

除最原始的射电源方法和上述两种光学方法外，随着观测技术的发展，天文学家还发展了弱变光天体方法、X 射线方法、红外辐射方法和零自行方法等。所有这些方法都是先找出类星体的候选体，再进行单星分光观测予以确认。弱变光天体方法是基于类星体有不规则的光变；X 射线方法和红外辐射方法是基于有些类星体在 X 射线或红外波段上有不寻常的辐射，根据其辐射特征找出相应的光学对应体进行证认。

到目前为止，类星体仍是一种充满太多未知的天体。多年来，它吸引了众多天文学家的注意，人们争相寻找更多、更远的类星体。早在 1977 年，由赫维特和贝比奇合编了第一个类星体总表，共包括 637 颗类星体。贝比奇曾任美国国立基特峰天文台的台长。2000 年，法国天文学家维隆夫妇编辑了“类星体和活动星系核表”（第 9 版），其收录的类星体总数达到 13214 颗。近年来，基于光纤光谱望远镜的巡天项目陆续运行，如澳大利亚两度视场类星体红移巡天（2dF QSO Redshift Survey）、美国斯隆数字巡天（Sloan Digital Sky Survey）、我国郭守敬望远镜类星体巡天（LAMOST QSO Survey）等。这些巡天望远镜通过几百到几千个光纤将目标天体在焦平面上的像引导到后端若干个光谱仪，大大提高了获取天体光谱的效率，将人类发现的类星体数量增加至数十万。

为什么说类星体是遥远的活动星系核？

天文学家一边找寻类星体，一边努力探寻这种神秘天体的本质。最早，施密特研究射电源 3C 273 光学对应体的发射线光谱，得出它的红移值 $Z = 0.158$，根据哈勃定律估算，该天体距离地球约 31 亿光年，这表明该天体处在银河系之外。既然它是河外天体，而且那么亮，就应该跟河外星系一样，有一定的结构。为此，天文学家利用世界上最大的望远镜，去拍摄类星体的像。可是，无论曝光时间多么长，拍到的总是一个点像，这种结果让人失望。类星体本身有没有结构？如果有，那么结构是什么样的？这些疑问成了此后天文学家热衷探究的课题。

20 世纪 80 年代，为了弄明白类星体是一种怎样的河外天体，加拿大籍美国天文学家欧克做了有效的尝试。当时，天文学家已经观测到，在类星体周围有一些模模糊糊的东西，但是他们无法确定这些东西是否和类星体有物理联系，因为浩瀚的太空中有数量繁多的各类天体，或许它们碰巧重叠到一起。欧克教授的工作地点在美国帕洛玛天文台，那里有当时世界上最大的口径 5 米的海尔望远镜。利用这台强大的望远镜，欧克寻找一些带结构的亮类星体，并拍摄其周围结构的光谱。这项工作的困难在于，类星体周围的结构十分暗弱，极难拍到其光谱。另外，如果和类星体一起拍摄，后者必然曝光过度。因此，必须非常小心地仅仅把类星体本身挡住，只露出其周围的结构。

美国帕洛玛天文台口径 5 米的海尔望远镜。

如果周围的结构和类星体的光谱一致，也就是它们的红移大小一样，则它们必然属于同一个天体。最终，欧克教授获得了成功。

近几十年，射电天文观测技术不断发展，射电观测发现类星体有细长的喷流从中心喷出，并且形成巨大的瓣。比如，对于类星体 3C 175，美国天文学家利用甚大阵射电望远镜（VLA）观测到：位于中心的是一个亮点，其两侧各有一个展源；它有一条长达 100 万光年的喷流与一个展源相连。尽管没有直接观测到，但是不难猜测，另一侧的展源也会有一条暗弱的喷流与中心亮点相连。

后来，天文学家们发现大部分亮类星体都是有结构的。由此可以推断，不仅是亮类星体，而是全部类星体都应该有一定的结构，绝不是一眼看上去会被忽视的一个亮点。

通过拍摄光谱可以直接测出类星体的红移值，于是就可以得出类星体的距离，再测量出类星体的视星等，便不难计算出类星体的绝对星等。目前，普遍定义类星体的绝对星等值必须小于 –23 等。这样的话，一个类星体究竟有多亮？不妨用太阳光度作单位来进行对比，计算可知，只要称得上是类星体，哪怕是最暗的，也能发出 10^{11} 个太阳的光芒！

一个类星体至少能发出相当于 1000 亿个太阳的能量，其规模和我们的银河系相当。更亮的类星体甚至能发出成百上千个星系的能量。发射出如此巨大的能量，类星体的尺度应该有多大呢？测量一个天体的大小，或是它的直径，并不是一件容易的事情。对于一般的天体，可以测出它的角直径，再测出它的距离，两者相乘便得出它的实际直径。然而，类星体是一个个的星点，根本无法测量角直径。不过，天文学家想出了一个十分简单的方法，可以判断类星体的大小。方法源自类星体的光变。一个天体有光变，它的光变周期不应该短于光穿过这个天体的时间。类星体的光变周期长短不一，有的几个月，有的几年。通过计算，类星体的直径大致是几个光年的量级。作为对比，银河系的直径大约是 10 万光年。一个大小只有几光年的天体，却能发出比银河系大 1 万倍以上的能量，这是一件不可思议的事情。

天文学家推断，类星体其实是一些遥远星系的极为明亮的核心区域，其光度可以高达普通星系光度的数万倍。绝大多数星系的中心普遍存在着超大质量黑洞，黑洞质量相当于几十万甚至上百亿倍太阳质量。与银河系这种普通星系的核区相比，类星体中心的黑洞正在大量吞噬它周围的气体。被黑洞巨大引力所束缚着的这些气体，在黑洞周围高速地旋转、向黑洞聚集，并在紧靠黑洞的边缘形成吸积盘。科学家们推测，吸积盘中的物质一边绕着黑洞旋转，一边通过黏滞耗散将自身动能转化为热能，热能又进一步变为电磁辐射从吸积盘发出。大量的电磁辐射激发了周围高速运动的气体，产生在光谱上看到的宽发射线。在这整个过程中，黑洞靠吞噬周围的气体越来越大，并释放出巨大的能量。

关于类星体，天文学家已获得大量观测资料，也给出了合理的理论设想，但是，由于它是非常遥远、非常古老的天体，至今仍有许多有待确定的方面。

特殊的星系

哈勃分类中包括椭圆星系、旋涡星系、棒旋星系以及不规则星系等，跟这些普通星系相比，类星体的表现的确大相径庭。然而，在近百年的星系观测中，天文学家也观测到许多有独特表现的特殊星系，它们在形态、结构和辐射特征方面与普通星系显著不同，从它们身上似乎可以看到类星体的踪影。

普通星系一般比较平静，演化也非常缓慢。1943 年，美国天文学家塞弗特（Carl Seyfert）发现，有的旋涡星系却有异常的表现，它们的中心区域辐射很强，有强发射线。后来，天文学家将这类星系命名为塞弗特星系。塞弗特星系的体积和质量比一般星系小很多，有充沛的能量来源，在可见光、红

塞弗特星系 NGC7742，又名荷包蛋星系。（图片来源：ESA/NASA/STScI）

外线、紫外线和 X 射线等波段辐射出非常高的能量，可达一般星系的数十倍到上百倍。塞弗特星系约占旋涡星系总数的 1%~2%。

20 世纪 60 年代，苏联天文学家马卡良观测到一类特殊星系，总共 800 多个，被称为马卡良星系。这类星系的最大特点是具有很强的紫外连续谱辐射。它分为两种次型，一种是亮核型，明亮的星系核本身就是紫外连续谱辐射源，它们大多为旋涡星系；另一种是弥漫型，紫外连续谱辐射源分布在整个星系内，这类星系一般为暗弱的不规则星系。

塞弗特星系和马卡良星系有激烈的活动，它们被称为活动星系。天文学家还观测到其他不同表现的活动星系，如直径很小、密度很大的致密星系。

蝎虎座 BL 型天体也是一类活动星系。它们看上去通常像恒星，看不出结构，也有部分这类天体（包括蝎虎座 BL）有暗弱薄层。其光谱属于非热连续谱，没有或有很弱的发射线和吸收线，它们在红外、射电和可见光波段都有快速光变，周期从几个小时到几个月不等。其辐射的偏振度大，且快速变化。

通过射电望远镜观测，天文学家发现，许多光学星系也是射电辐射源，这些星系被称为射电星系。射电星系的特点是射电辐射特别强，不仅大于本身的光学波段的辐射功率，而且比一般普通星系的射电辐射强 10 万倍到 1 亿倍。其光学对应体大多为椭圆星系。

还有两类特殊星系：爆发星系和星爆星系。爆发星系以爆发和抛射物质为特点；星爆星系则是恒星大量形成的星系，它的恒星诞生率比一般星系要高出几十倍到几百倍。大熊座中的 M82，又叫雪茄星系，既是爆发星系，又是星爆星系。

长期的观测表明，各种特殊星系或多或少表现出类星体的某些属性，特别是与邻近星系相互作用的扰动星系也会表现出类星体的属性。因此，有天文学家认为，类星体是星系核在演化早期的剧烈活动，活动星系和射电星系是后期的类星体，其活动性已变得缓和。从红移的大小看，类星体最大，塞弗特星系次之，射电星系最小。在宇宙学红移的前提下，各类星系的演化序列为：类星体、蝎虎天体、塞弗特星系、射电星系，最终到普通星系。根据这种观点，类星体是极度活跃的星系核。

目前，类星体仍然是天文学的热门研究课题，天文学家不断得到类星体观测的新成果。2015 年 2 月 16 日，北京大学天文系的研究团队在《自然》杂志上发表论文，宣布发现了红移为 6.3、遥远宇宙里发光最明亮、中心黑洞质量最大（120 亿倍太阳质量）的类星体！ 2021 年 1 月 20 日，国外的天文学家在《天体物理学杂志快报》上发表文章，宣布发现最古老、最遥远的类星体 J0313-1806，该类星体红移为 7.642，对应的距离为 131.5 亿光年。它在大爆炸后约 6.7 亿年形成，中心黑洞质量约 16 亿倍太阳质量，该类星体是截至当时观测到的红移最大的类星体。

第三部分 恒 星

PART THREE

如何测量恒星的距离?

天空是一个神秘莫测的地方，那里有不计其数的点点繁星。一天天，一月月，一年年，它们不言不语；除少数几个外，绝大多数一动不动。人们凝望星空，非常希望知道这些恒久不动的星点是什么？它们是一个个萤火虫，还是一支支灯盏？要了解点点繁星的本质，首先必须知道它们距离地球有多远。

为了揭开恒星的面纱，很久以前，天文学家就试图测量它们的距离。

三角视差法

在日常生活和工作中，测量距离不是一件困难的事情。只要有一把尺子，采用一定的方式，人们就可以进行测量。对于有经验的人来说，如果距离不太大，仅凭目测就可以估计出某个目标的距离。实际上，人的两只眼睛是测量距离的一种天然仪器。

假设我们在浪涛汹涌的河流一侧的点 A 处，另一侧有一个目标 C。如果无法渡过河流，怎样测量目标 C 到我们（A）的距离？此时，我们在河的同侧另找一个地点 B，它和点 C 以及我们所在的位置点 A 构成一个三角形 ABC。只要测得∠ A、∠ B 以及边长 AB（基线）的值，就可以求得边长 AC 的值，也就是目标 C 到我们的距离。在数学中，这是一个简单的解三角形问

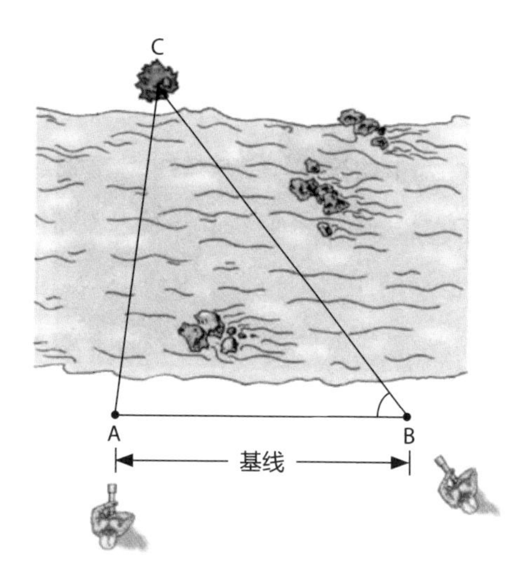

通过测量点 A 和点 B 处的角度以及基线的长度，
通过简单的三角关系就能计算出距离 AC。

题，其实，这种三角视差法也是人的双眼判断物体距离所利用的原理。

测量太空中天体的距离跟上述情形相似。在无法抵达一颗恒星的时候，我们可以采用三角视差法。1752 年，法国天文学家拉卡伊采用这种方法测量月球的距离。拉卡伊来到非洲南端的好望角，他的学生拉朗德去往柏林。两个地点基本上处于同一经度，纬度相差 90° 有余。在月亮达到天空最高点时，两人同时测出月亮的天顶距，再根据地理数据，经过一番运算，他们便获得月亮到地球的距离，他们的测量结果跟现代值很接近。

周年视差法

当天文学家将拉卡伊的方法用于测量恒星的距离时，他们发现这种方法不能奏效。因为从地球上任意两个不同的地点看同一颗恒星，视线方向基本平行，不能形成有效的三角形。这说明地球上两点之间的距离远远小于恒星的距离，或者说恒星距离我们非常遥远。如何找到相距遥远的两个观测地点？哥白尼的日心说指出，地球和其他行星围绕太阳公转。如果在相隔半年的两个夜晚观测同一颗恒星在夜空中的位置变化，以地球公转直径（2 天文单位[⊖]）充当基线，再测得恒星对基线的张角，就能算出恒星的距离，这个方法叫作周年视差法。如下图所示，图中 E′ 点为地球从 E 点公转半年后的新位置，S 点是太阳的位置，P 点是目标恒星的位置。只要测得∠ EPS 的值，就可以计算出地球到恒星的距离 EP。∠ EPS 叫作恒星 P 的周年视差，也简称为视差。视差的单位一般为角秒（"），视差为 1 角秒的天体的距离定义为 1 秒差距（pc），1 秒差距≈ 3.26 光年。一个天体的距离（以秒差距度量）是视差（以角秒度量）的倒数。

周年视差法是一个很好的想法，然而实践起来却并没有那么顺利。早期，利用周年视差法仍然不能轻易测出众多恒星的距离。因为以地球公转直径为

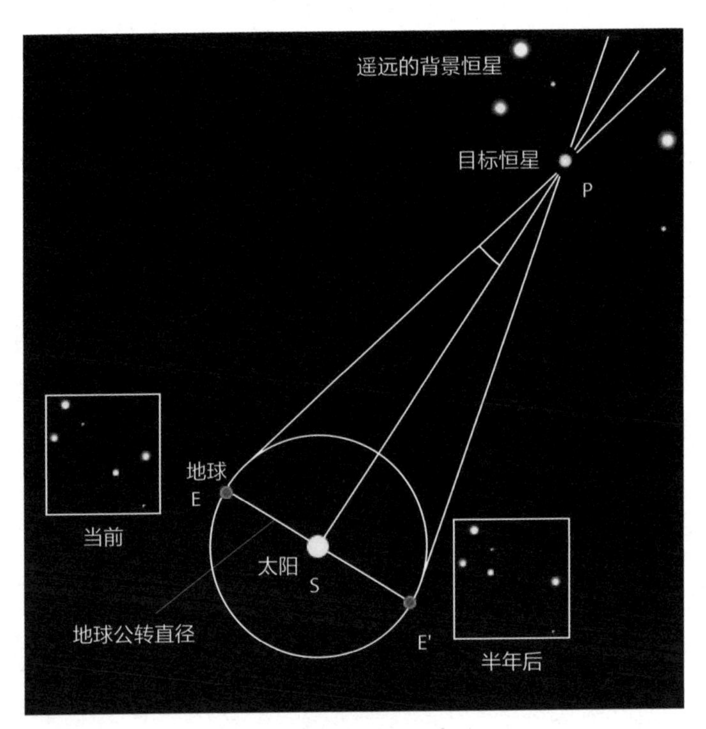

周年视差法示意图。

⊖ 天文单位指地球和太阳间的平均距离，单位为 AU。1AU 约为 1.5 亿千米。——编者注

基线，恒星的视差仍然极其微小。只要比较冬至日夜晚跟夏至日夜晚的星空图案，就可以明白，恒星的位置几乎没有变化。基于这个原因，一直有人试图否定哥白尼的日心说。

时间来到了 19 世纪。此时，德国出现了一位制作天文仪器的天才人物，他的名字叫夫琅禾费（1787—1826）。夫琅禾费曾经跟随一位光学技师当学徒，他勤奋学习，研究玻璃的特性以及不同制备方法下的变化规律。后来，夫琅禾费改进了多种光学仪器，为天文仪器和天文学的发展做出了惊人的贡献，使得望远镜测量角度的精度达到 0.01 角秒的空前水平。

与夫琅禾费同一时期，德国还出现了另一位杰出的天文学家兼数学家贝塞尔。贝塞尔最初是一位会计师，他自学天文。1805 年，贝塞尔重新计算哈雷彗星的轨道，因此名声远扬。34 岁时，贝塞尔完成了一份当时最好的星表，继而，贝塞尔开始测量恒星的视差。

从哥白尼时代以来的近三个世纪里，测量恒星视差这项工作难倒了众多天文学家，他们个个无功而返。鉴于这种状况，开始这项工作前，贝塞尔做了大量准备。首先，他发明了一种叫作“量日仪”的精密天文仪器，用来测量天空中各种星体的角度；其次，为了保证仪器的优良品质和性能，他请光学仪器专家夫琅禾费亲自制作。此外，贝塞尔还制定了寻找“合适”观测目标的判断依据：第一，目标恒星的视亮度要足够大；第二，目标恒星的自行应当明显；第三，双星绕转运动周期短，且两颗星看上去分得开。满足这三个条件的恒星一般为近距离恒星，贝塞尔把它们作为观测的目标。

多年积累的观测经验让贝塞尔注意到了天鹅座 61，这颗恒星满足后两个条件，但是并不十分明亮。然而，当时贝塞尔并没有找到同时满足三个条件的目标。1837 年，贝塞尔将量日仪指向了天鹅座 61，整整一年之内，他进行了无数次的观测。功夫不负有心人，1838 年 12 月，贝塞尔宣布了这颗恒星的视差观测结果：0.31 角秒，对应的距离为 66 万天文单位（10.4 光年），这一测量结果与 11 光年的现代值非常接近。测量天鹅座 61 的距离，相当于从

16.6 千米之外测量一元硬币的张角。

在同一时期，苏格兰天文学家亨德森在南非好望角测出了半人马座 α（即南门二）的视差，德裔俄国天文学家斯特鲁维测出了织女星的视差。随后，利用周年视差法，天文学家测量了许多恒星的距离。但由于地面望远镜的视差精度为 0.01 角秒，因此，对距离超过 100 秒差距的天体，测量误差值会等于或大于恒星的视差值，此时周年视差法便失去了功效。

那么，对于比 100 秒差距更远的恒星，如何测量它们的距离呢?

分光视差法

天文学家发现，光谱型相同的巨星和主序星，其某些谱线的强度比值彼此间存在着显著差异。拍摄恒星光谱后，可以确定它的光谱类型，再测定其特定谱线的强度比值，由此确定它是巨星还是主序星，也就确定了它在赫罗图中的位置。这颗恒星的绝对星等大致等于赫罗图上同样光谱型已知主序星（或巨星）的绝对星等。确定了被测恒星的绝对星等后，再跟它的视星等进行比较，便可以求出这颗恒星的距离了。这种测定恒星距离的方法叫作分光视差法，它测量的恒星距离范围大于三角视差法。

分光视差法将测得的恒星距离延伸到上万秒差距，使得恒星距离测量的范围又向前迈了一大步。然而，分光视差法仍然有局限性。当恒星的距离超过 10 万秒差距后，即使利用世界上最先进的观测设备也难以得到其清晰的光谱。而且，不少恒星并不能用普通的方式确定其光谱和绝对星等之间的关系。因此，为了测量更远处恒星的距离，天文学家还要寻找新的测距方法。

造父视差法

寻找恒星测距新方法的故事，还得从荷兰裔英国业余天文学家古德里克（1764—1786）说起。古德里克自幼就是一位聋哑人，寿命只有短短的 22 岁。但是，他在天文学上取得的成就让人们至今仍记得这个不平凡的名字。1782

年 11 月 12 日，古德里克观测到英仙座 β（即大陵五）的亮度变化，并对导致这颗恒星亮度变化的原因进行了猜测。他认为，可能有一颗暗得看不见的星陪伴着它，互相围绕着彼此运转。就像发生日食那样，由于伴星周期性的遮掩，大陵五的亮度有了周期性的变化，这种恒星叫变星。后来的观测事实证明古德里克的猜想是正确的。古德里克专门观测恒星的亮度变化，还发现了另外两颗变星：仙王座 δ 和天琴座 β。仙王座 δ 的中文名字叫“造父一”，凡是亮度变化方式与造父一相似的变星，都被称为“仙王座 δ 变星”或“第一类造父变星”。这类变星的整个星体在不停地一胀一缩，其直径也跟着时大时小地变化着，这是造成第一类造父变星光变的原因。

造父变星像一块埋在泥土中的金子，被发现近 130 年之后，才最终显露出自己的光辉。1912 年，美国天文学家勒维特（1868—1921）。在哈佛大学设于秘鲁阿雷基帕的一座天文台观测大麦哲伦云和小麦哲伦云。她惊喜地发

仙王座 δ 。（图片来源：Digitized Sky Survey）

现，所观测的小麦哲伦云里 25 颗造父变星中，光变周期越长的造父变星，亮度也越大。小麦哲伦云中的这些变星可以看作相等的距离。这意味着，光变周期越长的造父变星，绝对星等（光度）也越大。因此，确定造父变星周光关系的零点之后，便可以利用造父变星的周光关系测量恒星的距离。这种测量恒星距离的方法被称为造父视差法。

利用造父变星可以测量更加遥远的恒星距离，测量距离超过了 10 万秒差距，甚至可达到百万秒差距。哈勃和巴德都利用造父变星测量了河外星系 M31 的距离。巴德测定的 M31 的距离为 220 光年。正如三角视差法、分光视差法各有自己的距离测量范围局限性一样，造父视差法也有它的局限范围：当恒星或星系的距离超过 1300 万秒差距，即 4000 万光年后，这类变星的视星等就会降到 24 等，这种方法就不适用了，必须寻找其他的方法。

测量天体的距离，关键是找到好的“标准烛光”（已知光度的天体）。天文学家发现新星和超新星的发光能力比造父变星更强，特别是 Ⅰa 型超新星，它的平均绝对星等约 –19 等，比太阳亮 40 亿倍。因此，测量恒星和星系距离的接力棒从造父变星传到了 Ⅰa 型超新星的手里。只要测得 Ⅰa 超新星的视亮度，再利用理论上的绝对星等值，就可以计算出它的实际距离。

实际上，天文学家测量恒星和星系距离的方法丰富多样，远不止上述这几种，准确地测量遥远天体的距离是揭秘宇宙的基础。

恒星为什么能够发光？

夜空中一颗颗闪光的星点，实际上大多数都是跟太阳一样的恒星，能够自己发射出万丈光芒。太阳带给人类光明和温暖，点点繁星昭示着宇宙的浩瀚。面对着这些看似永恒的光源，人们心中一定会产生一个疑问：它们为什么能够发光?

公元前5世纪，古希腊自然哲学家阿那克萨戈拉就试图回答太阳为什么能够发光这一问题。有一次，他目睹了火球般的陨石从天而降，落地后的陨石仍然炽热高温。阿那克萨戈拉便琢磨起来：天上只有太阳才是这样热的天体，那么陨石一定是从太阳身上掉下的碎块。因此，阿那克萨戈拉认为，太阳应该是一个炽热火红的巨大石球，视面积比伯罗奔尼撒半岛略大。然而，由于这样的论断是对神的冒犯和不尊敬，阿那克萨戈拉受到指控，并最终被迫离开雅典。

古代天文学受到宗教神学的束缚，不允许天文学家自由地探讨。此外，物理学、化学等其他科学的发展水平也制约着天文学家对天体奥秘的理解。伽利略发明天文望远镜之后，天文学家理解宇宙的速度明显加快。英国天文学家威廉·赫歇尔以研究恒星著名，被誉为“恒星天文学之父”。他用自己制造的望远镜对太阳和其他恒星做了大量观测，也提出了关于恒星发光原因的独特见解。

赫歇尔认为，太阳之所以发光，是因为它有一个因炽热而发光的大气层；太阳大气层的下面可能是一个凉爽、甚至有生命存在的固态表面。当然，赫歇尔的论断有自己的依据和逻辑，他注意到了太阳上的黑子，并认为那是透过太阳大气层中的空隙所看到的太阳表面，表面既然是黑色的，就应该是凉爽的。今天看来，赫歇尔的见解简直太离谱，但由于当时对太阳的观测和了解十分有限，人们并不知道太阳黑子的真实温度其实也高于4000K。而且，赫歇尔也没有考虑到，无论多高温的大气层，如果没有能量补充，也会很快冷却下来，不可能长久地稳定发光。

19世纪40年代后期，德国物理学家迈耶（1814—1878）和苏格兰物理学家沃特斯顿（1811—1883），先后提出太阳发光的相同物理原理：太阳是一个由煤炭构成的燃烧的球体。此时，物理学特别是热力学已取得了较大发展，两位科学家知道，太阳的发光能源需要有一定的持续性。实际上，这两位物理学家都是当时非常优秀的学者，迈耶对热功当量和能量守恒进行过先驱性的研究，沃特斯顿则在气体分子运动论方面做出了较大贡献。

太阳燃烧煤炭发出光和热，从常识看似乎讲得通。那么，太阳发光的“煤球说”是否能够站住脚呢？后来迈耶运用物理和化学原理进行计算，发现煤炭燃烧达不到太阳的光度，并且这种燃烧只能持续几千年，此外，也不能确定太阳上是否存在维持煤炭燃烧的氧气。沃特斯顿的计算结果更乐观一些，但也只是将燃烧的时间延长至20000年。在那个时代，依照康德和拉普拉斯的星云说，太阳和地球由同一团星云收缩而成，因此，两者年龄应该相近，远不止几千年或几万年的时间。

很快，太阳发光的“煤球说”被抛弃了。迈耶抛弃“煤球说”后不久，又提出了新观点。他认为陨星不断坠落到太阳上，使得太阳发射出光和热。如何看待迈耶的新观点呢？热力学绝对温标的创立者，有“热力学之父”之称的英国物理学家汤姆孙（1824—1907）指出：太阳的巨大能量需要非常多的陨星不断坠落到太阳上，那么同样应该有不少陨星坠落到地球上，然而现

迈耶猜测，恒星发光的原因可能是陨星坠入恒星。（图片来源：James Gitlin/ESA/STScI）

实情况表明，并没有足够多的陨星坠落到地球上；再者，足够多的陨星坠落会不断增大太阳的质量，这会改变地球的运动轨道和周期，几千年中地球绕日公转的周期会缩短几个星期，这也与天文观测相矛盾。显然，迈耶的“大量陨星坠落说”也不可能是太阳发光发热的真正原因。

“煤球说”被否定后，沃特斯顿向伦敦皇家学会提交论文，也提出了太阳发光的一种新机制：太阳自身收缩产生的热量是太阳发光的能量来源。可惜，这篇论文被拒绝发表。沃特斯顿没有气馁，继续宣传自己的新观点，吸引了不少科学家的注意。其中，亥姆霍兹（1821—1894）和汤姆孙非常赞同这一学说。亥姆霍兹也是著名的物理学家，他创立了能量守恒定律。这两位物理学家还亲自计算，其结果表明，要保持太阳目前的发光强度，太阳每年只需要缩减几十米，对于直径140万千米的太阳来说，人们不可能察觉到这种变化。由于这一学说与康德和拉普拉斯的星云说有共同之处，且推算出的太阳发光时间可以维持几千万年，因此，这一学说流行了相当长的时期，直到20世纪，仍有人相信它。

19世纪末到20世纪初，各门科学特别是物理学快速发展，新的理论和技术不断涌现。利用放射性同位素方法，科学家估算地球年龄为几十亿年，显然，太阳年龄至少也要有几十亿年。这让太阳发光发热源于自身引力收缩的观点岌岌可危，人们不得不将目光转向其他方向。

1905年，爱因斯坦创立狭义相对论，提出了质能方程：$E=mc^2$。从这个方程中可以看出，物质之中蕴藏着巨大的能量。1919年，英国物理学家卢瑟福（1871—1937）在剑桥大学卡文迪许实验室成功进行了人工原子核反应，创造出新原子核。紧接着，1922年，英国物理学家阿斯顿（1877—1945）发现，氢原子核（即质子）的质量比重元素中单个核子的平均质量略大。

科学疑难的解决依赖于科学自身的发展，只有科学发展到一定程度，科学难题才能水到渠成地被攻克。英国著名天文学家爱丁顿洞察物理学和化学领域的各项新进展，再经过严密的思考，对于太阳等恒星的能量来源问题，他大胆地提出一个设想：原子核可以通过核反应变成新的原子核，那么，氢原子核（质子）结合变成更重的原子核的话，核反应前后物质的总质量发生了变化，根据爱因斯坦的质能方程，这个过程可以释放出巨大能量。

爱丁顿（1882—1944）是世界知名的天文学家、物理学家和数学家，在恒星结构、恒星的质光关系和白矮星等研究方面成果卓著。为了解释太阳和恒星的能量来源问题，他不只局限于设想，而是通过研究恒星的结构模型，估算了太阳核心的温度约为4000万℃，密度为80克/厘米^3。不过，爱丁顿的设想遭到了同样是英国著名物理学家金斯的质疑。金斯认为，质子之间存在很强的静电斥力，要使得它们发生核反应，需要让质子彼此非常靠近，这就要求质子具有非常高的热运动速度，即恒星内部应具有非常高的温度。在金斯看来，这种情况是不可能的。

在那个时代，作为原子核成员的中子仍未被发现，有关核子之间相互作用的理论也没有建立起来。因此，爱丁顿无法给出核聚变的细节。然而，20世纪20—30年代，量子力学和核物理学飞速发展，新成果接连涌现，这种局面为解决恒星发光的谜团奠定了基础。

1928年，俄裔美国天文学家和物理学家伽莫夫（1904—1968）发现了量子力学的隧穿效应，即微观粒子有一定概率穿越经典意义上不可穿越的能量“屏障”。这个发现基本消解了金斯的质疑，因为即使恒星内部温度不够高，仍然有一部分质子可以通过量子隧穿效应来克服静电斥力造成的能量势垒。1932年，英国物理学家查德威克发现中子，为理解原子核的结构扫清了障碍。1934年，意大利裔美国物理学家费米提出弱相互作用的四费米子理论，为近似描述核反应中的弱相互作用部分提供了理论基础。1935年，日本物理学家汤川秀树提出强相互作用的介子理论，为近似描述核反应中强相互作用部分提供了理论基础。

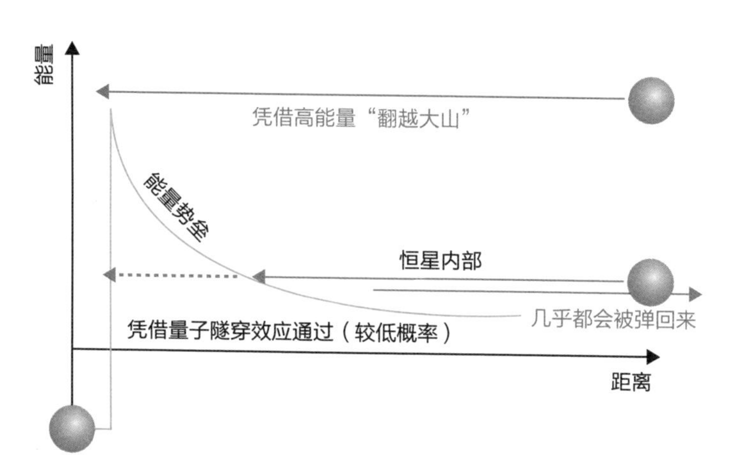

带正电荷的质子为了能相互撞击需要巨大的动能，可是恒星内部温度不够。然而，有了量子隧穿效应，虽然成功率不高，但也可以在动能不足的情况下进行反应。

随着原子核物理的迅速发展，许多天体物理学家将研究兴趣转移到恒星能源问题上，试图解决这个难题。最终美国物理学家汉斯·贝特和查尔斯·克里奇菲尔德取得了成功。1938 年，在伽莫夫的建议下，克里奇菲尔德研究质子与质子之间的核反应，伽莫夫得知贝特也在从事相同的研究后，促成两人合作。

很快，贝特和克里奇菲尔德找到了太阳核心最重要的核反应过程，即质子 – 质子链反应。这种核反应中最主要的一类，即第一类质子 – 质子链的过程如下：（1）两个质子 p 聚合成氢的同位素氘核 ^{2}H；（2）一个氘核 ^{2}H 与一个质子 p 聚合成氦的同位素 ^{3}He；（3）两个 ^{3}He 通过丢弃两个质子 p 而聚合成氦的同位素 ^{4}He。除了质子 – 质子链外，贝特还提出了另一种恒星内部核反应

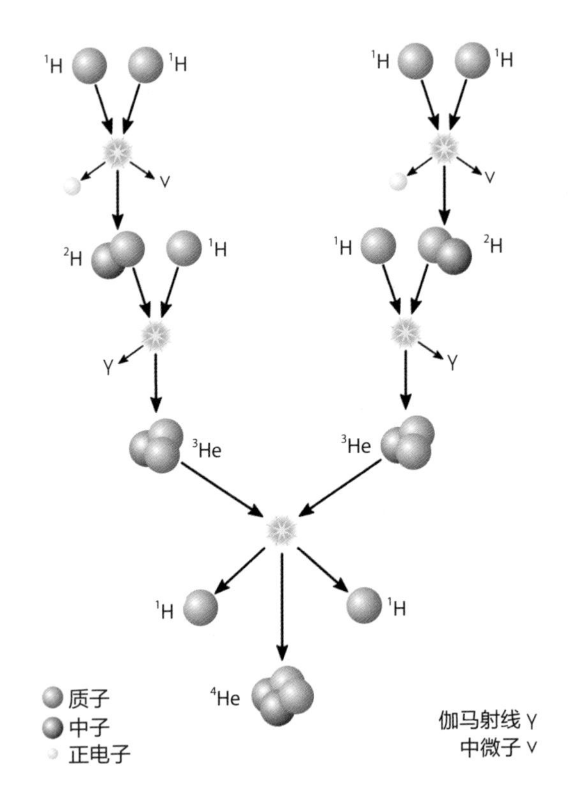

质子 – 质子链反应在太阳或更小质量的恒星上占有主导地位。

机制，叫作碳氮氧循环（或碳氧循环）。这种反应所需的温度比质子 – 质子链更高，在太阳这样质量的恒星中，这种能量产出只占 1% 左右，但在比太阳质量大 30% 以上的恒星中，这种能量产出却占据着主导地位。1939 年，贝特将自己的恒星能量来源研究成果写成论文发表；1967 年，凭此成果，贝特获得了诺贝尔物理学奖。

天文学家找到了太阳和其他恒星的能量来源机制，同时，对太阳核心的物理状态参数也作了相应调整：太阳核心温度约为 1570 万℃，核心密度为 160 克 / 厘米 ^{3}，核心压强为 2500 亿个大气压。后来，天文学家通过检验太阳中心核反应释放出的中微子，证明了贝特理论的正确性。

除了恒星，太空中还有哪些物质？

人类生活的地球表面有一层厚厚的大气，它可以满足各种动植物的生命需求。可是，上升到地表之上 300~400 千米的高空，那里的空气已经极其稀薄，大气的密度和压力只有地表的几千万分之一。在如此高的太空，航天员必须身穿航天服才能生存，否则他们既呼吸不到氧气，又会由于压强几乎为零而导致身体膨胀或炸裂。而到了距离地面 1000 千米以外的太空，气体的密度和压强已经小于地表的万亿分之一，人们把那里看成真空状态。

远离地球后的太空属于太阳系范围内的行星际空间；距离太阳系非常远的地方，则是银河系的恒星际空间。银河系是一个庞大的恒星系统，其中有上千亿颗恒星。若不考虑双星、聚星和星团的情况，恒星之间的距离从几光年到十几光年不等，而恒星直径仅为百万千米量级。如果按等比例缩小，恒星在太空中的分布，犹如相隔几百千米的不同地点零星散布着一粒粒花生米（直径厘米量级），大致像我国每个省会城市才有一粒花生米的样子。可见，银河系中恒星之间是非常广阔的空旷地带。那么，这广阔的空旷地带里有没有物质？有哪些物质？物质密度又是怎样？

1904 年，德国天文学家哈特曼用光谱仪观测参宿三（猎户座 δ），在这个分光双星中发现了固定的电离钙线（Ca Ⅱ）。在分光双星系统中，双星相互绕转产生的谱线会呈现周期性的多普勒位移，而不会是固定的谱线，所以观测到固定的电离钙线一定不是产生于猎户座 δ 本身，它应该来源于星光经过的恒星与地球之间的某些物质。这是天文学家第一次从光谱观测角度证明星际气体的存在。此后对更多恒星吸收线的观测证实了星际气体和星际云的存在。

恒星之间被证实存在星际气体之后不久，1930 年，美国天文学家特朗普

参宿三。（图片来源：X-ray: NASA/CXC/GSFC/M. Corcoran et al.; Optical: Eckhard Slawik）

勒深入研究疏散星团的性质，证实星际空间还填充着其他星际物质。根据疏散星团中恒星的光谱型和视亮度，特朗普勒首先估算出它们的距离，他假设星际空间是透明的，用距离乘以星团的视直径则得到星团的直径。结果表明，越远的疏散星团越大，考虑到太阳系和地球在银河系中并不处于什么特殊的位置，这显然不太合理。经过进一步分析，特朗普勒认为，由于忽略了某种消光，我们高估了星团的距离，从而高估了星团的大小。引起这种消光效应的“元凶”就是星际尘埃。

从此，人们知道，恒星之间的太空并不是完全真空，而是充满了各种气体和尘埃颗粒，即星际气体和星际尘埃，统称为星际介质，它们是宇宙中极其重要的成分。广义的星际介质还包括辐射场和磁场。

在星际介质中，星际气体质量占比约为99%，星际尘埃质量占比约为1%。在星际气体中，按照原子数划分，氢约占91%，氦约占9%，其他重元素（或称金属[㊀]）约占0.1%；按照质量划分，氢约占70.2%，氦约占28.3%，重元素约占1.5%。根据温度和密度不同，星际气体可分为温度低密度大的分子云、温度低密度小的中性氢区（HⅠ区）、温度高密度中等的电离氢区（HⅡ区）以及温度非常高密度很小的冕气体区，等等。星际尘埃的成分包括丰富的硅酸盐、金属颗粒（特别是铁的颗粒）、石墨、水冰以及其他有机冰。

特朗普勒还发现，尘埃在相当于自身尺寸的波段消光最明显。尘埃颗粒一般很小，只有几微米甚至几纳米级别，所以蓝光的散射和吸收明显高于红光，这使得特别远的恒星看起来比它本身更红，这种现象叫作星际红化。星际红化一定程度上可以表征恒星的距离：越远的恒星，红化越大。红化也表明了星际空间确实存在着星际尘埃。

历史上，天文学家赫歇尔、卡普坦和沙普利都对银河系的大小、结构和形状进行过研究，他们描绘的银河系都有一定的偏差。导致这种偏差的一个

㊀ 在天文学上，比氢和氦重的元素都叫金属。

重要原因就是他们忽略了星际介质的掩埋和消光。星际消光让赫歇尔和卡普坦错误地以为：离我们越远，恒星越暗，数密度越小，于是我们应该位于银河系的中心。现在反观赫歇尔的模型，可以看到模型右侧有一个分叉，那就是对应的银心方向，银心处是消光最严重的，受消光影响，赫歇尔观测到的恒星数目也是最少的。沙普利的观测受消光影响较小，因为球状星团相比恒星更亮更容易辨认，且多位于银河系的薄盘（银盘中星际消光较重的区域）之外。忽略来自于视线方向的银盘中星际介质的消光，就会高估星团的光度距离，从而高估了银河系范围。

星际介质的密度极小，通常每立方厘米只有 1 个氢原子。但也有些地方星际介质的密度大一些，每立方厘米有 10~1000 个氢原子，利用天文望远镜观测，我们会看见一块块“云朵”漂浮在星际空间，它们被称为星云。早在 18 世纪，赫歇尔就观测到天空中这类模糊的云雾状天体，但他并不明白这些天体的本质。事实上，赫歇尔所观测的这类云雾状天体的一部分是河外星系，而非星云。

大爆炸最初的几分钟，宇宙中形成了原始的气体云，其中氢和氦分别约占 75% 和 25%，还有微量的氘和氦 -3，以及痕量的锂。银河系由巨大的气体云演变而来，气体云一部分形成恒星，一部分则形成星际介质。不同温度、密度下的星际介质与恒星形成、演化以及死亡等物理过程紧密相连。恒星形成于星际介质的分子云致密团块中，并在后续的演化与死亡过程中对星际介质进行物质和能量的反馈，如大质量恒星在形成早期电离周围的星际介质形成电离氢区、在演化晚期通过超新星爆发与星际介质作用形成超新星遗迹，中小质量恒星在演化晚期电离周围的星际介质形成行星状星云等。

天文学家根据星云的不同表现、不同形状和光谱性质等因素，赋予星云特定的名称。比如，根据明暗状况，那些明亮发光的星云叫亮星云，那些在明亮背景下暗黑不发光的星云叫暗星云。根据光谱性质，那些在很弱的连续光谱背景上有许多发射线的亮星云叫发射星云，那些仅仅反射和散射近旁的光而显得明亮的星云叫反射星云。发射星云和反射星云都是亮星云。著名的三叶星云中同时包含发射星云、反射星云和暗星云。早期，赫歇尔观测到圆形或扁圆形的星云，由于它们看上去像大行星，因而取名行星状星云。实际上，行星状星云与行星没有关系，但这一不恰当的名字被沿用下来。那些形状不规则的星云叫弥漫星云。

冬夜星空中亮星云集，最壮观的星座当属猎户座。猎户座的中间有三颗星整齐地排列成一条直线，它是猎人的腰带。我国民间流传“三星高照，新年来到”，指的就是这三颗星。在这三颗星的南面，另外还有三颗斜向排列

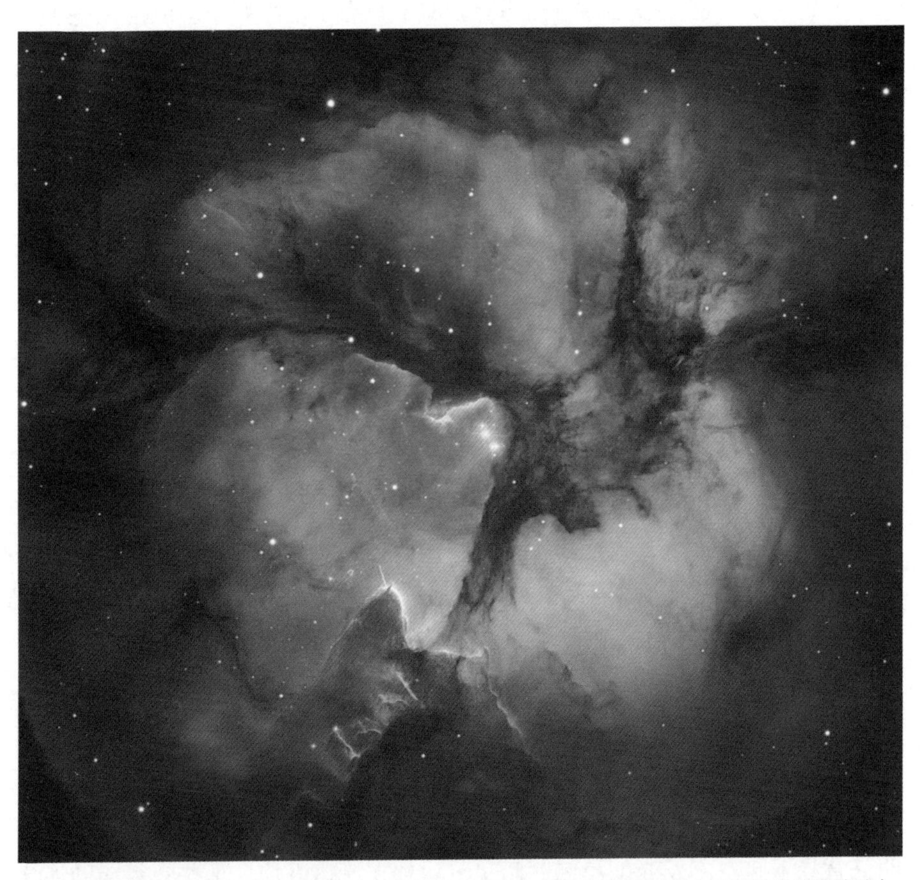

三叶星云中包含发射星云（红色部分）、反射星云（蓝色部分）和暗星云（三叉状的黑暗缝隙）。（图片来源：NAOJ/HST）

的小星，它们被看作猎人的佩剑。这三颗星中间的一颗泛着红光，它就是猎户座大星云（M42）。M42 距离地球约 1300 光年，其直径约 25 光年，视亮度约 4 等，为全天最亮的星云。在性能良好的望远镜中，M42 呈弥漫的云雾状，没有明显的边界。M42 是一个恒星摇篮，这里有许多正在形成的恒星。在星云最亮的部分，有四颗年轻恒星组成一个四边形，它们加热周围的气体，使它们发光，因此，M42 是一个发射星云。实际上，M42 外围的气体也散射附近恒星的光，因此，它周边部分是反射星云。

同样在猎户座中，还有一个暗星云，它是马头星云（B33）。马头星云位于非常靠近参宿一（猎户座 ζ）的西南侧的位置，它本身不发光，由浓密的气体和尘埃构成，相对于明亮的背景天光呈现为暗黑色，形状像马的头部，故而得名马头星云。在浓密的星云中有正在形成的恒星。马头星云距离地球 1500 光年，其实际直径约 3~5 光年。

在夏季星空中，天鹅座的南侧是狐狸座，这里恒星暗淡稀疏。狐狸座中有一个知名的星云，叫哑铃星云（M27），它是一个行星状星云。哑铃星云距离地球 1250 光年，视星等 7.5 等。行星状星云是类太阳恒星演化到晚期以后的产物。演化到晚期的类太阳恒星，经过红巨星的阶段以后，最终会收缩成为白矮星，并抛射出大量气体，形成行星状星云。因此，每一个行星状星云的中心都有一颗白矮星或其他致密天体。哑铃星云的中心星是一颗亮度仅为 12 等的白矮星。

在金牛座 ζ（天关星）近旁东北方向，有一个著名的星云——蟹状星云。蟹状星云距离地球 6500 光年，直径近 10 光年，视星等 8.4 等。1942 年，美国和荷兰天文学家结合中国古代关于天关客星的记录，将蟹状星云证认为超新星爆发的遗迹。1969 年，澳大利亚天文学家在蟹状星云中发现了超新星的残骸——中子星。

星云和星际介质是太空中特殊的天体，它们包含着许多宇宙奥秘，或许未来会给天文学家带来更多线索，帮助人们探索宇宙中的未知。

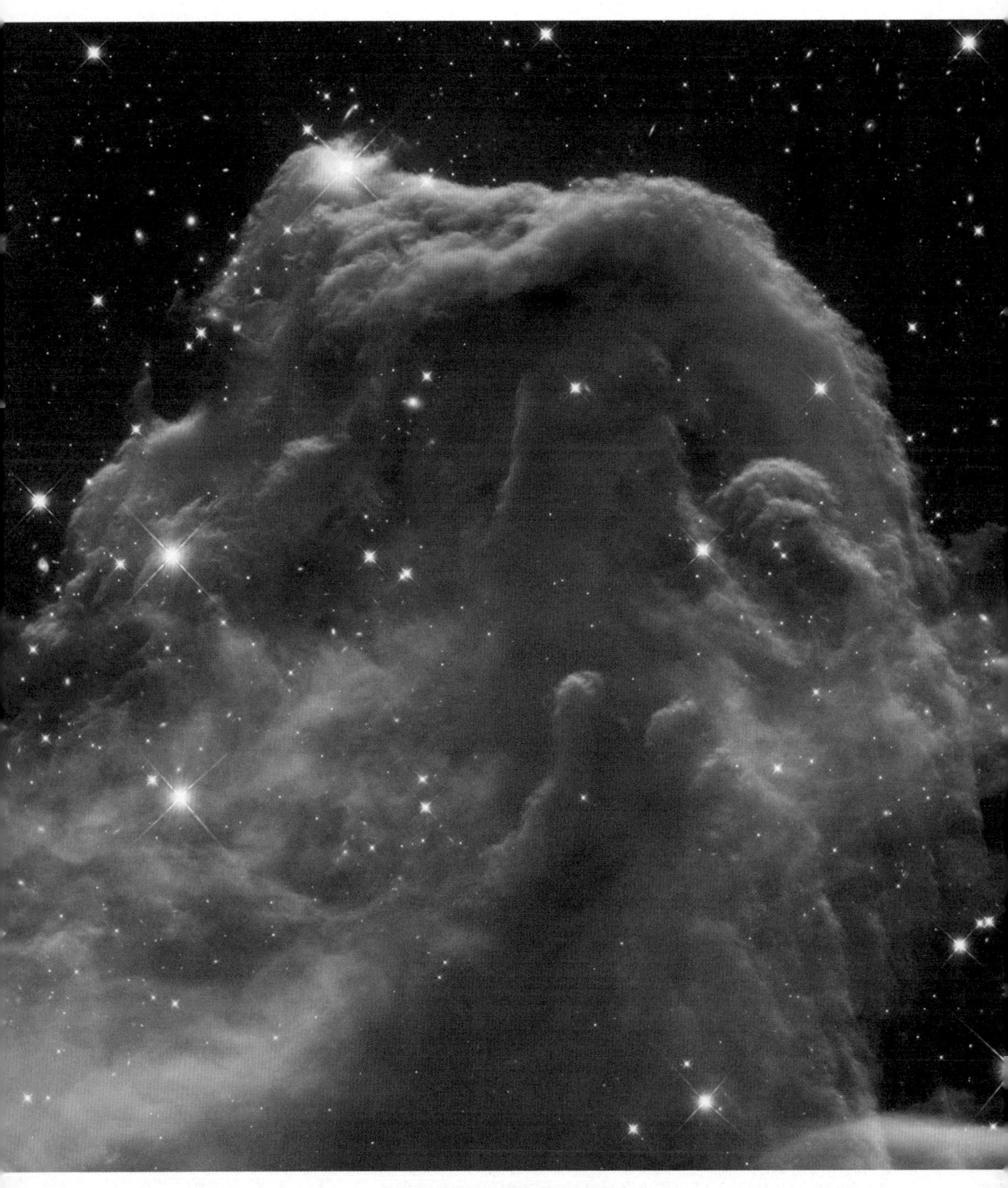

马头星云。（图片来源：NASA）

恒星怎样度过漫长的一生？

人类和地球上的其他生物都有生老病死，这是人们熟悉的自然现象。可是，天文学家宣称，天空中那些看上去永远恒定不变的恒星，也会经历诞生、幼年、中年、老年和死亡的过程，完成它们的“生命”周期。这实在让人惊讶！天文学家指出，恒星的寿命短至几百万年，长则上万亿年。相比一个人几十年、近百年的寿命，恒星的一生相当漫长。

夜空中的繁星位于太空深处，即使是炽热的太阳，也是远在 1.5 亿千米之外，高高地悬在蓝天上，可望而不可即。在这样的情形下，天文学家是如何知道恒星寿命的长短的？恒星又是怎样怀胎孕育、发育生长、垂老死亡的？

恒星的寿命远远大于人的寿命，要完整地观察一颗恒星从生到死的过程，对天文学家来说，是不可能完成的一项任务。但是，天空中恒星数量庞大、类型多样，利用独到的天文方法并结合物理学原理，对它们进行观测、分析，最终，天文学家明白了恒星从诞生到死亡的演化过程。

恒星观测具有悠久的历史，亮度是一颗恒星最明显的可观测属性。很久以前，天文学家就根据亮度差别把恒星分为不同的星等。1814—1818 年，德国物理学家夫琅禾费利用自制的分光仪器观测到太阳连续光谱中的暗线，这是恒星观测的重要发现。在物理实验室里，科学家可以得到物质的明亮发射谱线，但太阳光谱中的暗线是怎么回事？又过了 40 多年，德国物理学家基尔霍夫和化学家本生经过多次实验，弄清了夫琅禾费暗线（即吸收线）和发射线之间的关系：太阳暗线是温度较低的太阳大气层中的原子吸收相应谱线造成的。他们解决了困扰天文学家40年之久的神秘暗线问题。从此，通过恒星光谱中的暗线，天文学家可以得到太阳及其他恒星大气的化学成分，也可以了解它们的温度等其他信息。这些天文学成果为了解恒星的深层奥秘奠定了基础。

恒星光谱是洞察恒星性质的重要依据，为了探究众多恒星之间的关系，天文学家尝试根据光谱对恒星进行分类，并试图找出恒星的演化规律。其中，19世纪末到20世纪初的美国哈佛大学天文学家坎农等人的工作最为出色。她们按照有效温度由高到低，将恒星分成7个次型：O、B、A、F、G、K和M，她们的恒星分类方法被沿用至今。当时，天文学家将哈佛分类序列的恒星看成恒星演化的顺序，但后来发现这种看法是错误的。

找到恒星的演化规律绝非一件容易的事情。在科学研究中，一些偶然的想法往往会让科学家获得意外的巨大收获。在探究恒星演化规律的过程中，赫罗图就是一个例子。

1911年，丹麦天文学家赫茨普龙在自己前期研究工作的基础上，发表了昴星团和毕星团的颜色－光度图，以恒星的颜色为横坐标，光度为纵坐标，将恒星标注在坐标系中的相应位置。1913年，美国普林斯顿大学的天文学家罗素，在自己独立研究工作的论文中，给出了约220颗恒星的光度－光谱型图，横坐标是哈佛分类的光谱型，纵坐标是按照卡普坦理论给出的绝对星等（光度）。基本在同一时期，两位天文学家各自独立地绘制了恒星的光度－光谱型图，这就是天文学中著名的赫罗图，长期以来，它被天文学家广泛应用于研究恒星的演化规律。

随着恒星观测数据的增加，赫罗图得到不断的发展和完善。在赫罗图中，从左上方延伸到右下方的一条带状区域集中了绝大多数的恒星，它被称为主序带。在主序带的右上方，从下往上分布着亚巨星区域、红巨星区域和超巨星区域。在主序带的左下方是白矮星区域。20世纪30年代，天文学家确定了恒星能量的热核反应来源，这对于理解恒星的演化有极大的帮助。如今，天文学家明白了恒星演化的大致过程：主序星→亚巨星→红巨星（超巨星）→白矮星（中子星或黑洞）。

那么，主序星来源于哪里？

20 世纪 60 年代，天文学家在星际空间发现了气体分子云，以及嵌埋在其中正在形成中的原恒星。经过更深入的研究，天文学家认为：恒星形成于星际的分子云中，这种冷暗分子云的温度通常只有 10K 左右，其空间尺度可

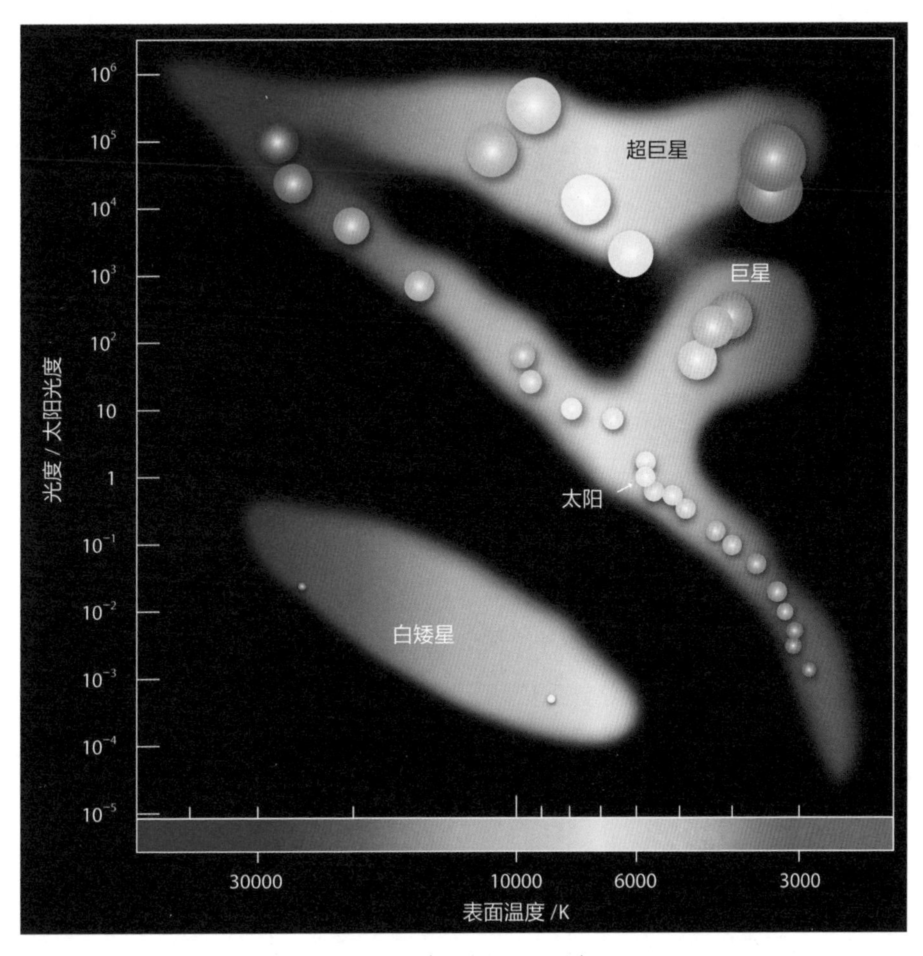

赫罗图。（图片来源：ESO）

以达到几秒差距至几百秒差距，总质量高达几十至上千倍太阳质量，这些气体云在其自身引力作用下坍缩形成恒星。小质量恒星通常不会单独形成，分子云受到扰动时会碎裂成与其金斯质量相当的小云核，小质量恒星便在小云核中形成。

具体而言，中小质量恒星的形成可分为四个阶段。

分子云 / 分子云核阶段　星际空间中的冷暗分子云最初处于压力平衡状态，即内部热动能与自引力基本平衡的状态。此时的分子云会缓慢地旋转和收缩，分子云内温度上升。当分子云内热压不足以对抗自身引力，分子云会碎裂成金斯质量大小的分子云核。

引力坍缩阶段　当分子云核的热压无法抵抗自身引力时，云核便向内坍缩。由于云核外层气体的角动量较大，中心区域的角动量较小，外层气体不会马上落入中心区域，而是围绕中心区域旋转，形成一个旋转的扁平吸积盘(典型小质量恒星的吸积盘的尺度约为几十到上百天文单位)。靠近中心区域的气体则直接落向中心，在那里形成原恒星。

吸积阶段　云核中的大部分物质不会马上落入中心的原恒星，而是聚集在旋转的吸积盘上。中心的原恒星通过从其两极区域产生的高准直性喷流（分子外向流）释放气体的多余角动量，使吸积盘中的物质可以下落到原恒星上，从而使原恒星质量持续增加。

物质驱散阶段　随着吸积盘中的物质不断落向中心星，原恒星内部的热压和光压不断增大，导致吸积率下降，外向流张角变大。当原恒星的中心温度达到 10^7 K，能够点燃热核反应时，中心原恒星的质量不再有实质性的增长，而是开始准静态收缩，并且表面出现对流层。此时中心星进入零龄主序星阶段。吸积盘中残留的物质不会继续下落到中心星上，而是部分形成行星系统，部分被驱散。

目前，天文学家对中小质量恒星的形成过程了解得比较深入，而且也得到了观测结果的支持，但描绘大质量恒星（大于 8 倍太阳质量）的形成过程

原恒星。（图片来源：Scitechdaily）

却是一个难题。首先，由于深埋在高度不透明的巨分子云中，大质量原恒星所发出的光学辐射会被周围的气体吸收，而光学望远镜无法观测，只能依靠红外和射电望远镜进行观测。其次，大质量恒星的形成远快于中小质量恒星，它们点燃氢元素的热核反应时，还深埋在分子云中，以致其无法被观测到。最后，大质量恒星一旦进入主序阶段，就会发生剧烈的热核反应，以对抗自身强大的引力，强烈的核反应所发出的高能光子将电离并吹散周围的分子云，从而使大质量恒星形成的原始环境被破坏而无法被追溯。由于大质量恒星的形成过程很难被观测到，因此，天文学家更多从理论上解释它们的形成过程。目前主要有三种理论模型：单体吸积模型、竞争吸积模型和星体碰撞并合模型。观测结果表明，大质量恒星的形成可能是一个复杂的过程，需要混合多个模型来解释。

随着原恒星的质量逐渐增大，其中心的温度和压强达到临界点并点燃氢的热核反应，恒星诞生，进入主序星阶段。在这一阶段内，恒星内部基本处

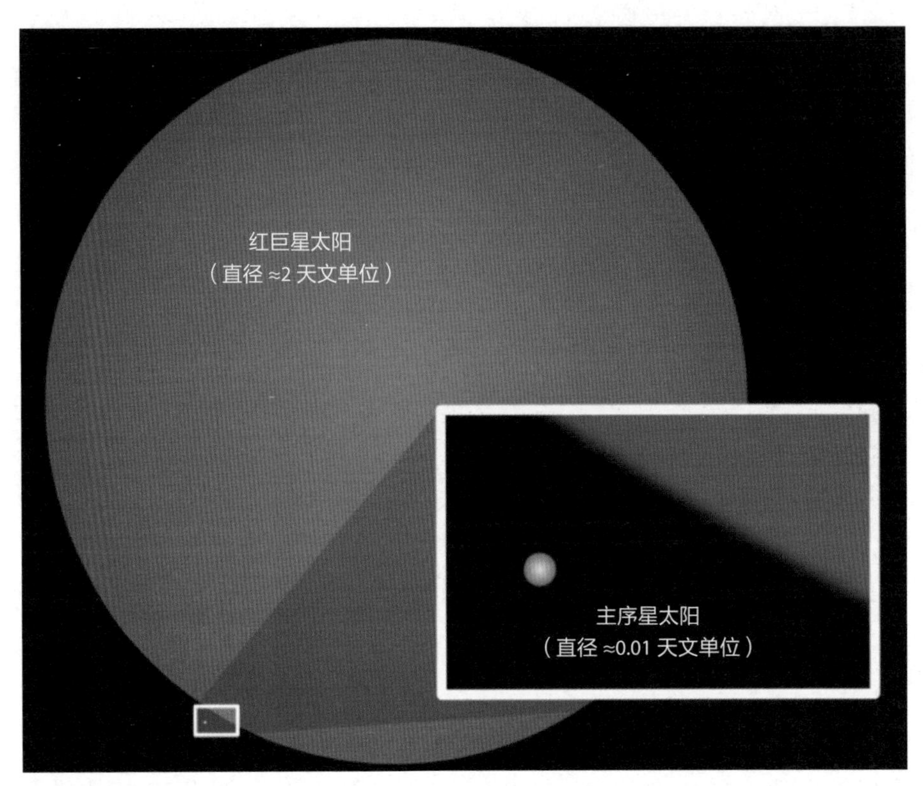

目前太阳处于主序星阶段，50亿年后太阳将变成一颗红巨星，届时它的直径将膨胀到约2天文单位。（图片来源：https://www.sun.org）

于准平衡状态，包括静力平衡和热平衡。在主序星阶段，恒星质量越大，在这一阶段停留的时间就越短，因为大质量恒星的氢燃料消耗比小质量恒星快得多。主序星阶段是恒星一生中停留时间最长的阶段，约占恒星寿命的 90%。太阳处于主序星阶段的时间长达 100 亿年，几十倍太阳质量的恒星驻留主序星阶段的时间只有几百万年，极小质量的恒星处于主序星阶段的时间可达上万亿年。

除质量最小的恒星外，随着中心氢的燃烧，氦不断在中心区积累，产能随之减少，在引力作用下，氦中心区收缩，温度升高，临近中心区的氢层开始燃烧，接着氢燃烧壳层向外蔓延，导致恒星的外层膨胀、温度降低。此时，中小质量的恒星迈向红巨星阶段，大质量恒星则进入超巨星阶段。当恒星氦中心区因收缩使得温度达到 1.2×10^8K 时，便开始氦核燃烧，生成碳和氧。对于 0.4~3 倍太阳质量的恒星，会出现爆发性的氦燃烧瞬间，即氦闪；其他恒星的氦燃烧都平稳进行。对于太阳这样的恒星，其中心的碳由于达不到点燃温度而永远不能够燃烧。但是，对于更大质量的恒星，其中心更重的元素可以继续燃烧，且由内向外存在多个越来越轻的元素燃烧的壳层，形成类似洋葱的结构。

当恒星的核燃烧结束，便进入它的演化晚期，最终生成一个恒星遗骸。中小质量的恒星由于没有了向外的能量来源，逐渐塌缩成为一颗白矮星，有时周围还有一个核燃烧末期产生的行星状星云包层。白矮星的能量来自恒星塌缩阶段的引力势能，其表面温度很高，但由于白矮星没有新的能量来源，自身不断冷却，逐渐变成暗淡的黑矮星。而质量超过 8 倍太阳质量的大质量恒星内部的核聚变反应停止后，则通过超新星爆发成为一个中子星，超大质量恒星也会发生超新星爆发，遗留下一个黑洞。从此，恒星结束闪闪发光的一生，变成肉眼不可见的暗弱的恒星遗骸——白矮星、中子星或黑洞。

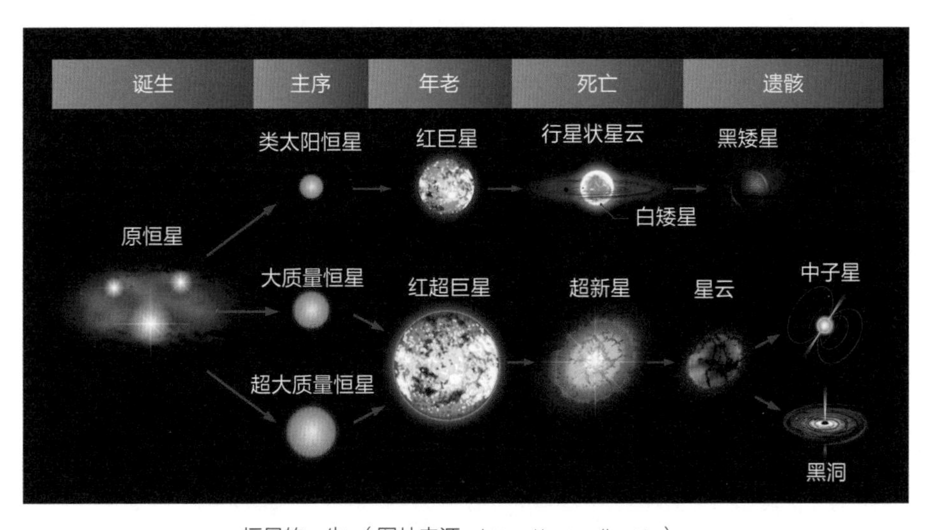

恒星的一生。（图片来源：https://www.albert.io）

超新星爆发是怎么回事?

如果夜空中出现了本不存在的明亮星点，那些熟悉星空的天文学家或天文爱好者通常会很容易发现它。我国古代的天文学家发现过许多新出现的星，并称它们为“客星”，意思是远方的来客。北宋时期有一个著名的客星记录，据《宋会要》记载:“嘉祐元年三月，司天监言:‘客星没，客去之兆也。’初，至和元年五月，晨出东方，守天关，昼见如太白，芒角四出，色赤白，凡见二十三日。”公元 1054 年 7 月 4 日清晨，客星出现在东方的天空，位于天关星附近，白天看上去像太白金星一样明亮，星芒都可以看见，颜色赤白，白天可见的状况持续了 23 天。天关客星一直持续到 1056 年 4 月 6 日才消失，总共 643 天。

在我国历史上的众多客星记录中，1054 年的这次客星观测，乍看起来并没有特别之处。但是，约 900 年之后的现代天体物理学研究让这次天象观测成了无价之宝，它极大地推进了人类对恒星演化和超新星爆发的认识。

故事需要从近代天文学家对蟹状星云的研究说起。1850 年左右，爱尔兰天文学家威廉·帕森斯·罗斯使用自制的 1.8 米反射望远镜观测梅西叶天体 M1，他发现该星云呈现纤维结构。由于望远镜的分辨率不够高，其手绘的星云结构类似于一只螃蟹钳子，所以他将其命名为“蟹状星云”。1921 年，美国天文学家约翰·邓肯为验证卡尔·拉姆普蓝德“蟹状星云的结构正在发生变化”的观点，将威尔逊山天文台在 1921 年 4 月 7 日所拍摄的蟹状星云的照相底片和 1909 年 10 月 13 日的照相底片一同放在体视比较仪上进行比较。他发现星云不同部位的光度出现了明显的变化，特别是中心区域西北方向的亮区、外边缘的纤维结构最为明显，这些变化显示“星云物质远离中心而去”。1928 年，美国天文学家埃德温·哈勃首次将邓肯的论文与伦德马克的星表联系起来，并做出了如下判断：蟹状星云膨胀的速度很快，按照这种速度，它膨胀到现在的大小只用了大约 900 年的时间。

蟹状星云。（图片来源：NASA）

一方面，天文学家观测蟹状星云并不断取得新成果；另一方面，20 世纪前期，随着物理学的快速发展，人们对基本粒子以及恒星演化的认识也取得了长足进步。1932 年，英国物理学家詹姆斯·查德威克发现中子。不久，苏联物理学家列夫·达维多维奇·朗道首次提出中子星的概念，他认为存在一类全部由中子构成的星体。1934 年，瑞士天文学家弗里茨·兹威基、德国天文学家沃尔特·巴德共同提出了超新星的概念：超新星代表了普通恒星向中子星的转变，中子星主要由中子组成，可能拥有非常小的半径和极高的密度。1942 年，美国天文学家尼古拉斯·梅耶尔、荷兰天文学家简·亨德里克·奥尔特和荷兰汉学家戴闻达，在查阅了我国宋朝关于天关客星的全部史料的基础上，通过建立光变曲线，进行光谱分析、天体测距、绝对星等计算等环节，最后得出天关客星爆发时的绝对星等高达 –16.6 等，远亮于已知最暗超新星的 –14 等。据此，他们判定天关客星是一颗超新星。蟹状星云和天关客星位置一致，由蟹状星云膨胀倒推星云的起始时间与天关客星出现的时间相符，这两个铁一般的论据表明：蟹状星云 M1 是天关客星（即超新星 1054）爆发后的遗迹。

如今，天文学家使用大型望远镜观测天空，寻找超新星爆发的天象，而不再局限于只有肉眼能看见的客星。实际上，超新星是晚年恒星的爆发现象。从可见光波段观测，超新星往往在几个小时到几天的时间内光度就上升到极大，然后缓慢减弱，整个过程持续数天、数十天或数百天。超新星光辐射极大时，其亮度是太阳亮度的几十亿倍，甚至更多。一颗超新星的电磁辐射总量约 10^{43} 焦耳，相当于太阳 100 亿年寿命中的电磁辐射总和。不过，电磁辐射只占超新星爆发释放的总能量的一小部分。可见，超新星爆发是一种非常剧烈的能量释放现象。

光谱观测是天文学家洞察天体的深层奥秘的利器。依据接近最大亮度时光谱中是否出现氢线，超新星被分为Ⅰ型和Ⅱ型，Ⅰ型超新星无氢谱线，Ⅱ型超新星有氢谱线。根据光谱中是否含有硅吸收线和氦吸收线，Ⅰ型超新星又被进一步细分为Ⅰa、Ⅰb和Ⅰc三种类型。Ⅰa型超新星有明显的电离硅吸收线；Ⅰb型超新星没有硅吸收线，有氦吸收线；Ⅰc型超新星没有硅吸收线，也没有氦吸收线。根据其光谱和光变曲线的差异，Ⅱ型超新星可以进一步被细分为ⅡP、ⅡL、Ⅱn和Ⅱb四种类型。随着大视场巡天和时域天文学的发展，天文学家发现了许多绝对星等亮于 -21 等的超新星，它们被称为超亮超新星。目前，超新星研究仍是一个非常活跃的领域，不断涌现出理论或实测的新成果。

光谱和光变曲线的特性暗示着超新星爆发的不同物理机制，再加上射电辐射和X射线辐射等多波段电磁辐射数据，以及中微子观测等多方面信息，天文学家认为超新星爆发的物理机制分为两类：热核爆炸型和核塌缩型。

初始质量小于8倍太阳质量的恒星属于中小质量恒星，太阳是这类恒星的一个代表。它们在氢和氦燃烧后，由于内部温度不足以使更重的元素发生

白矮星吸积伴星物质可产生Ⅰa型超新星爆发。

核聚变，最终形成主要由碳、氧和氦等元素组成的电子简并白矮星。太阳演化最终会生成一颗白矮星。依靠电子简并压维持的白矮星有一个 1.44 倍太阳质量的质量上限，也就是钱德拉塞卡极限。当双星系统中白矮星吸积伴星的物质，或者两个白矮星合并，使得质量超过钱德拉塞卡极限后，星体无法再抵抗引力而向内塌缩，这导致温度和压力急剧升高，进而使得碳和氧元素重新点燃，发生核聚变，就会产生更重的元素，并释放巨大的能量而发生爆炸。爆炸使整个星体瓦解，所有物质被抛出，这就是热核爆炸型超新星。这种爆炸在白矮星原来位置形成一个物质空洞。研究表明Ⅰa 型超新星爆发的物理机制属于这种情况。

Ⅱ型、Ⅰb 型和Ⅰc 型超新星属于另一种爆发类型。对于初始质量大于 8 倍太阳质量的大质量恒星，内部核聚变可点燃碳、氧元素，甚至可以形成结合能最大的铁元素。在其演化末期，恒星内部形成类似洋葱的层状核燃烧结构，从外到内燃烧的元素越来越重。恒星中心区域铁元素不断聚集，在高温高压下处于电子简并状态，当中心区域达到电子简并压能维持的质量上限之后，核心也开始塌缩。与中小质量恒星不同的是，由于铁元素具有最大的结合能，不能再发生聚变反应，中心物质只是在更高压强下发生质子的逆 β 衰变，产生中子和中微子。中子在核心逐渐聚集形成中子星或黑洞等致密星；高能的中微子则从中心向外逃逸。中心致密星表面将产生高速（0.1 倍光速）向外传播的激波，在激波作用下，核心外的物质以极高速向外膨胀并被抛射出去。被抛出的物质若不具有足够高的速度逃出中心致密星的引力束缚，则会重新掉落到核心表面。向外传播的激波若具有足够的能量，将使超新星发出第一束光，从而形成一个核塌缩型超新星。

超新星是部分恒星演化末期的爆炸现象，它好似浩瀚宇宙中一簇簇壮观的烟花，发射出高能粒子、多波段电磁辐射、中微子和激波。限于人眼的感知能力，人们可以直接看到的超新星数量很少。如今，利用各种先进设备，天文学家每年可以发现数千至上万颗超新星。

1987 年 2 月 24 日，在大麦哲伦云中蜘蛛星云的西南区，智利拉斯坎帕斯天文台的伊安·谢尔顿意外地发现了一个奇怪的光点，这一光点很快被证实为一颗超新星，随后被命名为 SN1987a。当时，它的视星等为 5 等，推算出的绝对星等约 –13 等。在 SN1987a 的光信号抵达地球之前，日本神冈中微子探测器先行探测到 12 个中微子。后来，天文学家估计 SN1987a 产生了 10^{58} 个中微子，其释放总能量为 10^{46} 焦耳。SN1987a 属于Ⅱ型超新星，其光度偏小。天文学家推测，其前身星是一颗蓝超巨星，光谱型为 B3Ⅰ，质量约 15 倍太阳质量，光度是太阳的 10 万倍，半径为太阳的 50 倍，表面有效温度约 16000K；SN1987a 爆发时的氢包层约为 10 倍太阳质量。按照Ⅱ型超新星理论，其星核应该塌缩成一颗中子星，但是，天文学家在 SN1987a 的位置至今

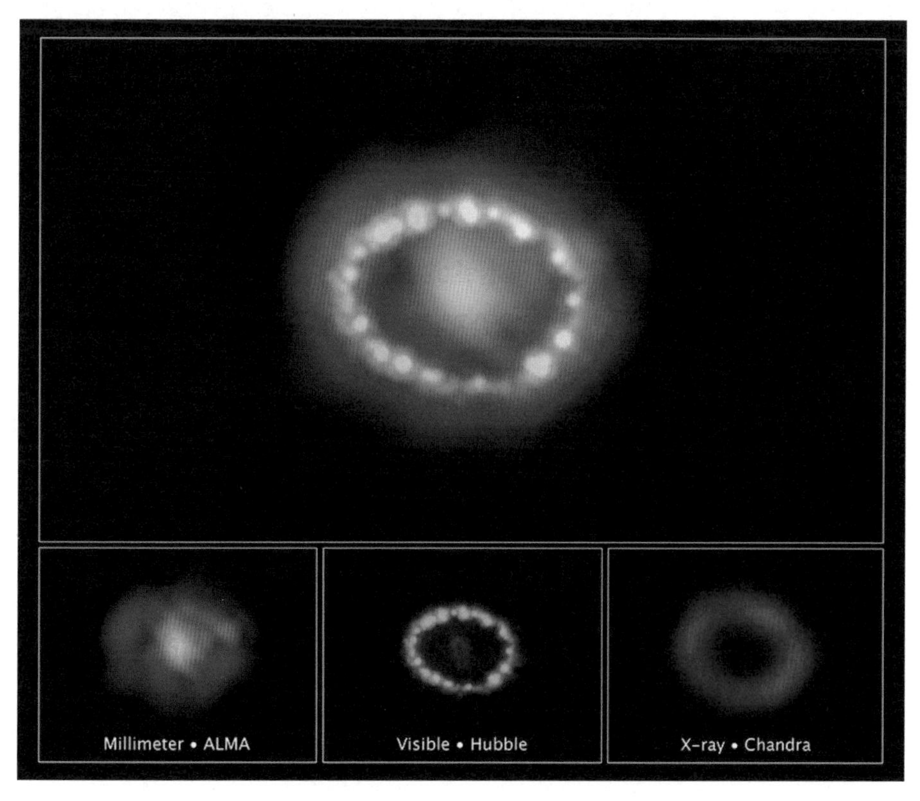

超新星 SN1987a。（图片来源：HST）

还没有找到中子星，这成为天文学家心中挥之不去的疑问。不过，2020年，在SN1987a尘埃核心中，阿塔卡马大型毫米/亚毫米波阵列（ALMA）发现了一个热斑，或许这个热斑可以助力人们寻找SN1987a遗留的致密星。

正是一颗颗超新星爆发，制造出了比铁更重的元素，比如金、银等贵金属以及我们身体中的多种微量元素。因此，如果没有超新星，就不会有地球和人类的出现。然而，剧烈的超新星爆发会不会给地球和人类带来灾难？有天文学家指出，邻近超新星爆发所释放出的伽马射线可以在数十年里破坏掉臭氧层，使地球表面完全暴露在对生物有害的紫外线下；此外，对生命产生更致命威胁的还有从超新星中产生的宇宙线。如果宇宙线增强100倍，辐射产生的放射性物质将在大型动物体内积累，降低其繁殖能力，直到它们绝育、绝种。如果宇宙线继续增强100倍，昆虫和单细胞生物也将从地球上消失。天文学家推断，如果在距离我们20光年的范围内爆发超新星，地球生命将会遭受严峻威胁；人类离超新星的“安全距离”可能在50~100光年之外。幸运的是，离我们最近的太阳不会造成超新星爆发，而且在50光年的范围内，目前人们也没有发现将会成为超新星的大质量恒星。

那么，不久的将来，在更远一些的太空，是否存在可能发生超新星爆发的恒星候选体？能够成为超新星的大质量恒星，在主序星阶段寿命达1000万年，在红超巨星阶段也要持续几十万年。对于人类来说，这是一个漫长的时期，但对于恒星而言，却是短暂的一段时间。在各种恒星中，红超巨星是距离发生超新星爆发最近的恒星类型。

近年来，天文学家注意到了几颗红超巨星。第一颗是天蝎座的心宿二，它是一个处于红超巨星阶段的大质量恒星，其质量为15~18倍太阳质量，直径为太阳的800~900倍，距离我们约600光年。第二颗是猎户座的参宿四，其质量为10~20倍太阳质量，直径约为太阳的800倍，距离我们约640光年。这两颗红超巨星是很快将会发生超新星爆发的大质量恒星，或许在明天，或许100年后，或许更长时间以后，它们将以核塌缩的形式发生超新星爆发。

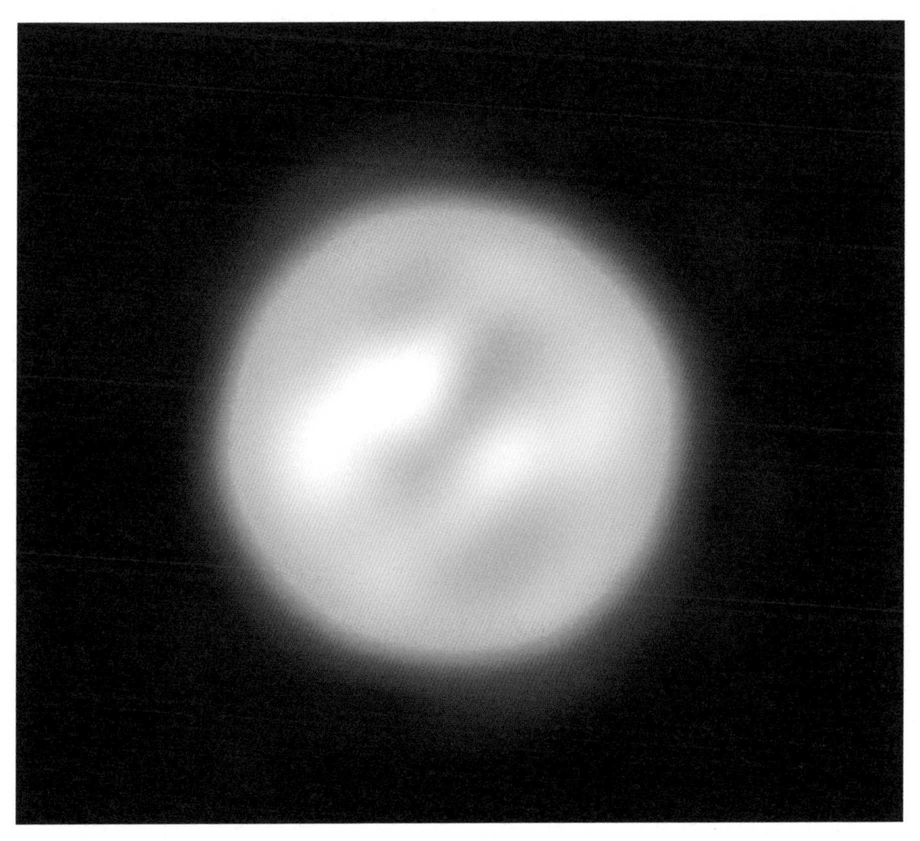

使用欧洲南方天文台甚大望远镜干涉仪拍摄的红超巨星心宿二。（图片来源：ESO / K. Ohnaka）

第三个超新星爆发候选天体在飞马座，飞马座 IK 是一对双星，距离我们 150 光年，视星等为 6 等，主星飞马座 IKa 是一颗 1.7 倍太阳质量的主序星，伴星飞马座 IKb 是一颗白矮星，质量为 1.3 倍太阳质量。当主星演化到红巨星阶段，伴星吸积主星物质达到钱德拉塞卡极限后，就会通过热核爆炸的方式产生 Ⅰa 超新星，天文学家估计它可能会在 500 万年内爆炸。

恒星死亡后的遗骸有哪些种类?

19 世纪前期，测量恒星视差是当时天文观测的一个热点，它是一项非常困难的天文工作。为此，天文学家想尽办法，以提高天体距离的测量精度。在努力测量恒星视差的众多天文学家中，德国天文学家贝塞尔（1784—1846）是非常出色的一位。1838 年，他测得了天鹅座 61 的周年视差，实现了 300 年来数代天文学家的共同夙愿。

在贝塞尔的天体测量工作中，全天最亮的恒星天狼星是他选定的观测目标之一。经过近十年的长期观测，1844 年，他发现天狼星在一个小范围内不断变化位置，运动轨迹呈波浪形，好像被一个处在特定轨道上的天体的引力拉扯着。经验丰富的猎手根据丛林或原野中的少许踪迹，便可以判断野兽的动向。同样，头脑充满智慧的天文学家，根据某一天体的特殊行为，也可以洞悉其中的宇宙奥秘。贝塞尔根据天狼星的表现，推测它应该有一颗伴星，两颗恒星互相绕转的周期约为 50 年。但是，凭借自己的观测设备，贝塞尔找不到伴星的任何踪影。

未能观测到天狼星的伴星成了贝塞尔的终身遗憾。1862 年，美国天文学家、著名的望远镜制造大师阿尔万·克拉克制造了一架口径 47 厘米的折射望远镜，在望远镜的测试观测时，他将望远镜指向了天狼星，结果取得了意外的收获。在天狼星明亮刺眼的光芒中，隐隐呈现一颗暗弱很多的恒星。按照

天狼星和它的伴星。[图片来源：NASA, ESA, H. Bond (STScI), and M. Barstow (University of Leicester)]

克拉克等人的估计，暗星距离它们的质心是天狼星的两倍，因此，暗星质量应为天狼星的二分之一，亮度仅为天狼星的千分之一。这颗暗星最终被确定为天狼星的伴星，两个天体绕着共同的质心转动。但是，有一个疑问久久萦绕在天文学家的心中——天狼星的伴星为何如此暗弱？

一个天体看上去非常暗弱，可能是由于它的温度非常低，向外辐射的能量少；也可能是由于体积小，因而发光面积也很小。天狼星的伴星天狼星 B 属于哪种情况？1915 年，美国威尔逊山天文台的天文学家亚当斯观测了天狼星 B

的光谱，发现它的温度比天狼星还高，约是天狼星温度的三倍。那么，天狼星B的低光度只能属于第二种情况。利用各种观测数据，再结合物理学原理，亚当斯推测出，天狼星B的质量约为一个太阳质量，而它的体积不会比地球大。天文学家将温度高、光度非常小、尺度也比较小的恒星叫作矮星，而天狼星B的温度非常高，它发出的光为白色，因此，被称为白矮星。白矮星是具有这些特性的一类恒星的统称。

按照亚当斯的估算，像天狼星B这样的白矮星的密度可以达到水的密度的300万倍。现代的观测得出，天狼星B的质量为1.034倍太阳质量，半径为0.0084倍太阳半径，平均密度达 2.5×10^6 克/厘米 ^{3}。那么，如此高密度的白矮星是通过何种物理机制来维持自身的力学平衡状态的？

对于白矮星内部物质的罕见高密度状态，最初，天文学家百思不得其解。20世纪前期，随着量子力学和原子物理学的发展，天文学家对恒星结构和演化的理解一步步深入。1926年，英国物理学家、天文学家拉尔夫·福勒提出，白矮星内电子气的简并压力可以抗衡星体物质的自身引力。根据量子力学中的泡利不相容原理，每个电子都只能处于不同的量子态，也就是它们的

被尘埃环围绕的白矮星（艺术构想图）。（图片来源：NASA's Goddard Space Flight Center/Scott Wiessinger）

轨道能级和自旋状态不能完全相同。在白矮星的高温高密状态下，电子摆脱原子核的束缚，成为自由电子气体。这导致白矮星中的自由电子数密度非常大，为了保持电子处于不同的能量状态，大多数电子不得不处于高能量状态。相应地，电子也具有高动量，由此产生的简并压力远远大于普通的气体压力。白矮星正是以电子简并压维持白矮星的静力学平衡状态。

20 世纪 30 年代，恒星的能量来源、结构和演化是众多天文学家和物理学家积极追逐的天文课题。1935 年，印度裔天体物理学家钱德拉塞卡在这个领域做出了非常出色的工作。通过复杂而严谨的计算，他指出，在不考虑磁场和自转的情况下，依靠电子简并压维持静力学平衡的白矮星存在一个质量上限，即 1.44 倍太阳质量。后来，天文观测有力地支持了他的预言，凭借这项研究成果，钱德拉塞卡获得了 1983 年的诺贝尔物理学奖。那么，当一个大质量恒星内部的核燃烧结束后，产生的恒星遗骸超过 1.44 倍太阳质量时，它又会成为什么样的天体?

1932 年，朗道提出恒星可能由中子组成的想法。1934 年，弗里茨·兹威基和沃尔特·巴德共同提出了超新星的概念，他们认为超新星爆发代表了普通恒星向中子星转变的过程，中子星主要由中子组成。科学是一个神奇的东西，根据已有的事实进行逻辑推理，往往能够预测到某种科学结果。某些恒星最终演化形成中子星就是这样的一个理论推断。但它是否跟客观实际符合，还有待后来的天文学观测做出验证。

1967 年 10 月，英国剑桥大学的研究生乔瑟琳·贝尔和她的导师休伊什偶然发现了一颗射电脉冲星，该脉冲星的周期为 1.3373 秒，脉冲宽度大致为 0.04 秒。从脉冲周期推测，这种星体在高速自转，但它们竟然没有被巨大的离心力瓦解，说明其密度相当高。经过仔细研究，他们认为这是一颗中子星。随后，通过更多观测和理论研究，天文学家们指出，该中子星的质量约 1~2 倍太阳质量，半径在 10 千米量级，典型的表面温度约为 6×10^5K，密度达 10^{14}~10^{15} 克 / 厘米 ^{3}。一茶勺（约 5 毫升）的中子星物质就有几十亿吨，可见，

乔瑟琳·贝尔发现脉冲星的天线阵。(图片来源：https://www.cam.ac.uk)

中子星是比白矮星更加致密的天体。此外，中子星还有很强的磁场。

如此致密的中子星是如何形成的？研究表明，当9~25倍太阳质量的恒星的中心核燃烧结束后，通过超新星爆发，铁核塌缩，星体内物质密度升高，越来越多的电子获得了非常大的动量。这些电子和质子发生碰撞，通过逆β衰变形成中子和中微子，中微子逃逸，留下中子形成中子星。中子星依靠中子的简并压力抵抗星体物质的自身引力，保持星体的静力学平衡。

进一步的科学研究表明，与白矮星存在钱德拉塞卡极限类似，中子星也有一个质量上限。若超过该质量上限，星体自身的引力将大于中子的简并压力，平衡结构就会被破坏。1939年，美国物理学家奥本海默和加拿大物理学家沃尔科夫计算了中子星模型，指出中子星的质量上限在2~3倍太阳质量。此后，其他科学家也进行过多次计算，但是，由于对高密度物态了解不够，中子星的质量极限仍没有一个确切值。

那么，当恒星遗骸的质量超过中子星质量上限，中子简并压不能够抵抗星体自身的引力时，它会成为一种怎样的天体？此时，恒星会演化成一种密

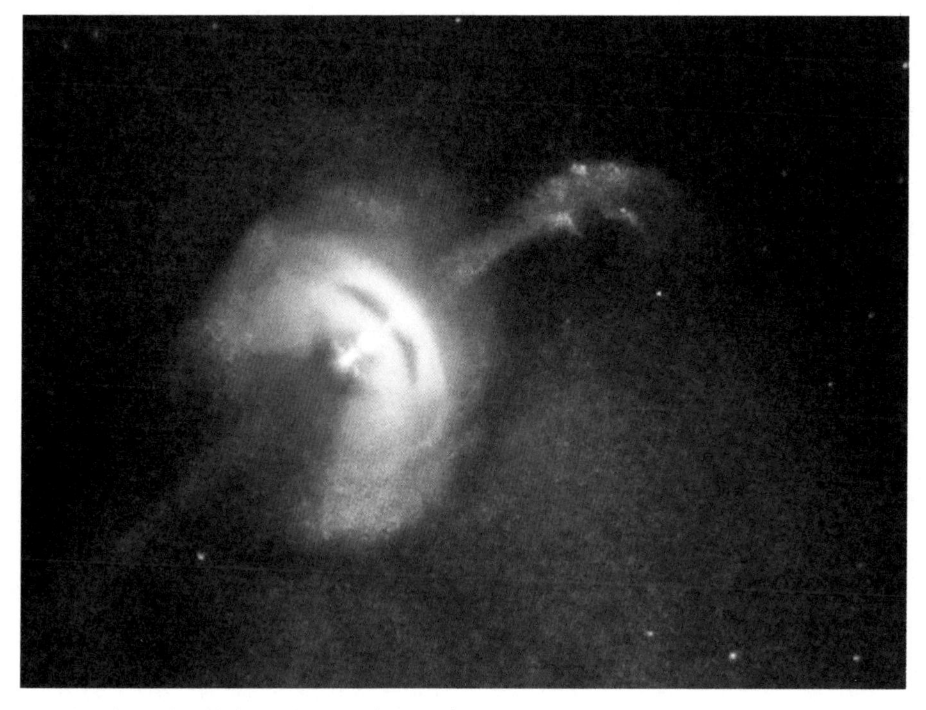

圆形亮斑中心是船帆脉冲星，它是一颗中子星。（图片来源：NASA/CXC/Univ of Toronto/M. Durant et al.）

度更大的恒星遗骸，天文学家称这种天体为黑洞。超过 25 倍太阳质量的恒星演化到生命末期时，会通过超新星爆发形成一个黑洞。

恒星是宇宙中的基本天体形式，不同质量的恒星最终演化形成的遗骸，按照恒星质量从小到大，分别是白矮星、中子星和黑洞。在恒星晚年形成的这些致密天体中，白矮星是人们了解得最多的一类天体，现在已知其物质构成、物理状态和温度等属性。对于中子星的物理属性，如今还存在一些不同观点和疑问，比如，其中心的构成粒子是中子还是夸克？克服这些难题有待天文观测和物理学理论的共同进步。面对黑洞，科学家们更加力不从心，依靠现有的科学理论和观测手段，仍不足以解决黑洞物理包含的种种关键疑问，特别是黑洞视界内部的情况。广阔的太空为人们提供了许多致密天体的样本，我们期待将来能够了解它们的更多奥秘。

黑洞是什么样的天体？

天文观测是人们探索宇宙奥秘的必要手段。科学家观测行星的运动，发现了太阳系天体的运行规律；观测闪闪发光的恒星，明白了恒星如何形成和演化；观测遥远的星系，发现宇宙在膨胀……通过不懈的观测，科学家逐步提炼出精确描述客观世界及物质运动规律的方程与定理，构建出丰富的理论体系。以此为基础，再通过缜密的数学运算与逻辑推理，科学家不断挖掘出隐藏在现象背后的本质，从而拓宽了人类认知的边界，深化了对宇宙万物运行机理的理解。

20 世纪 30 年代，科学家利用粒子物理知识提出中子星的概念；20 世纪 60 年代，天文学家发现脉冲星，并判断脉冲星就是中子星。发现中子星的故事很好地诠释了科学探索的魅力。在利用科学理论探究宇宙的故事中，人们对黑洞的研究更是一部精彩的长篇剧，它已经跨越了 4 个世纪，至今仍没有结束。

根据牛顿运动定律，一个物体要离开所在天体的表面，飞向遥远的地方，它的运动速度必须大于一个特定值，这个特定速度叫逃逸速度。逃逸速度的计算公式为：$v^2=2GM/R$，其中 R 为天体的半径，G 为万有引力常数，M 是天体的质量，v 是逃逸速度。从公式可以看出，某天体的逃逸速度只跟该天体的属性有关，与逃离物体无关。地球的逃逸速度是 11.2 千米 / 秒。

天空中的天体要么自身能够发光，要么反射其他天体的光线，我们才得以看见它们。如果把光线看成物质粒子，那么，太空中有没有某些天体，它们的光线不能离开天体表面，使得它们成为“不可见天体”？

实际上，早在18世纪后期，已有科学家思考过这件事情。1783年，英国科学家米歇尔结合逃逸速度的原理和光的微粒说，指出与太阳密度相同但直径是太阳500倍的天体，其表面逃逸速度大于光速，使得它发射的光不能逃逸出来。1796年，法国科学家拉普拉斯也做了类似的研究，并预言：宇宙中也许存在一种看不见的“暗星”，它的质量与半径之比太大，以至于逃逸速度超过光速，导致它发出的光线无法逃离该天体。

米歇尔和拉普拉斯的科学猜测并没有引起众多科学家的反响。其实，这不难理解。首先，“不可见天体”不能被看见，人们就不能了解它们的各种属性，甚至不能判断它们到底是不是真的存在；其次，两位科学先知进行科学猜想的基础是光的微粒说，在随后的19世纪里，光的波动说逐渐占据了上风，光波可以不受引力的影响，因此，关于“不可见天体”的猜测在当时看来有严重的理论缺陷。

对于光的属性研究引发了许多物理学疑问。迈克耳孙－莫雷的光干涉实验探讨的是光的传播问题，实验结果让牛顿的绝对时空受到质疑。对于光到底是物质粒子还是波的问题，科学家逐渐认识到：光既具有粒子属性，也具有波动属性。然而，如果光由粒子组成，它就会受到引力作用，这样的话，光速怎样能保持恒定？这样一来，物理学便出现了一个困难局面。正是在这个时期，涌现出以爱因斯坦为代表的一批杰出科学家，他们的深邃思想推动了物理学的发展。

20世纪初期，爱因斯坦认识到，问题的症结在于人们对时空、物质和引力的本质缺乏认知。他相继在1905年和1915年建立狭义相对论和广义相对论。在广义相对论中，他以时空弯曲取代引力。爱因斯坦的引力场方程就是关于物质和时空关系的方程，简单地说，物质决定时空怎样弯曲，时空弯曲决定物质如何运动。爱因斯坦发表广义相对论后不久，1915 年 12 月，德国物理学家卡尔·史瓦西便求解引力场方程，得到一个描述真空中球形天体周围时空几何的解析式。不幸的是，史瓦西于 1916 年 5 月因病去世。

仔细分析引力场方程的史瓦西解可以发现，球形天体周围的时空几何解具有普遍性，它只与球形天体的质量有关，太阳和相同质量的中子星周围的时空几何是一样的，质量集中于一点的质点也是如此。如果球形天体逐渐缩小，趋向点状引力源，它就会出现奇异行为，奇异性在临界半径 $r_s=2GM/c^2$ 处出现，其中 M 是中心天体的质量，G 是万有引力常数，c 是光速，这个半径叫史瓦西半径。一个天体一旦收缩到半径小于等于史瓦西半径，由于时空弯曲，它本身发射的任何粒子和光，都不能逃离到史瓦西半径以外的区域，从外部落入史瓦西半径的粒子和光也不能再逃脱出来。对于太阳来说，它的史瓦西半径是 3 千米，而对于地球，它的史瓦西半径是 8.9 毫米。

史瓦西解描述的奇异的时空几何区域让人们回想起米歇尔和拉普拉斯猜想的“不可见天体”。受到史瓦西解的触动，天文学家更加关注那些大质量小体积（高密度）的天体。1930 年，钱德拉塞卡求得白矮星这类致密天体的质量上限。1939 年，奥本海默等人研究得出中子星的质量上限。他们还认为，如果恒星结束生命后的最终质量大于中子星质量上限，它将塌缩成星体半径小于史瓦西半径的致密天体，成为一个“不可见天体”。

1967 年 12 月 29 日，美国理论物理学家惠勒在一次讲座中，首次使用“黑洞”（blackhole）这个词语来表述“不可见天体”。黑洞描述恒星或其他天体坍缩进入史瓦西半径以内的时空区域，包括光在内的任何物质和信号都无法逃离，史瓦西半径处的球形界面叫作视界。在视界以内，所有事件（或者说时空点）之间不能自由联系，也就是说，光线并不能自由地从一个时空点传播到另一个时空点，而是都朝着中心集聚。这个几何中心是一个奇点，在那里物质被无限压缩，时空变得无限弯曲。在视界以外，光信号可以在任意距离间互相联系。随着距离视界越来越远，时空弯曲程度越来越小，向无穷远处渐进为如我们所居住的平坦时空。

太空中的恒星都是旋转的，不是静止的，例如太阳就在不停地绕自转轴旋转。旋转恒星坍缩成的黑洞是有角动量的旋转黑洞，它不能用史瓦西解描述。1962 年，新西兰物理学家罗伊·克尔求解引力场方程，得到旋转黑洞的精确解，该解依赖于黑洞的质量和角动量两个参量，这种黑洞被称为克尔黑洞。克尔黑洞与寻常的史瓦西黑洞不同，黑洞中心的奇点消失，取代它的是一个平躺在赤道面上的圆形奇异环。奇异环外面是球形的内视界，它包围着内部的奇异环；在内视界的外面有外视界；外视界的外面还有一个静止界限（静界），椭球形的静止界限与外视界在两极处相切。

克尔黑洞周围的时空像一个大漩涡，这里的弯曲时空以涡流的方式流动。在静止界限上，辐射被无限红移，但是只要在外视界以内，任何东西都不能再逃离出来，所以外视界是克尔黑洞的真正边界。史瓦西黑洞的唯一视界同时也是无限红移面。克尔黑洞的外视界和静止界限之间的时空区域称为能层，理论上，可以利用这个区域的独特性质提取黑洞的转动能量。克尔黑洞中心的奇异环不再是所有物质向其聚集的结点，这里的物质可以在转动黑洞的内部运动，或者在环面的上下方运动，或者从环中穿过。克尔黑洞的内视界是一个球形界面，它使得内外视界之间的区域不受奇异性的影响，或者说，从奇异环发出的信号不能逃出内视界。随着黑洞角动量增大，内视界和外视界趋于重合。

黑洞可以从周围吞噬带电粒子，使得黑洞带上电荷，带有电荷但没有自转的黑洞称为 R-N 黑洞，这类黑洞的结构由物理学家雷斯勒和诺斯特朗姆求解得到。既带电荷又有自转的黑洞称为克尔－纽曼黑洞。恒星可以有各种物理参量来描述各式各样的属性。然而，恒星塌缩为黑洞后，除了质量、角动量和电荷，将失去所有其他参量，黑洞的这个特征被称为“黑洞无毛”。

黑洞是一种神秘的天体，它吸引了众多科学家的注意力，让他们为此付出辛勤的汗水，甚至毕生的精力。霍金就是这样的一位科学家，他身患重疾，却在黑洞研究领域取得了卓越的成就。1971 年，霍金提出原初黑洞的概念。他认为，在宇宙大爆炸后的极早期，物质处于高温高密状态，原初宇宙中出现大幅度的涨落，并受到极其强大的压缩，使得质量比星系小得多的物质团块首先凝聚成由引力控制的物体，即原初黑洞。其中一些原初黑洞质量约 10^{12} 千克，相当于一座山的质量，但引力半径仅为 10^{-15} 米，与质子的大小相当，它们属于微型黑洞。不过，天文观测至今没有发现它们的踪迹。

最普通的黑洞应该是恒星演化末期引力塌缩形成的黑洞，此时的黑洞不能发射任何电磁辐射和粒子，我们无法观测它们。不过，大多数恒星并不是孤立存在的，黑洞可能位于双星系统中。通过观测双星中的可见恒星，可以得到不可见恒星的质量，如果不可见恒星的质量超过中子星质量上限，那么它很可能就是一个黑洞。除此之外，黑洞往往从伴星周围吸积物质，围绕黑洞形成一个吸积盘，在黑洞强大的引力作用下，吸积盘物质流入黑洞，并产生引力辐射和各种独特的电磁辐射，如红外线、射电波和 X 射线等。这些独特的电磁辐射也是判别黑洞的手段。1965 年，天鹅座 X-1 因其强烈的 X 射线辐射，首次被天文学家看作黑洞的候选体。这类黑洞是恒星质量黑洞，它们的质量在 3 倍太阳质量到百倍太阳质量之间。如今，在银河系中已发现几十个这样的黑洞。

20 世纪 60 年代，天文学家发现了类星体。类星体看上去像一颗恒星，但是其谱线有很大的红移，因此，它距离地球非常遥远，它的辐射能量十分巨大。普通恒星中的热核反应不足以为类星体提供如此巨大的能量，它的能量究竟是怎样产生的？1964 年，在类星体发现后不久，苏联科学家泽尔多维奇和美国科学家萨尔皮特分别独立提出观点，认为超大质量黑洞可能存在于星系中心，这些质量超过百万倍太阳质量的“怪兽”级黑洞不断吸积周围气体而释放出巨大能量，从而形成了类星体。这一开拓性的设想奠定了类星体的物理基础。1969 年，英国科学家林登贝尔进一步确认，类星体的巨大能量来源于被超大质量黑洞所吸积的物质释放出来的引力能。可见活动星系中心

天鹅座 X-1 的艺术构想图，它由大质量恒星塌缩形成，黑洞不断吸积附近蓝色恒星的物质。（图片来源：NASA/CXC/M.Weiss）

存在超大质量黑洞。

20 世纪 60 年代，科学家还提出正常星系中心也存在大质量黑洞。大型星系中心的黑洞则属于超大质量黑洞，但通过观测证实这种想法非常困难。如今，通过多种手段，天文学家已经观测证实了银河系中心存在超大质量黑洞。

除了质量为几倍到上百倍太阳质量的恒星级黑洞，以及质量达几百万到几十亿倍太阳质量的超大质量黑洞，天文学家认为太空中还存在质量为几千到几十万倍太阳质量的中等质量黑洞。近些年来，天文学家又提出了绝超质量黑洞的概念，它们的质量范围涵盖百亿到万亿倍太阳质量甚至更大，它们可以在宇宙，包括早期宇宙中的巨大物质库中因引力塌缩而形成，并且已有重要观测证据的支持。

近几年，黑洞研究领域取得的最卓越的成就，是对近邻星系中心超大质量黑洞的直接成像。这需要高达几十微角秒的空间分辨率。2019 年 4 月 10 日，由世界上 200 多位天文学家组成的事件视界望远镜（EHT）国际合作团队，公布了他们拍摄的椭球星系 M87 中心黑洞的照片，这是首张黑洞照片，拍摄于 2017 年 4 月。照片上可直接看到黑洞“阴影”和环绕着黑洞阴影但亮度南北不对称的光环。照片中的阴影证明了黑洞的存在，并由此得到 M87 星系中心离地球的更精确距离为 5480 万光年，根据阴影大小得到该黑洞质量为 65 亿倍太阳质量。

天文学家是怎样探测到引力波的？

天文学的研究对象是浩瀚的宇宙以及其中的各种天体。目前，人类亲自登陆或者发射探测器到访过的目标，仅有月亮、火星等太阳系内少数天体。更多情况下，天文学家只能被动地接收来自遥远天体的某些信使。现在，天文学家已知的天文信使包括电磁波、宇宙线、中微子和引力波。2015 年 9 月 14 日，科学家首次确切无疑地探测到来自宇宙深处的引力波。至此，四种信使全部到天文学家帐下报到，天文学家又增加了一扇瞭望宇宙的新窗口。

这次接收到的引力波源自一个很久以前的天体碰撞事件，当时人类还没有在地球上出现。大约 13 亿年前，宇宙中一个遥远的地方有两个黑洞，质量分别为 36 倍太阳质量和 29 倍太阳质量。在引力作用下，两个黑洞相互绕转并不断接近，最终，它们碰撞并合成为一个 62 倍太阳质量的黑洞。最后的合并过程将 3 倍太阳质量转化为引力波的能量。引力波以光速向四面八方传播，经过漫长的旅途，于 2015 年 9 月 14 日来到地球。恰在此时，美国的激光干涉引力波天文台（LIGO）刚刚完成又一次升级改造，并幸运地捕捉到这一引力波信号。

成功捕获引力波是人类探索宇宙历程的一个新里程碑，它的意义不可估量。为此，2017 年，三位探测引力波的美国科学家雷纳·韦斯、基普·索恩和巴里·巴里什被共同授予诺贝尔物理学奖。

位于美国华盛顿州汉福德市的激光干涉引力波天文台（LIGO）。（图片来源：Caltech/LIGO Laboratory）

回首过去，从预言引力波到成功捕获，科学家们努力探索了足足一百年。1915 年，爱因斯坦提出广义相对论，此后不久，他就依此理论预言了引力波的存在。广义相对论引力场方程很大程度上是通过理论推演得出的物理学方程，由此进一步得出的物理概念并不一定与现实世界相对应，因此，针对引力波是否真正存在这一问题，科学家们所持的观点并不一致。此后长达四十多年的岁月里，科学家们进行了漫长的科学争论，爱因斯坦和他的同事罗伯森也参与其中。

1957 年，美国普林斯顿大学的物理学家约翰·惠勒组织了一次广义相对论研讨会，会议在美国北卡罗来纳教堂山召开，“引力波是否具有实际物理效应”，具体地说，“引力波是否携带能量”是研讨会的主要议题之一。会上加州理工学院教授理查德·费曼提出了著名的“黏球”思想实验。他设想：在一根粗糙的细杆上放置两个黏性小球，两者间隔一定距离，如果有引力波沿垂直于细杆的方向传播到这里，细杆和小球会随时空变化而收缩或拉伸。此时，细杆作为一个整体，其运动会受到自身物质的抵抗；而两个小球作为独立个体其运动变化相较细杆会更显著，这导致小球在细杆上移动。该过程中，小球与细杆间摩擦产生的热量应该源于引力波。不久，物理学家赫尔曼·邦迪严格证明了引力波携带能量。

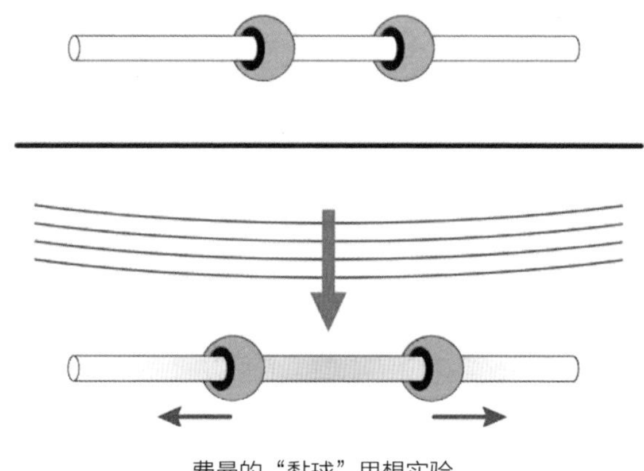

费曼的“黏球”思想实验。

科学辩论让科学家们逐渐取得共识，即引力波是一种真实存在的物理现象，它能够携带能量。不过，一个科学理论或预言的真伪，最终需要科学实验或天文观测的检验。

根据广义相对论，物质会弯曲时空。因此，当物体具有加速度且做不完全对称的运动和形变时，其周围的时空会随之发生形变，这种时空形变可以像波一样向远处传播，这就是引力波。时空是一种无处不在的客观存在，引力波传播的是时空本身的振动。引力波所到之处，在垂直于传播方向的平面上，任何长度都会振荡，而且在任意互相垂直的方向上长度变化的步调相反。也就是说，引力波所经之处，除非完全沿着传播方向，任何空间距离都发生振荡。

20世纪60年代，科学家们便开始了引力波的实验探寻之旅。美国马里兰大学的约瑟夫·韦伯在这方面的工作成果最为突出。他建立了世界上第一台引力波探测器，后来人们俗称“韦伯棒”。实际上，韦伯棒是共振质量引力波探测器的核心部件，它是一个铝合金圆柱体，重1.4吨，底边直径0.66米，长1.53米。当引力波传来时，共振棒与引力波共振，因而产生极其微小的形变和位移，通过机械和电耦合到变换器上，然后被放大并产生电磁信号，电磁信号代表相应的引力波。理论计算表明，引力波的效应非常微弱，宇宙中最强烈的引力波传播到地球时，引起的相对长度变化只有10^{-21}的量级，要探测到如此微小的时空形变，需要具有极高灵敏度的探测器。1968年，韦伯声称探测到了引力波信号，但是没有得到科学家们后续工作的进一步证实，最终没有得到认同。

约瑟夫·韦伯制作韦伯棒探测引力波。（图片来源：University of Maryland）

韦伯探测引力波的努力虽然最终没有取得成功，但他为后继的科研工作奠定了良好基础。更重要的是，韦伯的行动激励了更多科学家来探测引力波。从此，众多科学家积极加入到这一研究领域。

通过理论研究，科学家们推断：宇宙中超新星爆发及其他引力坍塌事件、非对称中子星旋转、双星特别是双致密星（白矮星、中子星和黑洞）的绕转和并合，乃至宇宙大爆炸，尤其是宇宙暴胀，都是引力波的发射源。1974年，美国马萨诸塞大学的赫尔斯和泰勒发现了一颗中子星和与之相互绕转的伴星（后来发现它也是一颗中子星）之间的绕转周期越来越短，距离越来越近，随后，他们证实这一观测现象是两颗致密双星辐射引力波因而损失能量造成的。这是首次获得的引力波存在的间接证据，凭此成果，两位天体物理学家获得了 1993 年的诺贝尔物理学奖。

与此同时，不少科学家仍为直接探测引力波而努力。美国麻省理工学院的雷纳·韦斯是最早想到用激光干涉仪来探测引力波的科学家之一，他一直坚持这项研究工作。韦斯教授详细分析引力波干涉仪的各种背景干扰，包括地震噪声、引力场梯度、真空管热梯度导致的噪声、镜子及其悬挂索的热噪声、激光输出功率的变化、激光频率的不稳定以及地磁和宇宙线的可能效应等。他还仔细设计了克服这些干扰的方法。早在 1972 年，他就将研究成果写成论文，发表在麻省理工学院电子学实验室的内部刊物上。

美国加州理工学院教授基普·索恩是一位理论物理学家。长期以来，他一直研究各种各样的引力波理论，对引力波的波源、波形和携带的信息做了很多理论和数值方面的研究。他分析不同的波源会产生什么样的引力波，还开辟了数据分析这一新方向。索恩研究的技术课题甚至涉及量子测量问题，为引力波探测打下了理论基础。

20 世纪 70 年代末，美国国家科学基金开始支持激光干涉引力波天文台（LIGO）研究项目，1999 年 LIGO 工程完成，2002 年开始试运行，前后经历了 20 多年的时间。LIGO 的探测原理基于激光干涉，它的可测引力波频率范围很宽，从十几赫兹到两万赫兹。LIGO 包括两个同样的探测器，它们相距 3002 千米，分别位于美国华盛顿州的汉福德与路易斯安那州的利文斯顿。两个探测器协同工作，可排除其他干扰信号，比如地震信号。为了增强效果，干涉仪臂长需要很大的长度，而且通过镜子的来回反射，又将有效长度大大增加。每个探测器都是一个巨大的迈克耳孙干涉仪，两个互相垂直约 4 千米的臂构成 L 形。在 L 形的拐角，一束激光被半透的分光器分成两束，分别进入两臂。在每个臂中，激光被两端的镜子来回反射多次。然后两束激光回到分束器后叠加起来，发生干涉，最后进入光探测器。叠加 (干涉) 以后的光强

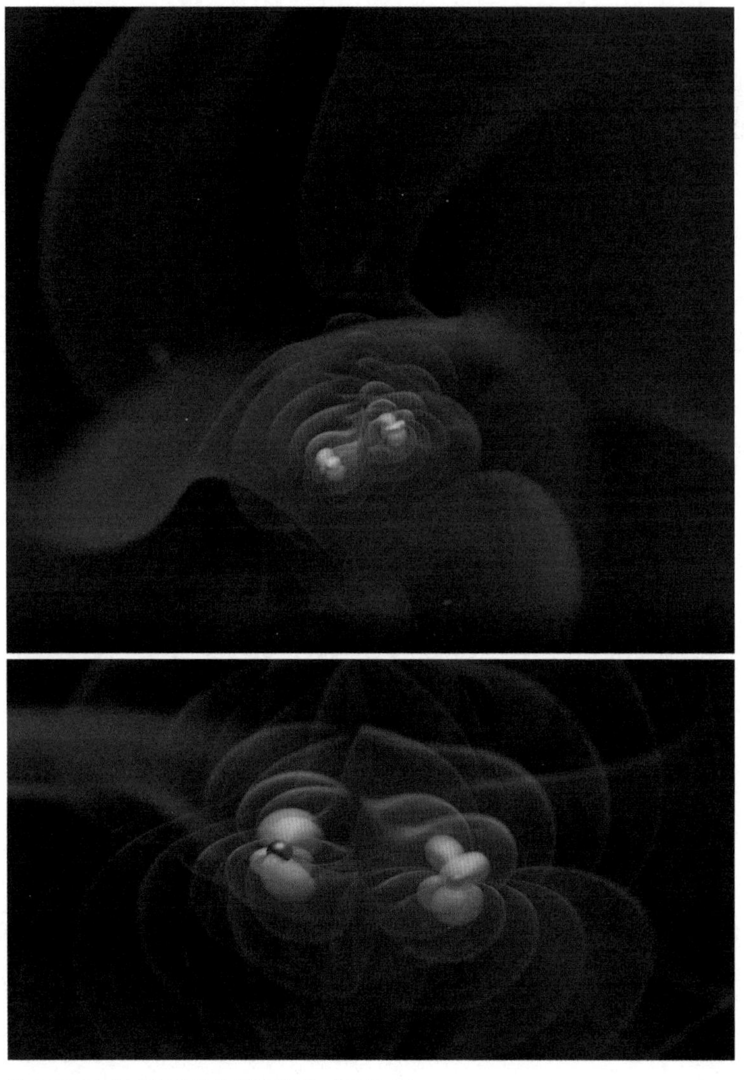

并合黑洞产生引力波的数值模拟图。（图片来源：NASA/Bernard J. Kelly/Chris Henze / Tim Sandstrom）

决定于两臂的长度差，所以能够用以测量时空变化。

自 2015 年 9 月 14 日首次探测到引力波以来，越来越多的引力波信号被探测到。除 LIGO 外，探测引力波的地基天文台还有欧洲的室女座激光干涉引力波天文台（Virgo）和日本的神冈引力波探测器（KAGRA）。目前，中国科学家也正在建造自己的激光干涉引力波探测器。

在过去几年观测到的引力波事件中，2017 年 8 月 17 日探测到的引力波事件（GW170817）非常值得关注，科学家们认为这次引力波事件由双中子星并合产生。在 LIGO 和 Virgo 探测到这一引力波信号后，其他观测设备相继探测到相应的电磁辐射对应体。这是首个伴随电磁信号的引力波事件，它标志着引力波多信使天文学的开端。具体说来，在引力波信号到来 1.7 秒之后，费米卫星观测到一个短时标伽马射线暴，随后世界各地多个望远镜投入观测，最终确定了这次事件的光学对应体和它所处的寄主星系，即距离地球 1.3 亿光年的星系 NGC4993。后续的红外、可见光、紫外和射电波段观测表明，这次事件也是一次由双中子星并合产生的“千新星”事件，也就是其最大亮度达到新星亮度的千倍级别。

从引力波事件 GW170817 可知，致密天体的碰撞并合、伽马射线暴以及千新星都与引力波密切相关。此外，天文学家猜测，快速射电暴（Fast Radio Bursts，FRBs），即一种明亮的毫秒脉冲辐射现象，很可能与致密天体的灾难性活动有关，比如双致密星的并合或者大质量恒星晚期的超新星爆发。未来，探测引力波可以帮助科学家揭开这些天文现象的奥秘。

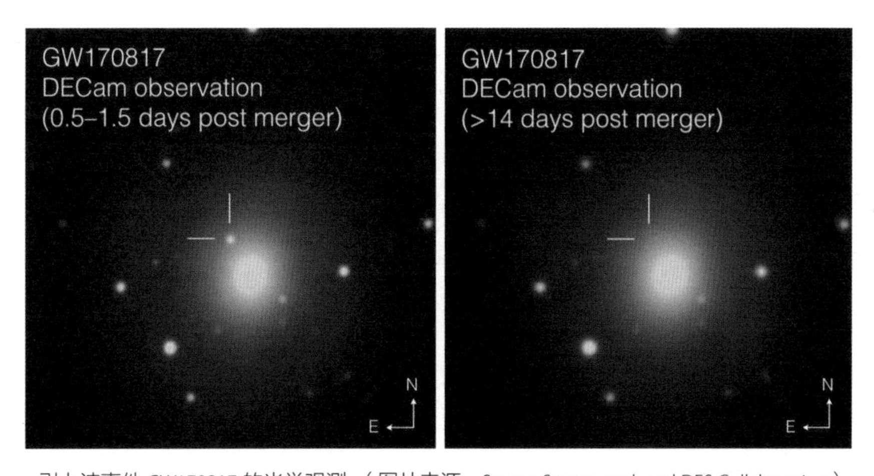

引力波事件 GW170817 的光学观测。（图片来源：Soares-Santos et al. and DES Collaboration）

宇宙中有没有虫洞和白洞?

爱因斯坦是20世纪最伟大的科学家之一,1915年，他创立了广义相对论，阐释了物质、引力与时空的关系。广义相对论预言了一些新奇的天体物理现象和另类天体，例如引力透镜、引力波和黑洞；还产生了一些当时人们无法理解的物理概念，例如致密天体附近的引力红移和时间扩展。此后的一个世纪里，这些科学概念或天体现象成了科学家们不断探索和研究的对象。随着时间的流逝，其中一些预言逐渐被科学实验或天文观测所证实，广义相对论也更为后辈科学家所推崇。

然而，在广义相对论领域，仍然有两个“幽灵”萦绕在科学家们的脑海，难以被精准捕捉，却又挥之不去。科学爱好者谈起它们，往往也是乐此不疲。这两个神秘的东西是白洞和虫洞。

根据广义相对论，在物理时空的某个区域内，如果物质和光只能从外部进入，而不能从那里逃出，那么它就是黑洞。对于黑洞，最初，科学家们无法想象这种天体为何物？但随着天文学的发展，人们认识到，大质量恒星消耗完内部的核燃料，走到生命的终点时，它会塌缩成为一个质量足够大、密度也足够大的天体——黑洞。通过最近数十年的观测，天文学家确定了黑洞的存在。2015年，天文学家探测到两个黑洞合并产生的引力波。2019年和2022年，天文学家相继发布M87中心黑洞和银河系中心黑洞的照片，让黑洞成为一种“看得见”的天体。

对称是自然界中一个奇妙的现象。上和下，左和右，正和负，正电子和负电子，物质和反物质，这些成对的概念告诉人们自然界有某种独特的规律性。求解引力场方程能够得到黑洞，同时，也会得出对称的另一个物理解：在物理时空的某个区域内，物质和光只能从内部逃出，而不能从区域外进入，这就是白洞。黑洞和白洞是对称的一对概念。天文学家已经找到黑洞，那么，白洞是否真的存在呢？

如果宇宙中有白洞，那么它在哪里？截至目前，在茫茫宇宙中，科学家仍然没有发现白洞的丝毫痕迹。尽管有人最初把类星体和 γ 暴视为白洞，但是，种种观测结果很快就否定了这种想法。更让人失望的是，按照现代天体物理学的理论，没有任何天体物理过程可以形成白洞。从物理学的角度更进一步考虑，白洞现象还违反特定的热力学定律。这样一来，白洞仍然只能是一个数学预测或称数学游戏，难于走向现实。

但是，科学家们并没有放弃对白洞的探求，或许，人类现在认知宇宙自然的能力非常有限，观测和探测宇宙自然的能力制约了人们对各种现象的认识。不过，科学家们可以通过大胆猜想甚至幻想，去探究白洞的奥秘。有科学家提出，在我们的宇宙中，大质量恒星塌缩形成黑洞时，考虑到量子效应，物质不会在黑洞中心形成奇点，当黑洞中心的物质密度达到一定程度时，黑洞物质会反弹，向另一个宇宙喷发，在那个宇宙中物质和光都是向外逃跑，这就是白洞。这意味着，我们宇宙中的每个黑洞都可以对应一个白洞，反弹形成白洞的宇宙是另外一个宇宙。不过，这些推测或猜想还很难得到验证。

根据白洞的物理性质，也有些科学家认为，“大爆炸形成我们的宇宙”这一过程是一个白洞现象——整个宇宙都在膨胀，所有物质和时空在不断向外逃离或扩张。这种想法看上去也有道理，只是人们无论如何也不能到达宇宙的外面，去验证我们所处的宇宙是否是一个有限的白洞区域。

白洞问题尚难以解决，虫洞问题又是怎么一回事呢？

1916年，史瓦西公布了他的引力场方程解之后，奥地利科学家路德维格·弗拉姆最早认识到“时空捷径”这种奇怪现象存在的可能性。1935年，爱因斯坦和他的同事内森·罗森做了相同的研究工作，基于引力场方程、黑洞和白洞这些概念，他们指出浩瀚的宇宙空间中存在连接遥远天体的捷径。他们将这个“捷径”称为“爱因斯坦－罗森桥”（Einstein-Rosen bridge），当然，爱因斯坦－罗森桥也可以连接距离较近的宇宙时空中的两个地点。1957年，美国物理学家惠勒创造出“虫洞”（wormhole）一词来指代理论得出的爱因斯坦－罗森桥。从此，虫洞的概念流传开来。

我们生活的空间是三维空间，加上一维时间，构成四维时空，连接四维时空中的两个遥远地点的虫洞是什么样子？这超出了人类的直观经验，我们无论如何也无法明确地想象出来。但是我们可以利用简单的例子来说明这个问题。假设有一张非常非常大的长方形纸，在它的一个表面有两个点A和B，A点和B点相距非常遥远，不管用何种交通工具从A点到B点都要花费相当长的时间。如果将这张巨大的纸弯折，且在A点和B点之间穿出一条细管，这样由A点到达B点就会非常快。这条细管就是二维平面上相距遥远的两点（A和B）之间的一个虫洞。将这种情景扩展到三维空间，就是我们所在四维时空中的虫洞。

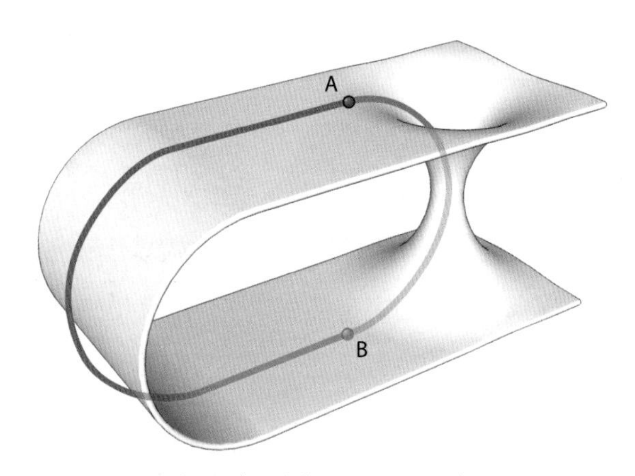

虫洞。（图片来源：Wikimedia）

根据引力场方程的史瓦西解，黑洞是所有物质和光辐射塌缩的区域，白洞则与之相反，所有物质和辐射都向外喷出，它们代表两个不同的宇宙，虫洞就是两者之间的通道。1962 年，惠勒和福勒发表论文称，如果虫洞连接的是同一个宇宙的两个不同地点，那么它非常不稳定，一旦有光和物质经过，它会很快塌缩和断裂，所以这种虫洞不可穿越。而英国科学家霍金和美国科学家索恩等人认为，具有负能量密度的奇特物质可以让虫洞保持稳定，因而可以让物体通过，这两位科学家是“存在可穿越虫洞”这一观点的支持者。

这种奇特物质是何种物质？暗物质是否可以充当这一角色？ 2014 年 11 月，来自印度、意大利和美国的科学家组成的一个研究小组发表论文，文章指出，银河系中可能有一个稳定可穿行的虫洞。他们结合其他旋涡星系的自转曲线与暗物质关系的模型，计算了银河系中暗物质的分布。他们发现银河系中心晕中包含足量的暗物质，这些暗物质足以使得银河系中产生一个虫洞，并使其处于稳定可通行的状态，沿着这条虫洞可以通向宇宙时空的另一个遥远地方。不过，也有科学家认为暗物质或反物质不能充当这种奇特物质。

后来，科学家认识到，如果宇宙空间有三维之外的额外维度，不需要奇特的负能量密度物质，虫洞也可以存在，这就是膜宇宙理论。这种观点认为，我们的三维宇宙是四维空间的一张膜，如果我们能有办法离开这张膜非常微小的距离，膜上距离的度量会迅速缩小，比如，本来相距 1000 米的两点，脱离膜 1 微米，那么距离可能就变成 1 纳米。

如果宇宙空间确实存在虫洞，那么通过它做远距离的太空航行就可以节省大量的时间。设想有一个连接银河系和仙女星系的虫洞，此虫洞内两个星系的距离只有 9000 万千米。按照人类现有飞行器可达到的 60000 千米 / 时的速度来计算，从银河系飞行到仙女星系只需要 1500 小时，即 62.5 天。而银河系到仙女星系的实际空间距离约 250 万光年，在普通的三维宇宙空间行走，即使是以光速前进，也要花上 250 万年。显然，在虫洞外的观察者看来，虫洞中的旅行是超光速的，而实际上由于虫洞是一条捷径而已，其中飞船的飞

通过虫洞进行时间旅行（艺术构想图）。（图片来源：NASA/Les Bossinas）

行速度并没有超过光速，因此不违背光速极限的原理。

根据广义相对论，通过虫洞不仅可以在相距遥远的两个宇宙地点之间做快速旅行，还可以在两个不同的时间点之间旅行，也就是时间旅行（time travel）。设想 2016 年有两个同为 20 岁的年轻人甲和乙，其中甲乘坐飞船以非常快的速度飞行，或者飞船处于引力场非常强的星球上。飞船上的时间过得慢，飞船上经过 4 年到 2020 年，地球上可能已是 40 年过去了，到了 2056 年，此时，地球上的乙已是 60 岁。如果飞船出发时甲已将一个虫洞的一端安置在飞船上（另一端留在地球），那么飞船上的甲通过虫洞可以很快回到地球上，从飞船上的 2020 年到地球上的 2056 年，这样甲做了一次时间旅行。这种情形在美国科幻电影《星际穿越》中出现过，航天员库珀飞回到太阳系以后，她的女儿已是一位奄奄一息的老太太，而他仍是 40 多岁的样子。

从虫洞具有的性质来看，它对人类有很大的用途。通过它，我们可以在短时间内跨越宏大的距离，到达宇宙的远方。时间旅行也是意义非凡，得了不治之症的患者可以去往时间膨胀非常严重的星球，在那里待上一段时间，然后通过虫洞回到地球，那时地球上高度发达的医学就可以治愈患者的不治之症，使其能继续健康地生活。或者，如果你希望到未来几百年甚至未来几千年的时代生活，那么虫洞旅行则可以实现你的愿望。

不过，对于白洞和虫洞，各种观点众说纷纭，仍有许多争议，科学研究仅处于概念和猜想阶段。此外，就现在科学技术水平而言，白洞和虫洞与现实世界的距离似乎比遥远的宇宙还远。

褐矮星是恒星还是行星？

像宝石一样的恒星挂在黢黑的天幕上，它们数量大，也容易观测，因此，这些星球也成了天体物理学家最早研究的对象。20 世纪 30 年代，天文学家已大致弄明白恒星形成和演化的规律。星云在自身引力作用下，经过分裂和塌缩，形成恒星。类似太阳化学成分的星云，经过塌缩形成的星体，只有最终质量大于 0.07 倍太阳质量，才能引发氢原子的稳定核聚变，成为一颗能长时间稳定发光的恒星。也就是说，所有恒星的质量都大于 0.07 倍太阳质量。

恒星形成是宇宙中的自然现象，如果进一步思考，人们心中一定会产生许多疑问，比如，星云在分裂和塌缩的过程中，会不会形成质量小于 0.07 倍太阳质量的团块？如果存在，它们最终会塌缩形成什么样的天体？美国弗吉尼亚大学的天文学家库玛尔对这些问题从理论上作了深入研究。早在 1963 年他发表论文指出，巨大气体尘埃云通过引力塌缩形成恒星时，也应当经常性地形成较小的天体，它们的质量小于最小恒星质量。这种假设中的天体当时被叫作黑星（black star），或红外星（infrared star）。

有趣的问题往往会吸引众多科学家关注。美国天文学家塔特尔也是热衷这些问题的科学家之一，她后来曾任搜寻地外文明计划（SETI）研究所主任。塔特尔花费不少时间进行这方面的研究，不久就有了自己的见解。1975 年，在一次学术会议上，塔特尔建议将这类小质量的天体称为“褐矮星”。她指

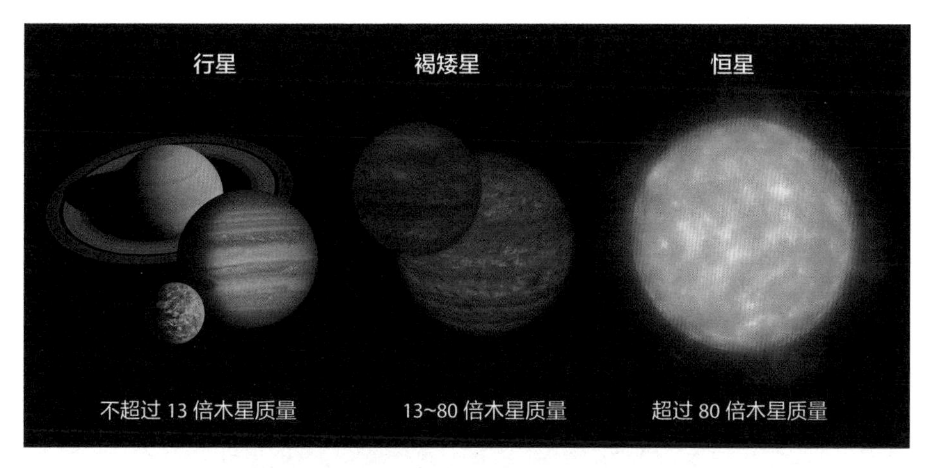

行星、褐矮星和恒星的质量比较。（图片来源：NASA/JPL-Caltech）

出褐矮星并不是褐色的星，从颜色上说，褐矮星应该是朦朦胧胧的红色，但是，红矮星已被用来描述那些小于 0.5 倍太阳质量的小恒星，所以需要给这类天体一个新名称。

类似太阳化学成分的褐矮星，其质量必定低于 0.07 倍太阳质量，即约 75~80 倍木星质量。那么，褐矮星有没有质量下限？如果存在，它的质量下限是多少？对此，天文学家给出的答案是，褐矮星的最小质量约为 13 倍木星质量。

不论恒星还是褐矮星，抑或气态巨行星，这些天体在形成和演化的过程中，由于自身引力作用，都会发生体积收缩，这使得它们自身温度升高，从而向外辐射电磁波。质量超过 13 倍木星质量的褐矮星通过体积收缩，使得其温度升高到特定数值时，可以引发其中氘原子的核聚变，由于氘原子含量较少，这一过程只能持续较短的一段时间。质量大于 60 倍木星质量的褐矮星还可以引发锂原子的核聚变，锂原子含量也不多，这一核聚变过程同样只能持续较短的时间。这两种核燃烧过程都可以为褐矮星提供热量，增加它的亮度。相比之下，气态巨行星由于质量较小，则不会经历这两个短暂的核聚变过程。

褐矮星只在最初形成时有一些能量来源，随后处于漫长的冷却过程。本

光谱 T 型褐矮星的艺术构想图。（图片来源：Wikipedia Commons/Tyrogthekreeper）

来就非常暗淡的褐矮星会随着时间流逝更加暗淡下去，这使得寻找褐矮星异常困难。种种不利条件并不能阻挡天文学家搜寻褐矮星的行动，他们开动脑筋，想方设法寻觅这类隐藏在辽阔太空中的天体。

考虑到银河系中超过半数的恒星是双星成员，所以天文学家决定在亮星附近寻找它的褐矮星伴星。利用这种搜寻方法时，可以把望远镜聚焦在已知恒星附近的一小块区域，这在很大程度上避免了盲目性。1984 年，美国亚利桑那大学斯图尔德（STEWARD）天文台的研究者们宣布，在一个离太阳 21 光年的小质量恒星 VB8 旁边发现一颗暗的伴星。这个天体看起来具有褐矮星的性质，但非常遗憾，后来发现它只是一个观测假象。1988 年，加利福尼亚大学洛杉矶分校的贝克林和楚克曼宣布，一个白矮星的暗红伴星 GD 165B 可能是一个褐矮星，然而计算表明 GD 165B 的质量约 75 倍木星质量，处于小质量恒星和褐矮星的边界，因此不能确定它是否为褐矮星。

20 世纪 80 年代后期，著名的行星搜寻者马尔瑟对 70 个小质量恒星进行搜寻，仍然没有发现任何褐矮星。20 世纪 90 年代中期，马尔瑟继续对 107 个类似太阳的恒星进行搜寻，结果发现了数个太阳系外气态巨行星，却没有发现褐矮星。

褐矮星年轻时最亮，而寻找年轻天体的最佳地方是星团，这让天文学家将目光投向年轻星团，这是寻找褐矮星的另一条路径。星团中所有恒星都同时形成，但是具有不同的寿命。一旦研究者确定了一个年轻星团和它的年龄，确定褐矮星候选体就仅仅需要确定星团中最暗、最红的天体。20 世纪 80 年代，若干个研究小组开始对包含年轻星团的天区进行成像观测，搜寻其中的暗淡红色天体。一些研究小组曾经多次宣布观测到年轻星团中的褐矮星候选体。可惜更加仔细的检查表明它们没有一个是真正的褐矮星。

初期找寻褐矮星总是竹篮打水一场空，这让天文学家认为太空中的褐矮星应该非常稀少。可是，不久这种僵局即被打破，褐矮星的搜寻工作迎来了第一缕曙光。

从 1993 年开始，美国天文学家巴斯里等人，在夏威夷岛莫纳克亚山上，利用新建成的口径 10 米的凯克望远镜对昴星团中的暗星进行锂谱线观测，却一直没有满意的结果。后来，美国史密松天体物理中心的斯托弗为巴斯里等人提供了一个目标 PPI 15。斯托弗也一直在搜寻昴星团中的低质量天体，并

位于美国夏威夷莫纳克亚岛山顶的凯克望远镜，它包括两个望远镜，口径为 10 米。1993 年只有凯克 I 建成并投入观测。（图片来源：Keck Observatory）

发现了一个非常暗弱的候选体，取名为 PPI 15（即帕洛玛天文台昴星团观测项目第 15 个有希望的候选体）。不久，巴斯里等人在这颗天体中观察到锂元素，且确定其质量小于最小恒星质量。1995 年 6 月，美国天文学会召开学术会议，巴斯里报告了他们的新成果：昴星团的年龄约为 1.2 亿年，并推定 PPI 15 的质量位于褐矮星质量范围的较高一端。

1995 年 10 月，天文学家在英国剑桥大学召开研讨会，会议的主题是冷恒星、恒星系统和太阳。来自美国加州理工学院／约翰霍普金斯大学的天文学家小组宣布，他们发现了恒星 GL 229A 的伴星 GL 229B。根据该伴星的暗弱程度来看，GL 229B 显然属于亚恒星天体，而具有决定意义的事实则是在它的光谱中检测出了甲烷。甲烷在巨行星的大气中是常见的，但所有恒星的温度都高得使甲烷无法在其中形成。甲烷在 GL 229B 上明显存在，这一事实说明了 GL 229B 不可能是恒星。GL 229B 比太阳暗一百万倍，而且其表面温度在 1000K 以下，远远低于最暗的恒星所能产生的最低温度（约为 1800K）。因此，大多数天文学家认为 GL 229B 是一颗褐矮星，它是天文学家发现的第一颗无可争议的褐矮星。

寻找多年的褐矮星终于现身，在接下来的几年中，天文学家陆续发现了更多褐矮星。这些新发现主要得益于观测设备的进步。当时，全世界涌现出若干先进的巡天望远镜，比如欧洲深空近红外巡天计划（DENIS）、美国马萨诸塞大学负责的两微米全天巡天（2MASS）计划和斯隆数字巡天（SDSS）计划，它们都是寻找褐矮星的重器。

2009 年 12 月 14 日，美国国家航空航天局（NASA）发射广域红外巡天探测器（WISE）。2010—2011 年，该探测器得到大量红外观测数据。英国赫特福德大学的戴维·平菲尔德带领的研究团队利用独特的数据处理方法，对该探测器的观测数据进行仔细分析。2013 年 8 月他们发表论文，宣布发现两颗褐矮星：WISE 0013+0634 和 WISE 0833+0052。这两颗褐矮星分别位于双鱼座和长蛇座，温度仅 250~600℃，化学成分中几乎不含金属元素，年龄

广域红外巡天探测器的艺术构想图。（图片来源：NASA/JPL-Caltech）

约 100 亿年。他们根据银河系结构以及银河系的星族构成等各方面情况，进一步估测银河系中可能有几百亿颗褐矮星。

尽管天文学家推测银河系中可能有大量褐矮星，但截至 2021 年 6 月，他们仅发现 2800 多颗。2021 年 5 月，美国加州理工学院的天文学家大卫・柯克帕特里克带领一支研究团队，包括科学志愿者，绘制出距太阳 65 光年内的 525 颗褐矮星的三维空间地图。

2013 年 3 月，美国宾州大学天文学家凯文・卢曼等人宣布发现距离地球最近的褐矮星：WISE 1049-5319（Luhman 16）。他们利用 WISE 多个时期的测量数据，通过视差方法，得出该褐矮星距离地球 6.5 光年。如果将恒星考虑在内，这个天体到地球的距离位列半人马座 α（比邻星）和巴纳德星之后，排在第三的位置。随后，科学家们利用双子望远镜的多目标摄谱仪，进一步确认 WISE 1049-5319 实际上是由两个褐矮星构成的褐矮星双星。两者之间的距离为 3 天文单位，绕行周期为 25 年。

褐矮星 WISE 1049-5319 距离地球较近，这是非常有利的一面，天文学家可以对它进行细致研究。2020 年 5 月，美国加州理工学院的天文学家麦克斯韦 · 米勒 – 布兰哈儿等人，利用欧洲南方天文台甚大望远镜，通过偏振测量的方法，发现 WISE 1049-5319 中的一颗褐矮星表面呈现带状结构，类似于木星表面的带状条纹结构，这给人们带来些许启发。

研究总部设在美国亚利桑那大学的一个天文学家团队，利用 NASA 的凌星系外行星卫星（TESS），同样对 WISE-1049-5319 进行了观测，并于 2021 年 1 月公布了他们的观测结果，跟麦克斯韦 · 米勒 – 布兰哈儿等人的结论一致，观测数据同样显示其大气层呈带状图样。

褐矮星是介于恒星和行星之间的一种特殊天体。如今，对于天文学家来说，褐矮星不再罕见和陌生，也早已不再被当作暗物质的候选体。但是，天空中暗淡的褐矮星仍有许多未知谜团，比如，银河系中究竟有多少颗褐矮星？它们分布在哪里？它们是如何形成的？距离太阳 6.5 光年以内，甚至在比比邻星更近的地方，会不会有褐矮星？这些关于褐矮星的疑问，有待天文学家进一步探究。

褐矮双星 WISE 1049-5319 其中一颗表面上的云带（艺术构想图）。（图片来源：NASA / ESA / JPL）

第四部分
太阳系

PART FOUR

什么是太阳活动周期?

太阳是距离地球最近的恒星，它给地球送来光和热。但是，天文观测发现，太阳并不像人们直观印象中那样平和与安静。在太阳大气中有多种活动现象，比如黑子、耀斑、日珥和日冕物质抛射等。此外，太阳外层大气“日冕”中的粒子克服太阳引力束缚，脱离太阳形成高速的等离子体带电粒子流，即太阳风（solar wind）。太阳活动会给人类的空间探测带来干扰和破坏，也

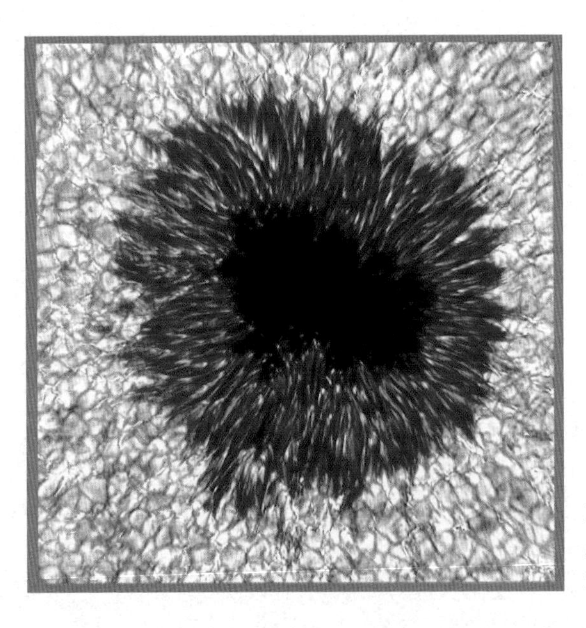

太阳黑子，可以看到中间的本影和周围的半影。[图片来源：National Solar Observatory（USA）]

会严重影响人类的生产和生活。为了减少损失，目前，世界上许多国家非常重视太阳活动研究。在这一领域，我国天文学家有不俗的表现。

2021 年 10 月 14 日，我国成功发射首颗太阳观测卫星“羲和号”，全称为“太阳 Hα 光谱探测与双超平台科学技术试验卫星”。该卫星可同时得到 Hα 波段（波长为 656 纳米）附近任意波长的全日面图像，实现全天候、高时空分辨率和高光谱分辨率的太阳观测，为研究太阳爆发现象提供准确可靠的数据。仅仅不到一年后，2022 年 10 月 9 日，我国又成功将先进天基太阳天文台“夸父一号”发射升空。它将利用太阳活动第 25 周峰年的契机，对太阳耀斑、日冕物质抛射以及全日面矢量磁场开展同时观测。先进天基太阳天文台主要搭载了全日面矢量磁像仪、莱曼阿尔法太阳望远镜和太阳硬 X 射线成像仪等三台有效载荷。

此外，在位于青海省的冷湖天文观测基地，我国太阳物理学家正在建造“用于太阳磁场精确测量的中红外观测系统”（AIMS 望远镜）。该项目由中国科学院国家天文台主持。它是一台 1 米口径、专门用于中红外波段观测的设备，它将现有测量水平提高一个量级，有望突破磁场测量百年历史中的“瓶颈”问题。

太阳活动周期

在以黑子群为标志的太阳活动区中，经常出现太阳耀斑和日冕物质抛射这两种非常剧烈的活动现象。从空间尺度看，太阳黑子、耀斑和日冕物质抛射等太阳活动现象都局限在太阳大气的局部区域；从时间尺度看，这些现象在几分钟、几个小时、几天甚至几个月的时间里，完成其发生和衰减过程。如果着眼整个太阳表面，并将时间跨度拉长到几年、几十年甚至更长时期，我们将会发现各种太阳活动现象发生的频率并不恒定，它们出现或发生的空间位置也有所变化，这种变化表现为一定的周期性，这便是太阳活动周期。多年来，太阳活动周期及其背后的根源是太阳物理学家着重研究的一项课题。

回望历史，人类最早认识到太阳活动周期已经是180多年前的事情了。19世纪20年代，“寻找水内行星”是全球天文界的一个探测热点。此前，天文学家发现水星公转轨道的近日点存在进动现象，根据牛顿力学，水星轨道之内应该有一颗未被发现的行星，天文学家事先把这颗未知行星命名为“祝融星”。德国业余天文学家施瓦贝也加入到寻找祝融星的队伍中来。施瓦贝认为，只有在祝融星从太阳前面经过时才能被观测到，此时祝融星看上去应该是太阳圆面上的一个小黑点。从1826年到1843年，施瓦贝每天仔细察看太阳表面，记录太阳上的黑子数，希望从太阳黑子中间寻找到祝融星。经过17年的长期艰辛观测，施瓦贝最终仍没能发现祝融星，这令他非常失望。但是，他整理了以往的观测资料，于1843年发表了一篇题为《1826—1843年间的太阳观测》的论文。文章指出：“太阳的年平均黑子数具有周期性变化，变化周期约为十年。”这是一个意外的收获，在一定程度上弥补了施瓦贝没能找到祝融星的遗憾。

当时，施瓦贝的发现并没有引起大多数天文学家的注意。但是，瑞士伯尔尼天文台台长沃尔夫无意中看到这篇论文，对其产生了极大的兴趣。此后，

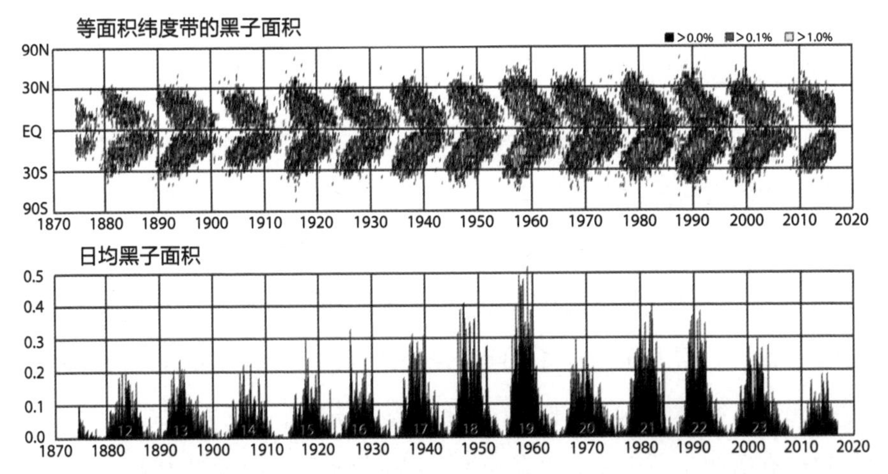

上图：太阳黑子蝴蝶图，显示了黑子出现位置随太阳活动周的变化；下图：太阳黑子数随太阳黑子周的变化。（图片来源：http://solarscience.msfc.nasa.gov/）

沃尔夫便开始用望远镜观测太阳黑子。除亲自进行观测之外，他还搜集此前其他天文学家的太阳黑子观测资料，最早的观测资料是伽利略及其同时代观测者留下的。沃尔夫整理的太阳黑子资料中，可供研究使用的每日太阳黑子数记录可推前至1818年，可用的黑子数月平均值数据可推前至1749年，年平均值数据可推前至1610年。在搜集整理这些资料的过程中，沃尔夫综合考虑各种因素，如望远镜的口径和焦距、观测方法、观测地点的大气透明度和视宁度以及观测者的熟练程度等，把不同来源的太阳黑子观测资料归算为可以直接进行比较的数据，于1848年提出了“太阳黑子相对数”的概念，并给出相应的计算方法，这一概念至今仍被太阳工作者所使用。

经过几年的仔细观测和资料整理，最终，沃尔夫发现太阳黑子数变化周期平均为11.1年。从历史上看，最短黑子周期为9年，最长周期为14年，

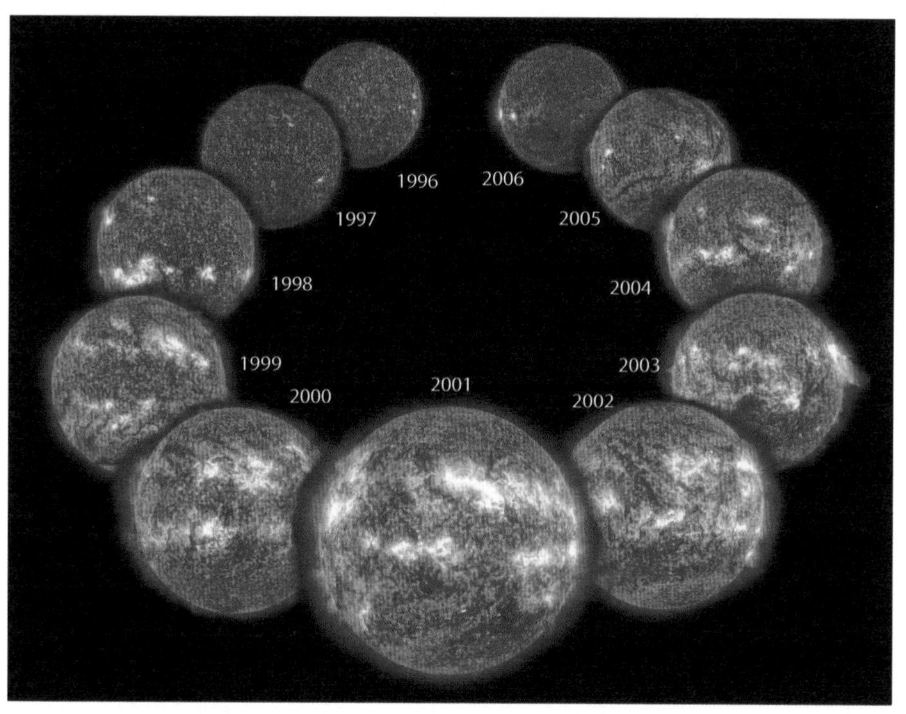

一个太阳活动周期中（1996—2006），紫外波段的太阳亮度变化。（图片来源：NASA）

不同周期之间黑子数的差异非常明显。沃尔夫还提出，将太阳黑子数从一个极小到另一个极小之间的一段时间规定为一个周期，并将1755—1766年的周期确定为第一个太阳活动周。这样，关于太阳活动周期的具体时间和顺序，全球天文学家有了统一的说法。目前，太阳处于第25个太阳活动周，该太阳活动周开始于2019年。

太阳表面黑子数的多少呈现周期性变化，这是一个非常有趣的现象。它吸引了更多天文学家对太阳黑子进行观测研究。

19世纪60年代，天文学家卡林顿和斯波勒分别发现，在新的太阳活动周开始时，新生黑子群在太阳南北半球都可能出现，大致位于纬度 ±30°附近。随着太阳活动周的进展，新生黑子群出现的位置逐渐向赤道靠近。在太阳活动极大期，新生黑子群一般出现在 ±15°附近；在太阳活动周的末期，新生黑子群一般出现在 ±8° 附近。新生太阳黑子出现的纬度位置随太阳活动周发展而变化的规律，叫作斯波勒定律。后来，天文学家观测到，在每个太阳活动周即将结束时，新周期的黑子群往往已开始在高纬度出现，而旧周期的黑子群仍在低纬度出现。新旧周期黑子群同时出现的局面大约可持续一年左右。

太阳表面的黑子常常成对出现，两个黑子大致呈东西方向分布。随着太阳自转，两个黑子一前一后在太阳视圆面上自东向西移动。习惯上，天文学家把位于前方（西侧）的黑子称为前导黑子，位于后面（东侧）的黑子称为后随黑子。1908年，美国天文学家海尔开始利用自己研制的仪器对太阳黑子的磁场进行测量。经过10多年坚持不懈的测量，海尔发现了黑子磁场分布和变化的一些规律：①在一个约11年的太阳活动周期内，太阳同一半球中（南半球或者北半球），几乎所有双极黑子的磁场极性分布情况都相同。也就是说，所有前导黑子的磁场具有相同的极性，所有后随黑子则是另一种极性。②同一个活动周内，太阳南半球中双极黑子的磁场极性分布与北半球的情况正好相反。③当下一个活动周到来后，太阳南北两个半球的双极黑子的磁场

太阳上的双极黑子 AR3085。（图片来源：SDO/Gsfc/NASA）

极性分布情况发生对换。因此，按照海尔的新发现，一个完整的太阳黑子变化周期应该是 22 年，这被称为太阳活动周期的海尔定律。

20 世纪中期，随着磁场测量灵敏度的提升，在具有强磁场的太阳活动区以外，天文学家还发现了很多小尺度的弱磁场。太阳两极附近的区域也存在这种较弱的磁场。当太阳活动处于低谷，也就是黑子数少的年份（谷年）时，南北两极的整体磁场极性通常是相反的，这时候整个太阳的磁场大体上构成一个像条形磁铁一样的偶极磁场，称为极向磁场。而在太阳活动高峰阶段，也就是黑子数多的年份（峰年），极区磁场的极性会发生反转。

太阳黑子的数量、位置和磁场极性的变化是太阳活动周期的典型表现，随着太阳活动周的进展，太阳耀斑和日冕物质抛射等其他太阳爆发事件的发生频度也随太阳活动周而变化，显示出周期性。从根本上看，太阳活动周期本质上是其磁场变化周期。斯波勒定律和海尔定律表明，太阳磁场变化具有规律性，这可能依赖背后的某种物理过程。那么，产生太阳活动周期的具体过程是怎样的？它们的根源在哪里？近百年来，太阳物理学家一直试图解答这些难题。

20 世纪 50 年代，美国天文学家巴布科克父子基于前人和自己的观测，提出了太阳活动周形成的经验模型。他们认为，太阳黑子周期是太阳大尺度磁场在太阳活动谷年的极向磁场与太阳活动峰年的环向磁场之间的周期性转换；太阳偶极磁场在太阳较差自转的作用下，被拉伸成为趋向赤道方向的环向磁场，这样的磁场在光球表面浮现为双极黑子，黑子磁场因扩散和对消而减弱，又重新转化为太阳偶极弱磁场，这样周而复始的转化形成太阳活动周期。

巴布科克经验模型不断得到改进和发展，但是，它不能完整地解释和预测太阳活动周的细节。为了准确理解太阳磁场的起源和周期性演化，天文学家借助磁流体力学的电磁感应方程，创立了“发电机理论”。太阳内部等离子体的运动感应产生并放大磁场，将动能转化成磁能。太阳发电机理论便是要解释这些磁场从太阳内部产生、上浮到太阳表面并发生周期性变化的规律。自 20 世纪 60 年代以来，太阳发电机理论取得了长足的进展。发电机理论研究的最终目标之一是要准确预测未来的太阳黑子周强度及其峰年和谷年的出现时间。目前，天文学家距离这一目标还有不小差距，因为人们对太阳内部一些关键过程的了解还非常不足。

未来，我们需要开展对太阳的多点立体观测，来提高利用日震学方法探测太阳内部参数的可靠性；另一方面，也要提升测量极区磁场的精度，极区磁场在一定程度上决定了下一个太阳活动周的强弱。然而，过去的太阳观测卫星或望远镜都是在黄道面上观测太阳，因而难以准确地观测太阳两极的磁场。2020 年 2 月，欧洲空间局和美国国家航空航天局共同发射了太阳轨道探测卫星（Solar Orbiter），它的轨道面将能够与黄道面成 30 多度的夹角，这使其有可能对太阳两极的磁场进行比较精确的测量，从而推动太阳活动周的相关研究。

为什么说地球磁场非常重要?

在宇宙中，地球是一颗微不足道的“暗淡蓝点”，然而它也是人类赖以生存的家园。无论在太阳系内还是太阳系外，天文学家至今还没有找到另一颗像地球这样的宜居行星。

跟太阳系中的其他行星一样，地球是一个球体。不过，严格地讲，地球近似于一个赤道略鼓的旋转椭球体：它的赤道半径为 6378 千米，极半径为 6356 千米，两者相差 22 千米。更加精细的测量表明，地球的南极和北极并不对称，相对于大地水准面或者说平均海平面而言，北极区高出约 18.9 米，南极区则下凹 24~30 米，用一个夸张的类比，地球的形状像一个梨的样子。

尽管科学家不能从地球表面钻探到地球中心，但他们通过探测地震，对地球的结构有了比较好的认识。从中心到地表，地球分为地核、地幔和地壳三个层次。地球的最外层是地壳，它的平均厚度仅 33 千米，海洋部分地壳的平均厚度为 6 千米，大陆部分的地壳厚度为 30~50 千米。地球表面有辽阔的海洋，还有宽广的大陆，海洋占地表总面积的 70.8%，陆地占 29.2%。

人类和各种动植物之所以能够在地球上生存，是因为地球周围有一层厚厚的大气。地球海平面的气压为一个大气压，相当于 101325 帕。在高度 100 千米以下，地球大气的主要成分是氮气和氧气，它们分别占总体积的 78.08% 和 20.95%，此外还有少量的氩、水蒸气和二氧化碳等。地球表面的陆地、海洋和大气构成了一个适宜众多动植物生存的良好生态圈。

地球大气层还有保护地球生物的作用，它可以烧蚀掉来自太空的部分陨石，阻挡宇宙线高能粒子。在高度15~35千米的地方有一个臭氧层，它可以吸收来自太阳的紫外线，保护人类不受伤害。地球之所以成为太阳系内独一无二的宜居行星还有一个重要因素，那就是磁场。

很久之前，通过简单的磁现象，人类已认识到地球具有磁场。在这方面，我们的祖先走在了世界的前列，他们发明了指南针，为世界文明做出了重大贡献。如今，凭借先进的科学技术，科学家对地球磁场进行了精细的测量。在近地球表面，磁场大致表现为偶极磁场，好像在地球内部有一个巨大的棒状磁铁。地球偶极磁场的中心轴与地球的自转轴并不重合，两者夹角约11°；中心轴也不经过地心，磁场对称中心向南偏离地心约460千米。可见，地球的地理南北极与其南北磁极并不重合。

为什么地球拥有磁场？这是一个不容易回答的难题。只有详细了解地球的内部结构等具体情况后，科学家们才可以给出令人信服的解释。1995年，美国科学家格拉茨梅尔和罗伯茨利用物理方程较好地解决了地球磁场产生和维持的问题，得到了同行的认可。在地球的中心是半径约1200千米的固态地核，它之外约2200千米的厚度内是液态地核，液态地核的化学成分主要为铁和其他金属。地核中心温度高达6000K，而外面的地幔温度约3800K，地球内部热量由地核中心向外传播，在液态地核中形成对流运动，再加上地球具有自转运动，液态地核中形成环形电流，从而产生地球外部的宏观磁场。

从太阳发出的太阳风来到地球附近，与地球磁场相互作用，在地球附近形成一个被太阳风包围的地球磁场主导的区域，这个区域被称为地球磁层。太阳风将地球磁场向背离太阳的方向推挤，使得磁层形成一个外形类似彗星的复杂结构。太阳风与地球磁层的交界面被称为磁层顶，它是地球磁层的外边界。磁层顶的形状和位置决定于太阳风压力与地球磁场压力的大小比较。在太阳活动周期的极小阶段，朝向太阳方向的磁层顶距离地心约10个地球半

地球磁层。（图片来源：NASA）

径，在极大阶段则被压缩至 5~7 个地球半径。在背离太阳方向，磁层顶大致呈柱状延展约 200 个地球半径，其截面半径约 20 个地球半径。地球磁层随地球自转，磁层中的带电粒子与磁场有相对运动，致使磁层中形成多种电流系统，包括磁层顶电流、中性片电流、环电流和场电流等，这些电流可以改变地球外部磁场的大小和方向。

地球磁场会发生各种各样的变化，其中，地球偶极磁场的磁极翻转最受人们关注。由于地球的地质活动，海洋洋底处在不断的变化中。以大西洋为例，它的中部洋脊不断向外流出熔融的玄武岩浆，这些岩浆对称地向两侧扩展。在岩浆冷却的过程中，受到地球磁场的磁化作用，冷凝的岩浆保留了从前的地球磁场信息。20 世纪 60 年代，科学家们通过研究洋底岩石，发现地球磁极可能发生过翻转，也就是地磁两极的磁场极性彼此对换，N 极（北极）变为 S 极（南极），S 极则变为 N 极。研究表明，地球磁极发生翻转没有固定的周期，间隔从 4 万年到 3500 万年不等。每次磁极翻转需 1000~10000 年完成，地球磁极的上次翻转发生在 75 万 ~78 万年前。

在磁极翻转期间，地球磁场会变得不规则，且强度明显减弱，也许会短暂消失。这样地球会暴露在太阳风和宇宙线的轰击下，可能会使某些生物灭绝。

很久之前，人类就认识到地球的磁场并利用它，使之服务于生产和生活。小磁针在地球磁场的作用下永远指向南北方向，利用这一特性，我国古代发明了辨别方向的工具——指南针，并将这项发明传播到世界各地。早在 12 世纪，海上航行就靠指南针指引航程。如今，野外旅游、探险及一些科学实验还要依靠它。地球磁场能够磁化地壳中的部分金属，在富藏铁等金属的地区，地球磁场往往会出现异常，探矿工作者则根据这一特点来寻找矿藏。在生物界，地球磁场跟动物的先天习性建立了联系，科学研究发现，某些候鸟和海洋动物作长途迁徙也依靠地球磁场导引行程。

极光是地球高纬度地区经常出现的一种自然现象。在北欧、俄罗斯北部和加拿大北部的居民对它非常熟悉，这里的民族文化中流传着不少关于极光的传说。现在，人们已经知道，发生在地球大气中的极光现象与地球磁场和太阳活动有着密切的关系。

当太阳活动区磁场能量释放，发生耀斑和日冕物质抛射时，大量高能带电粒子（太阳风）冲向地球。这些带电粒子在地球磁场作用下，冲向地球的南北两极地区，进入高层大气，使得其中的原子和分子发生受激辐射，表现为彩色可见光——这就是在地球高纬度地区天空中出现的多姿多彩的极光现象。

北极附近地区的极光。（图片来源：https://aurora-nights.co.uk/）

科学家近期研究发现，火星磁场的逐渐减弱和消失，使得太阳风可以轻松袭击火星，导致它不断失去周围的二氧化碳气体，所以，火星逐渐演变为今天仅有稀薄大气的状态，并成为一个荒无人烟的行星。试想，如果没有地球磁场，在太阳风的不断吹打下，地球高层大气包括臭氧层很可能也会逐渐散失掉。这样一来，太阳风、紫外线和宇宙线等高能辐射将成为地球的直接威胁，它们直接袭击人类和其他生物，带来病变甚至死亡。高能带电粒子和高能电磁辐射还会损毁人造卫星等空间仪器，破坏地面的生产和生活设施，致使人类的正常活动陷入困境。可见，没有地球磁场，地球就不会成为一颗宜居行星，也就不会有繁荣昌盛的人类文明。

月球是怎样形成的?

月球是地球唯一的天然卫星，它是天空中除太阳外另一个非常显著的天体。月球的平均半径为1737千米，略大于地球半径的1/4，它到地球的平均距离为384400千米。月球的平均视直径约31角分，看上去跟太阳一般大小。从很早之前，天文学家就开始探究这颗星球的奥秘，截至21世纪20年代，月球是人类唯一亲自登陆过的地外星球。

自20世纪50年代人类进入太空时代以来，月球探测取得了一个又一个举世瞩目的成就。1959年10月4日，苏联发射月球3号，它是首个成功环绕月球并发回月球表面照片的空间探测器。1969年7月16日，NASA成功发射阿波罗11号，7月20日，美国航天员阿姆斯特朗成为首次踏上月球表面的人，这是人类空间探测历史上的一个里程碑事件。

在探测月球这一领域，我国科学家也取得了令国人自豪也令国外赞赏的成绩。2007年10月24日，我国成功发射嫦娥一号。2020年11月24日，我国成功发射嫦娥五号；12月17日凌晨，嫦娥五号返回器携带月球样品安全着陆地球。至此，我国科学家成功实现了探月工程第一阶段“绕落回”的目标。未来我国还将进行载人登月，在月球建立永久基地，进行月球探测以及其他科学实验。

嫦娥五号在月球表面。[图片来源：中国国际电视台（CGTN）]

我国的玉兔月球车在月球表面。[图片来源：中国国家航天局（CNSA）]

月球表面的地形

月亮光线柔和，适合用眼睛直接观察。我们很容易发现月球上有些区域明亮，有些区域黑暗，古人根据浪漫的想象，认为上面有桂树和玉兔。17 世纪，天文学家认为，月球上的黑暗区域是水的海洋，因此称它为月海。实际上，月海不是水的海洋，由于月海物质对太阳光的反射率低，看上去才显得黑暗，月海实际是地势较低的广阔平地。月海之外的明亮区域被称为月陆，月陆高出月海大约 1~3 千米。

1609 年，伽利略发明了天文望远镜，它极大地推进了人们对天体的了解，其中就包括月球。在望远镜的视野中，月面上，特别是月陆部分，有许多中间凹陷、四周高耸的圆坑，它们被称为陨击坑，又叫环形山。陨击坑大小不一，月球正面的第谷环形山和哥白尼环形山非常明显。部分陨击坑周围存在向四周远处延伸的明亮条纹，叫作辐射纹，有些辐射纹可以延伸几百千米。用望远镜还可以看到月球上的山脉，它们往往围绕在月海的边缘，连绵不断。最著名的亚平宁山脉位于月球正面雨海的南部，这是月球上最长的山脉，绵延 1000 多千米。如果用口径再大一点的天文望远镜，我们还能够发现月球表面延伸的凹陷谷地，长达几百千米到上千千米，宽约几千米到几十千米，这是月球上的月谷，小规模的月谷被称为月溪或沟纹。

对于月表地形特征的形成原因，科学家们得出了可信的研究结论。月球形成后，不断遭受外来天体的撞击，从而在月球表面形成大范围的盆地，后来，地下喷发出的熔融玄武岩填充盆地底部，形成了月海。后期月球上没有类似地球板块运动的构造活动，因此保留了早期火山活动的地形特征，月海中月谷和月溪正是火山活动留下的特征。那些没有填充玄武岩的盆地不能成为月海，月球背面有较多这样的盆地。月球表面的陨击坑从地形上看跟盆地相似，为了区分两者，天文学家以直径 300 千米为界，大的定为盆地，小的则为陨击坑。关于陨击坑的形成，从前有部分天文学家主张火山成因。通过更多的观测事实，人们已经认识到陨击坑是陨星或陨石撞击产生的。有的陨星撞击还向四周抛出撞击熔融物，形成放射状的辐射纹，辐射纹常常与年轻的大型陨击坑相伴。

月球面向地球的一面，可以看到月海、月陆、环形山及辐射纹等地形特征。

月球远离我们而去

20 世纪 60 年代末到 70 年代初，美国航天员登上月球，在月球表面安置了一些测量仪器，其中包括反射电磁波的装置。利用这台反射装置，天文学家精确测量了地月之间的距离，他们惊奇地发现，目前，月球正以每年 3.8 厘米的速度远离地球。是什么原因导致月球远离地球的？

月球和地球之间的引力在地球上引起海水潮汐现象。由于潮汐传播方向与地球自转方向相反，在地球内部物质的摩擦作用下，地球的自转速度减慢。由于地月系统的总角动量守恒，这就使得月球逐渐远离地球。科学家们通过研究珊瑚化石，发现远古时代地球的一天和一个月的时长比现在短，这是地球自转变慢的证据。

那么月球远离地球的运动何时会停止？在潮汐作用下，只有在地球自转和月球公转相匹配的情况下，月球远离地球的运动才会停止。此时，地球以同一面朝向月球，一天的时长等于一个月的时长。现在，冥王星和它的卫星卡戎就处于这种匹配状态。根据天文学家的推算，月球远离地球的运动要持续很长时间，在它停止远离地球的时候，太阳或许已经演化成了一个红巨星。

月球的起源

凭借月球距离地球最近的优势，天文学家可以得到丰富的观测资料，也可以发送探测器去月球直接探测或者带回它的岩石样品，因此，相比其他更遥远的天体，天文学家对月球有了更加透彻的了解。不过，对于月球，目前仍有许多谜团有待探索。

月球的形成方式就是天文学家仍在探究的一个问题。关于月球的起源存在四种学说：分裂说、俘获说、同源说和撞击说。分裂说认为，太阳系形成初期，地球处于熔融状态，且地球自转速度很快，约为现在的 6 倍，强大的离心力加上太阳的潮汐作用，在地球赤道区形成一连串细长的膨胀体，最终

月球可能来源于太阳系形成早期、火星大小的一个天体与地球的相撞。（图片来源：NASA）

分裂出去形成月球。俘获说认为，月球原来可能是绕太阳运转的一颗小行星，由于轨道接近地球而被地球俘获，成了地球的卫星。同源说认为，地球和月亮都来自太阳系星云的不断演化，它们各自同时形成。这三种学说在一定程度上都可解释月球的形成，但是也存在不少难以解释的物理化学属性。

目前占优势地位的月球成因学说是撞击说。天文学家指出，在太阳系早期，行星形成的过程中存在大量碰撞现象。一个火星大小的天体（忒伊亚）撞击地球，撞击飞溅出的熔融物质围绕地球形成一个圆环面，圆环面中的物质聚合成为月球。太阳系在大约 45.7 亿年之前形成，月球在此后约 1 亿年形成。尽管撞击说可以解释更多的观测事实，但在许多细节上它还面临不少困难或不确定性，有待进一步探讨。

2014 年，法国洛林大学的纪尧姆·阿维丝和伯纳德·马蒂再次探究月球形成的撞击说。两位天文学家利用形成于几十亿年以前、分别来自澳大利亚和南非的两块石英晶体，通过检测石英中的氙元素，得出一个新结果：或许月球形成比原来以为的时间早 6000 万年，也就是说，月球可能在太阳系形成之后 4000 万年形成。这是对于月球形成时间的一种新见解。

20 世纪 60—70 年代，美国通过阿波罗计划从月球带回 382 千克岩石样品，天文学家分析月岩样品发现，氧同位素在月岩和地球中的含量情况表现出惊人的一致。以此为前提，天文学家试图建立完善的关于月球形成的撞击说理论。实际上，这一前提又给撞击说制造了困难，它要求撞击天体忒伊亚跟地球具有相同的化学成分。在太阳系形成初期，如果忒伊亚来自比地球更远离太阳的地方，那么它跟地球的化学成分不可能相同，正如小行星带外侧的气态巨行星跟地球的化学成分区别非常大一样。为了克服这一困难局面，英国达勒姆大学物理系的天文学家雅各布·凯格雷斯等人利用高性能的计算机以及先进算法，通过模拟的方法建立了撞击说的新模型。

在这个模型中，撞击飞溅出的物质并非熔融物质，它们也没有形成围绕地球的一个圆环面。撞击飞溅出的物质分为三个部分，分布在大致相同方向的一个窄带区域。最外面的部分主要由地球物质和少量忒伊亚残余物质组成，它们最终形成月球。里面是大量忒伊亚残余物质，又分为外忒伊亚残余物质和内忒伊亚残余物质两部分，其中内忒伊亚残余物质将角动量传递给外面两部分，并最先快速落入地球。随后，外忒伊亚残余物质也落向地球，最终只有最外部的部分物质形成月球。这是雅各布·凯格雷斯等人于 2023 年进行的研究工作，它克服了之前的撞击说面对的部分困难。不过，这项研究工作也并非完美无缺，月球的起源之谜仍需人们继续探索。

为什么水星像一个大铁球？

太阳系中八颗行星围绕太阳公转，水星距离太阳最近，两者之间的最近距离约 4700 万千米，最远距离约 7000 万千米。在地球上观测，水星与太阳之间的最大角距为 28° 。因此，在大部分时间里，水星非常靠近太阳，它伴随太阳从东方升起，又伴随太阳在西方降落。这样一来，水星常常淹没在强烈的阳光中，不容易被观测到。只有在日落后的西方低空，或在日出前的东方低空，人们才能够找到这个小小的光点。跟另外两颗类地行星相比，水星没有金星般耀眼的亮光，也没有火星般红红的面容，最容易被人们忽略。

水星的半径为 2440 千米，略大于地球半径的 1/3，在八颗行星中体积最小，比太阳系中两颗最大的卫星木卫三和土卫六还要小。水星的质量约为 3.3×10^{23} 千克，仅为地球质量的 5.5%。

水星不经常露面，再加上它“个头”较小，长久以来，人们对它了解得不多。1973 年 11 月，NASA 成功发射水手 10 号空间探测器。1974 年和 1975 年，水手 10 号对水星进行了三次近距离观测，尽管仅拍摄到水星表面 45% 的区域，但是它将水星的真实面貌首次呈现在人们眼前。粗略看去，水星地表与月球非常类似，但是水星表面的地况更加凌乱，到处是陨击坑和古老的熔岩流，还有平原、山脉和悬崖峭壁。水星表面的最大陨击坑叫作卡路里盆地，它的直径达 1550 千米，周围的环形山高达 2 千米，陨击溅射沉积的丘脊在环

水星表面看上去同月球相似。（图片来源：https://www.quora.com/）

形山外可延续 1800 千米。

度日如年

水星不是如地球般的宜居世界，将来人们登陆水星后，它干枯凌乱的地表大概不会成为普通人感兴趣的风景。但是，水星天空中悬挂的硕大太阳一定会令人惊讶，其角直径是地球上看到的 2.1~3.2 倍。同样令人惊讶的还有水星上的“度日如年”。

度日如年的意思是过一天像过一年那样漫长，常用它表示时光难熬。可是天文学家说，在水星上，度日如年是一种正常状态，因为水星一天的时长等于两年。这是怎么回事呢？

天文学家观测天体的运动经常以遥远的恒星为参考系，在这种情况下，人们测出水星围绕太阳公转一周需 88 个地球日，在八颗行星中它用时最短；但是，水星自转却非常缓慢，自转一周的时间长达 58.6 个地球日。不过，水星相对遥远恒星而言的自转周期不是水星上一天的时长。水星上一天的时长是指以太阳为参考系，水星自转一周需要的时间。在水星上某个地点观看，太阳连续两次经过日中天所用的时间才是水星上的一天。太阳系中所有行星上的一天都是如此定义的，包括地球。行星相对遥远恒星自转一周被称为恒星天。天文学家已经总结出一个计算公式：

$$\frac{1}{\text{行星上一天的时长}}=\frac{1}{\text{行星自转周期}}-\frac{1}{\text{行星公转周期}}$$

考虑地球的情形，由于地球公转周期（365 天）是地球自转周期（23 小时 56 分）的三百多倍，所以地球一天的时长（24 小时）约等于地球的自转周期。对于水星，它的自转周期为公转周期的 2/3，利用公式进行计算，可得水星的一天为 176 个地球日，这是水星公转周期的 2 倍。出现这种情况的根源是水星的自转周期与公转周期相差不大。

如果比较八颗行星的公转轨道，水星仍有独特的表现，其椭圆轨道的椭率最大，或者说，其公转椭圆轨道最扁。再考虑到水星公转快、自转慢的特性，在水星上某些特定的地点，由于自转和公转速度的叠加，人们能够看到非常奇特的日出日落景象：当太阳快速升起后，它会随即又降落下去，然后重新升起；日落时则是迅速降落，随即又迅速升起，然后再次降落。我们盼望未来能够去水星体验这些让人目瞪口呆的日出日落奇观。

最极端的温差

在水星上观察和欣赏那里的奇观，必须做好应对恶劣环境的准备。水星环境恶劣的一个表现是水星表面存在巨大的温差。面向太阳的一面在太阳光的照射下会变得极端灼热，最高温度可达到 427℃；背向太阳的一面失去了强烈的阳光，则变得极端酷寒，最低温度可降至 −173℃。太阳系八颗行星中，这样极大温差的行星环境为水星所独有。

为何水星向阳面和背阳面会产生如此巨大的温差？一方面，由于水星距离太阳非常近，获得的太阳辐射能量足够多，太阳连续照射时间长，这些因素都使得向阳面的温度急剧升高；另一方面，水星表面仅有极端稀薄的微量气体，大气压小于地球大气压的千亿分之一，主要成分为氢、氦、氧、钠、钾、钙和水蒸气等，这样稀薄的气体不能够保存白天得到的热量，从而使得背阳面温度降低到非常低的状态。

信使号

2004 年 8 月 3 日，NASA 成功发射信使号水星探测器。2011 年 3 月 18 日，该探测器进入环绕水星的轨道，成为首个围绕水星的轨道探测器。2015 年 4 月 30 日，信使号按计划坠毁在水星表面，结束了为期 4 年的水星轨道探测任务。信使号获得了丰富的数据，让人们对水星的认识再次向前迈进了一大步。

根据之前的观测，天文学家曾经推测水星上可能有水。此次，信使号在水星两极地区的陨击坑中发现了水冰，证实了这一推测。由于水星体积较小，散热快，这可能导致水星不会有自己的磁场。但是，水手 10 号早前发现水星有微弱的双极磁场，且测得的磁场强度仅约为地球磁场强度的 1%。为了弄清水星的磁场情况，信使号再次探测水星磁场，最终不仅探测到水星拥有磁场，还发现水星南北两个半球的磁场不对称，北极的磁场强度是南极的三倍。

信使号携带的高清照相机是观察水星的一个利器，天文学家用它看到了水星上早期火山的证据，也看到了熔岩流淹没陨击坑等地形特征的痕迹，还观察到与火山过程有关的广阔熔岩平原。此外，信使号还发现：自水星形成后，因星体冷却，其半径已经缩减了 7 千米；水星表面的物质中富含硫元素，远高于地球和火星表面的硫含量。

高密度的大铁球

根据多种探测数据，天文学家大致弄清了水星的内部结构。水星由中心核球、中间的幔层和最外的壳层三部分构成，其中，水星的中心核球又分为

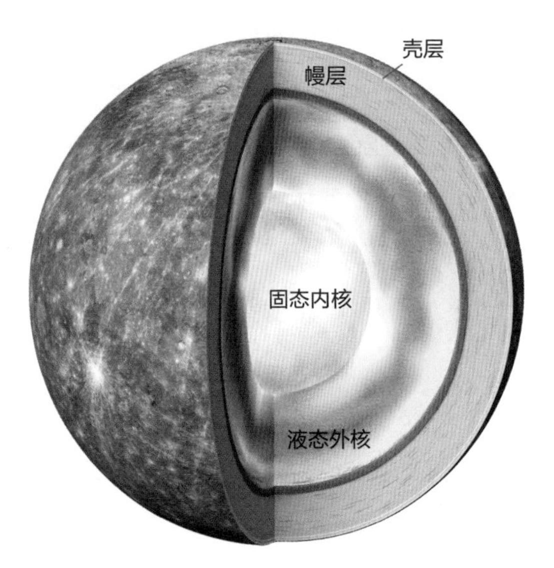

水星的内部结构。（图片来源：NASA）

内部的固态铁核和外面的液态铁核，这跟地球如出一辙。如果仔细对比四个类地行星的内部各层的大小，人们会发现水星有其独特的表现。水星核球半径为 2074 千米，是其总半径的 85%，水星核球占其总体积的 61%。对比地球，地球核球只占总体积的 17%，远小于水星的比值。水星幔层和壳层两者加在一起总厚度近 400 千米，占水星半径的 15%，远远小于地幔和地壳在地球半径中的比值。从化学成分看，水星核球主要成分是铁，幔层和壳层的主要成分是密度较低的硅酸盐。

在八颗行星中，水星体积最小，但是它的密度为 5.4 克 / 厘米 ^{3}，仅次于地球的 5.5 克 / 厘米 ^{3}。如果不考虑巨大质量引起的压缩效应，地球的密度将变为 4.4 克 / 厘米 ^{3}，这个数值比水星的密度小不少。水星非常大的密度正是其具有巨大核球的体现，水星核球是一个铁质核球，使得水星中铁的含量达到总质量的 70%，这样看来水星就像一个“大铁球”。

在太阳系中靠近太阳的内层区域，为什么会出现水星这样的高密度“铁”行星？对此，许多天文学家进行研究，试图找出其中的原因。有的天文学家指出，在太阳星云中存在特殊的物理过程，使得靠近太阳的地方形成了一个铁元素含量较高的区域，水星就是在这个区域中形成，因此，水星中铁的含量较高。另一些天文学家则认为，四颗类地行星形成时，它们的铁元素含量相同，但是在形成过程的后期，水星受到其他天体的撞击，或者因为某种蒸发过程导致幔层和壳层的质量散失，造成了如今水星铁核比例过大的现状。目前，更多的天文学家倾向于第二种方案。如果天体碰撞是事件的元凶，那么，是一次剧烈撞击还是多次中小规模撞击？这些疑问有待人们将来对水星进行进一步探测和深入的理论研究后来回答。

2018 年 10 月 20 日，欧洲空间局（ESA）和日本宇宙航空研究开发机构（JAXA）联合研制的贝比科隆博号水星探测器成功发射，这是迄今为止人类的第三个水星探测器。预计它将于 2025 年进入围绕水星运转的轨道。它携带着水星行星轨道器和水星磁层轨道器，将对水星做更深入的探测。或许它可以揭示水星的更多谜题，特别是为什么水星像一个大铁球。

水星和地球的大小比较。（图片来源：NASA / APL）

金星是地球的姊妹行星吗?

按照八颗行星距离太阳由近到远的顺序，金星位列第二，内侧为水星，外侧是地球。金星到太阳的平均距离为 1.08 亿千米。从地球上观看，金星与太阳的角距不会超过 48° 。作为地内行星，金星跟水星的情况相同，它仅出现在夜空的有限范围内，即太阳落山后的西南方天空，或者太阳升起前的东南方天空。金星是除月亮之外夜空中的最亮天体，最亮时它的星等达 –4.5 等。古代，我们的祖先把凌晨时的金星称为启明星，把黄昏后的金星称为长庚星。不管叫启明星，还是长庚星，金星悬挂在天空，看上去像一颗亮晶晶的宝石，晶莹剔透，特别引人注目。

是什么原因让金星在夜空中如此明亮？首先，金星距离太阳比日地距离小约 1/3，它获得的太阳光照比地球多一倍。其次，金星周围包裹着一层浓厚的大气，它的反照率在太阳系八颗行星中名列第一，高达 0.76，也就是说，照射在金星上的太阳光有超过 3/4 被金星反射出去。对比地球和月球，它们的反照率仅分别为 0.39 和 0.07。此外，金星是地球最近的行星邻居，两者距离最近时只有约 4000 万千米。

同地球一样，金星也是一颗拥有固态表面的类地行星。金星的半径约为 6052 千米，相比其他行星，它与地球半径（6371 千米）最接近，体积为地球体积的 85.7%。金星的质量约 4.869×10^{24} 千克，为地球质量的 81.5%。不论个头大小，还是质量多少，金星与地球都非常接近，两者好似一对姊妹行星。如果站在金星上，人们的体重仅减少约 10%，远远小于在火星和水星上的变化。这样一来，在金星上走路、跑步，或者做其他事情，人们应该不会明显感觉到身处另外一个星球的异常。

金星和地球常被人们称为姊妹行星，还因为它们具有相似的内部结构和化学成分。金星和地球都由中心的核球、中间的幔层和最外的壳层三部分构成；它们的核球主要由金属构成，幔层由岩石构成，壳层由坚硬的岩石质物质构成；两个行星的三层结构的厚度占比也大致相仿。金星壳层的化学成分主要包括氧、硅、铝、铁等，这与地球的情况也大致相似。

天文学家推断，金星和地球很可能诞生于太阳星云中相近的区域，才造就了两个星球的诸多相似属性，让它们成为太阳系行星中的一对“孪生姊妹”。不过，如果我们从更多方面考察金星，会发现它有许多匪夷所思的独特表现。

八颗行星都围绕太阳公转，同时它们也在自转。行星的公转和自转表现出一些共性。比如，它们的公转轨道具有近圆性、同向性和共面性，即行星

金星与地球的大小比较。（图片来源：NASA）

的公转轨道都接近圆形，轨道运动的方向都相同，且它们的轨道面大致位于同一个平面上。行星的自转也具有共性，比如，大多数行星的自转方向相同，从行星的北极上方俯瞰，自转均沿逆时针方向进行。但是，金星是一个异类，从其北极上方看去，它却沿顺时针方向自转。在金星上，如果那里的天空不被浓厚的云层遮挡，每天人们都会看到太阳从西方升起，在东方降落。

金星自转的另一个奇特表现是速度非常缓慢，以遥远的恒星为参考系，金星自转一周需要 243 个地球日，这是它的一个恒星天的时长。而金星公转一周花费的时间，即其恒星年是 225 个地球日，明显短于它的恒星天。如果以太阳为参考系，金星自转一周的平均时间为 117 个地球日，这是金星上一天（太阳连续两次升起或降落之间的时间间隔）的时长。

至今，天文学家也没有搞明白金星逆向自转的原因，但是，他们猜测，在金星形成早期，一个天体与原始金星发生碰撞，导致它的逆向自转以及自转速度的减慢。也有天文学家猜测，在过去的数十亿年中，作用在金星浓厚大气层上的潮汐力减缓了金星的自转速度。

金星的另一个不可思议之处是其表面地狱般的环境。它的周围包裹着一层浓厚的大气，主要成分是二氧化碳，还有少量的氮气和水蒸气等气体。金星表面气压达到 92 倍大气压，相当于水下约 1000 米深处的压力。由于二氧化碳气体有强烈的温室气体作用，使得金星表面温度高达 470℃，且不分白天和黑夜，高温一直持续，也不分纬度高低，处处如此。在太阳系八颗行星中金星地表温度最高，这样的高温足以熔化金属铅。金星大气的上层还有一层厚厚的硫酸云，主要由腐蚀性硫酸组成，还含有少量的盐酸和氟化氢。硫酸云呈黄褐色，它会遮挡部分阳光，使得金星地表昏暗阴沉。总而言之，金星表面是一个高温、高压、干燥、昏暗、具有强腐蚀作用且没有季节变化的不毛之地，完全不适合人类生存，就连 20 世纪 60—70 年代苏联发射到金星的空间探测器，也因不能抵抗这样的恶劣环境而纷纷过早损毁。

金星表面的地形特征以及地质状况又如何？目前的金星表面没有液态水

金星表面有一层厚厚的大气，由水手 10 号拍摄。（图片来源：NASA/JPL-Caltech）

的海洋，这是它与地球的又一个重大区别。金星表面的各种地形地貌大致有三个成因，分别是陨星撞击、火山活动和地质结构变化。第一个成因是外来天体的撞击，使得金星表面形成陨击坑。金星上散布着约 1000 个年轻陨击坑，明显多于地球，并且所有陨击坑的直径都超过 2 千米，这表明只有较大的陨石才能够最终落到地面。第二个成因是火山活动，它是目前金星地貌的主要塑造者。金星表面广泛分布着火成的低地平原，平原上有火山熔岩流的弯曲流床。金星上还有约 1100 个火山构造，既有大小不一的盾形火山，也有较小的“烤饼”状火山穹，还有所谓的蜘蛛网结构。金星地貌的第三个成因是其地质构造的运动和变化。金星上有一些高低起伏的山脉和山谷，它们约占金星表面的 15%；还有一种所谓的“镶嵌地块”，其形成年代久远，约占金星表面的 8%，这些是地质构造运动和变化的产物。

浓厚的金星大气和浑黄色云层阻碍了人们对金星地貌的了解，天文学家不得不发射空间探测器到金星近旁，利用射电和其他手段进行探测。从目前得到的资料看，金星的地形地貌以及地质状况都与地球有着不小的差别。此

金星表面状况（艺术构想图）。（图片来源：ESA/AOES）

外，金星没有卫星，也没有固有的磁场。由此说来，地球和金星这对“孪生姊妹”实际上有些名不副实。

火山活动在塑造金星地貌的过程中起着重要作用。目前，金星上有没有仍处于活跃状态的火山？多年来，这个问题是天文学家探究的热点。欧洲的金星快车探测器（VEX）曾给出了一些间接证据。2023 年 3 月，美国阿拉斯加大学费尔班克斯分校的地球物理学家罗伯特·赫里克等人，利用 20 世纪 90 年代麦哲伦号探测器获得的雷达成像数据，发现了正处于活跃状态的火山。水是影响金星地貌的关键因素，一些天文学家推测，金星早期跟地球早期相似，有大量的水和相同的初始气体成分，后来两颗行星向不同方向演化，造成了如今迥异的表面环境。金星早期到底有没有海洋？导致金星表面环境演化的原因是什么？金星的演化是灾变性急剧变化，还是一个漫长的历史渐进过程？金星仍有许多谜团等待破解。

2017 年，英国卡迪夫大学的天文学家简·格里弗斯利用位于夏威夷的麦克斯韦望远镜（JCMT），在金星的云层中发现了包括磷化氢在内的一系列有趣的化学成分。2019 年初，格里弗斯等人利用功能更强大的阿塔卡马大型毫米 / 亚毫米波阵列（ALMA）再次进行观测，进一步确认金星上层大气中有磷化氢，他们推断磷化氢可能来自金星大气中的微生物。一石激起千层浪，这个消息点燃了众多天文学家的热情，他们纷纷将目光投向金星。有些天文学家则头脑冷静，对“磷化氢来自金星大气中微生物”的观点提出质疑。还有天文学家声称他们的观测没有发现磷化氢。对于这个问题，尽管天文学家还不能给出确定的答案，但并非全无收获，正是这些疑问在全球范围掀起了新一轮金星探测热潮。

从 1990 年前后算起，天文学家只成功发射了 3 个专门用于金星的空间探测器，它们是 1989 年 5 月美国发射的麦哲伦号、2005 年 11 月欧洲发射的金星快车和 2010 年 5 月日本发射的拂晓号。与同时代火热的火星探测相比，金星显得“门前冷落鞍马稀”。

欧洲的金星快车探测器（艺术构想图）。（图片来源：ESA）

近来，情况正在改变。NASA 的达芬奇号金星探测器（DAVINCI+）正在紧锣密鼓的研制中，它将专注于研究金星的大气化学。它会释放一个大气探测器，在长达小时量级的下降过程中，对不同高度的大气进行测量，试图回答金星是否曾经气候湿润且适合生命生存等重大问题。NASA 还有另一个叫作真相号（VERITAS）的金星探测项目，它类似于之前的麦哲伦号，以更高的分辨率测量金星地形地貌，以及金星的重力场和热辐射，试图回答金星和地球的演化为什么出现了巨大偏差等问题。欧洲空间局的展望号（EnVision）也配备了技术先进的雷达，它跟美国的真相号探测功能相似，但是侧重于局部探测。这三个探测器预期在 21 世纪 20 年代末至 30 年代初发射。我国也计划于 2026 年发射一个金星探测器——金星火山和气候探测器（VOICE），探测金星的地质演化以及可居住性。我们期待新一代金星探测器获得更多资料，拓展人类对金星这颗最近行星的认识。

人类是否可以将火星改造成宜居星球?

在繁星闪闪的夜空中，有一颗星泛着红色的光泽，在黄道附近的星座间不停地穿行。它有时向东运动，天文学家称这种情况为“顺行”；有时又向西后退，天文学家称之为“逆行”；在顺行和逆行转换的一段短暂时间内，它还会基本保持不动，此时叫作“留”。随着时间推移，这颗星的亮度会发生变化，最亮时可以达到 –2.8 等，当它暗下来时，则只有 1.6 等。这颗游移不定、亮暗不一的星，曾经让观星者困惑不已，因此，中国古代称它为“荧惑”。

这颗星就是火星，太阳系的八颗行星之一。火星的行为变化多端，自古以来，天文学家就高度关注它。我国古人常常将它在夜空中的运动状况和所处位置跟国家或皇帝的凶吉联系起来。比如，“荧惑守心”，即火星在心宿二附近停留，代表一个险恶的征兆。在古罗马和古希腊，占星家们常常将火星跟战争、瘟疫和死亡联系起来，以战神之名（Mars）称呼火星。

按照八颗行星距离太阳由近及远的分布，火星位于地球的外侧，处在第四的位置，它到太阳的平均距离为 1.52 天文单位。火星运动到距离地球最近时，两者相距只有约 5500 万千米。火星半径约 3390 千米，约为地球的一半，在八颗行星中仅大于水星。火星有地球一样的固态表面，它是一颗“个头”较小的类地行星。火星的自转周期为 24 小时 37 分钟，也就是说，火星上一天的时间跟地球的一天非常接近。此外，火星赤道面与其公转轨道面的夹角为 25.19°，这个数值跟地球的 23.45° 也非常接近，因此，火星上同样有一年四季的气候变化。作为地球近邻的类地行星，火星有许多跟地球相近的状况，因此，它一直是天文观测的热点，人们对这颗特别的行星充满期待。

对火星的探索

早期，天文望远镜的分辨率较低，天文学家对观测结果的判断存在主观猜想的成分。1877 年，正直火星大冲，意大利天文学家乔万尼·斯基亚帕雷利（1835—1910）对火星进行观测。他在火星表面观测到一些"沟渠"，意大利语为"canali"。当时，这一观测结果引起许多天文学家的关注。1879 年火星再次冲日时，斯基亚帕雷利做了进一步的观测，更加丰富了他的观测结果。不过，对于火星"沟渠"，当时众多天文学家的看法不一，部分天文学家持否定的态度。19 世纪末和 20 世纪初，美国天文学家帕西瓦尔·洛厄尔从事火星的研究工作。他宣布也观测到火星有许多"沟渠"，而且还将这些沟渠用英文"canal"表述。这个词语的意思是"运河"，代表人工开凿挖掘的河道。洛厄尔认为火星上有智慧生命，火星人可以开凿运河，进行农田灌溉。洛厄尔等天文学家的观点对人们产生了极大的影响，从此，火星生命成了一个热门话题，许多科学故事、科幻小说或科幻电影都以火星人为主题。

不管是火星的真实情况，还是关于火星的科学猜测，甚至科学幻想，都让天文学家和普通大众对这颗特别的行星更感兴趣，也更加强烈地向往。20 世纪 50—60 年代，人类开启空间探测，从那时起，人类发射的火星探测器数量远远多于太阳系其他行星探测器的数量。

1964 年 11 月 28 日，美国在佛罗里达州卡纳维拉尔角空军基地成功发射水手 4 号（Mariner 4）。1965 年 7 月 14 日和 15 日，水手 4 号飞越火星，距离火星表面最近时仅 9846 千米，它用随身携带的相机对火星表面 1% 的区域进行了拍摄。这是人类第一个成功观测火星的空间探测器。1971 年 5 月 30 日，美国成功发射水手 9 号（Mariner 9），它于半年后的 11 月 4 日来到火星近旁，在围绕火星的轨道上运转了 349 天，观测了火星表面 85% 的地区。1975 年，美国分别发射了海盗 1 号（Viking 1）和海盗 2 号（Viking 2）两个火星探测器，它们各自由一个着陆器和一个轨道器组成。两个探测器都非常成功，在火星上持续工作了比较长的时间。20 世纪 60—70 年代，苏联是另一个航天大国。早在 1971 年，苏联的火星 3 号的着陆器便成功登陆火星，但是仅仅约 20 秒后它就与地球失去了联系，因此，没有提供有用的观测资料。

20 世纪 80 年代，火星探测进入低潮。20 世纪 90 年代，人类又重新燃起火星探测的热潮。1996 年，美国相继发射火星全球探勘者号和火星探路者号，这两个探测器都成功实现了预期的科学研究目标。

进入 21 世纪，人类探测火星的热情更加高涨。2001 火星奥德赛号、火星快车号、勇气号、机遇号、凤凰号等众多探测器在 21 世纪的头十年中相继飞往火星。21 世纪的第二个十年，火星探测的势头依然强劲，其间成功发射的火星探测器包括美国的好奇号和洞察号、印度的火星轨道探测器等。

2020 年是值得纪念的一年，在这一年中有三个国家成功发射了火星探测器。7 月 20 日，阿拉伯联合酋长国发射了该国的第一个火星探测器——希望号。7 月 30 日，美国成功发射毅力号火星车，它还携带了机智号无人直升机。

2020 年 7 月 23 日，中国在文昌航天发射场成功发射天问一号。天问一号探测器由环绕器、着陆器和巡视器（祝融号火星车）组成，一次实现了三

天问一号和祝融号火星车在火星表面。（图片来源：CNSA）

种探测方式，它是我国行星探测的一个壮举，也赢得国外同行的赞誉。

恶劣的环境

100多年前，洛厄尔等人主张火星有智慧生命，火星人挖掘了运河，这种观点已经被现代观测事实彻底否定。近60年来，众多探测器对火星做了大量的观测和勘查，使人类对它的了解有了巨大的进步。空间探测器近距离观测发现，火星南北半球的地表状况有所不同：南半球多为高出基准面1000~4000米的高地，这里有许多陨击坑和盆地，它们的地质年代比较古老，看上去色泽暗淡；北半球大部分为陨击坑较少的平原、河床和沙丘地带，地势较低，地质年代相对年轻，看上去色泽较亮。在火星的南北两极地区覆盖着白色的极冠，它们的范围随季节更替而变化，白色极冠的主要成分是二氧化碳的冷冻凝结物，即干冰，以及少部分水冰。

火星上有太阳系最高的火山——奥林匹斯山，高度达26千米，它是一个盾形火山，底部直径达600千米，占地面积大约相当于我国江西和福建两省的面积之和。除了巨大的火山，火星上还有另一个引人注目的地理景观，即

火星上的水手谷。（图片来源：NASA）

水手谷。它是一个大峡谷，位于火星赤道偏南一点的位置，长度超过 4000 千米，最宽处约 320 千米，最深处达 7 千米。我国长度约 500 千米的雅鲁藏布大峡谷比水手谷小得多。

火星探测器的观测显示，火星上没有河流、湖泊和海洋，地表干燥，布满尘土，散布着形状不规则、大小不等的块块砾石。火星表面的大气非常稀薄，平均大气压只有地球表面气压的 0.6% 左右，主要成分是占比为 96% 的二氧化碳、少量的氩和氮以及微量的氧、一氧化碳、水和甲烷等。

由于火星没有浓厚的大气层，再加上火星距离太阳相较地球更远，这使得火星表面十分寒冷。同时火星表面的昼夜温差、季节温差和地区温差都非常大。在火星南北极地区的冬季夜晚，最低温度达 -140℃，而在赤道地区的夏季白昼温度最高可达 35℃。火星上常常发生气旋风暴，此时地表的沙尘会随风而起，弥漫低空。有时还会出现全球性的大尘暴，可持续几个星期，尘土遮天蔽日。

以上种种探测结果表明，现在的火星环境非常恶劣，不适合生物生存。但是，根据部分探测资料，有的天文学家认为，很久之前火星表面有河流、湖泊和海洋。他们推测那时候火星表面有浓厚的大气，气候温暖湿润，可能出现过火星生命。后来，由于火星失去了全球性磁场，受到太阳风的不断袭击，火星大气不断丢失，表面的水也随之蒸发到太空。

那么，火星上还有没有水？

2011 年，“火星勘测轨道飞行器”（MRO）观测发现，在比较暖和的低纬度向阳面山坡上呈现出“季节性斜坡纹线”（Recurring Slope Lineae，RSL），这种纹线暗示火星上存在某种液体，考虑到火星的低温环境，它们可能是溶解了大量盐类物质的“卤水”。2018 年，天文学家分析 MRO 的观测数据，他们认为在火星中纬度地区也有大量地下水冰。“2001 火星奥德赛”上搭载的光谱仪的观测数据也表明，火星地下存在水冰。凤凰号在火星极区的挖掘也支持地下水冰存在的观点。

改造火星

水是生命生存的必要条件，火星上有水冰，对将来人类去火星居住是非常好的消息。比较各方面的情况，目前，火星是有利条件最多、最可能移民的候选星球。但是，火星的严酷低温是人类移民火星所面临的巨大难题之一。为提高火星温度，有人认为可以想办法让极冠融化，释放出大量的水和二氧化碳。这些温室气体可以保留火星的热量，让火星升温，使得极冠进一步融化，释放更多的温室气体，火星能够进一步升温，形成一个良性循环。至于使极冠融化的办法，人们也有不少大胆的设想：用核弹轰炸极冠；环绕火星建造大量的反射镜将阳光聚焦到极冠；在极冠地区撒上一些黑色土壤或其他深色物质，让这里吸收更多太阳的热量。但是，以目前人类的科技水平，这些手段还无法实现。

还有人认为，即使加热火星极冠，释放的二氧化碳的温室效应远远不能

火星的北极极冠。（图片来源：ISRO/ISSDC /Emily Lakdawalla）

够使火星达到合适的温度，还必须利用火星土壤尘粒中的二氧化碳、火星矿藏中的碳以及深埋火星壳层下的含碳矿物。但是目前，人类还没有掌握从这些矿物中释放碳的科学技术。

即使提高了火星大气的浓度，由于火星没有全球性的磁场，如何有效保留这些温室气体，保证其不被太阳风剥离掉，更是让人类头疼的问题。总的来说，在目前的科学技术条件下，人类还不能将火星改造成一颗宜居星球。

为什么小行星受到天文学家的特别关注?

18 世纪 60—80 年代，德国天文学家提丢斯和波得发现，对于当时已知的六颗行星存在一个经验公式：$a_n=0.4+2^{n-2}\times 0.3$，其中 a_n 是以天文单位表示的第 n 颗行星离太阳的平均距离，n 是行星的序号，水星 $n=-\infty$ 为例外，金星 $n=2$，地球 $n=3$，火星 $n=4$，木星 $n=6$，土星 $n=7$，该公式被称为提丢斯 - 波得定则。1781 年威廉・赫歇尔发现天王星，它同样符合这个定则。这让天文学家猜测，在火星与木星之间，即 $n=5$ 的地方，可能存在一颗行星。

1801 年，意大利天文学家皮亚齐无意中发现一个新天体，它与太阳的平均距离为 2.77 天文单位，符合提丢斯 - 波得定则 $n=5$ 的情况，它被命名为谷神星。随后，在谷神星附近，天文学家接连发现智神星、婚神星、灶神星和义神星。到 21 世纪初，在这里发现的天体超过十万个。这些天体的体积都很小，天文学家将它们称为小行星，它们所在的区域被称为小行星带，或小行星主带。小行星带汇集了超过 90% 的太阳系小行星，大多数主带小行星的轨道半长径在 2.17~3.64 天文单位之间。2006 年，根据太阳系行星的新定义，第 1 号小行星——谷神星被归入矮行星类别。

小行星的体积和质量比行星和矮行星小，且不易释放出气体和尘埃。由于大多数小行星的形成位置更接近于太阳，其内部很少保存跟彗星类似的冰质结构，而主要由矿物和岩石组成。小行星在外形等特征上有别于彗星和流星体。由于大部分小行星的内部演化程度较低，它们较好地保留了太阳系早期形成和演化的痕迹，其化学成分和矿物组成对研究太阳系的起源有非常重要的意义。因此，小行星被称为研究太阳系起源的“活化石”。

各种类型的小行星

截至 2024 年 8 月，人们已发现超过 138 万颗小行星，它们出现在太阳系的各个角落。根据小行星出现的位置和不同轨道属性，天文学家将小行星分为 5 种类型：主带小行星、特洛伊型小行星、半人马型小行星、海王星外小行星以及近地小行星。

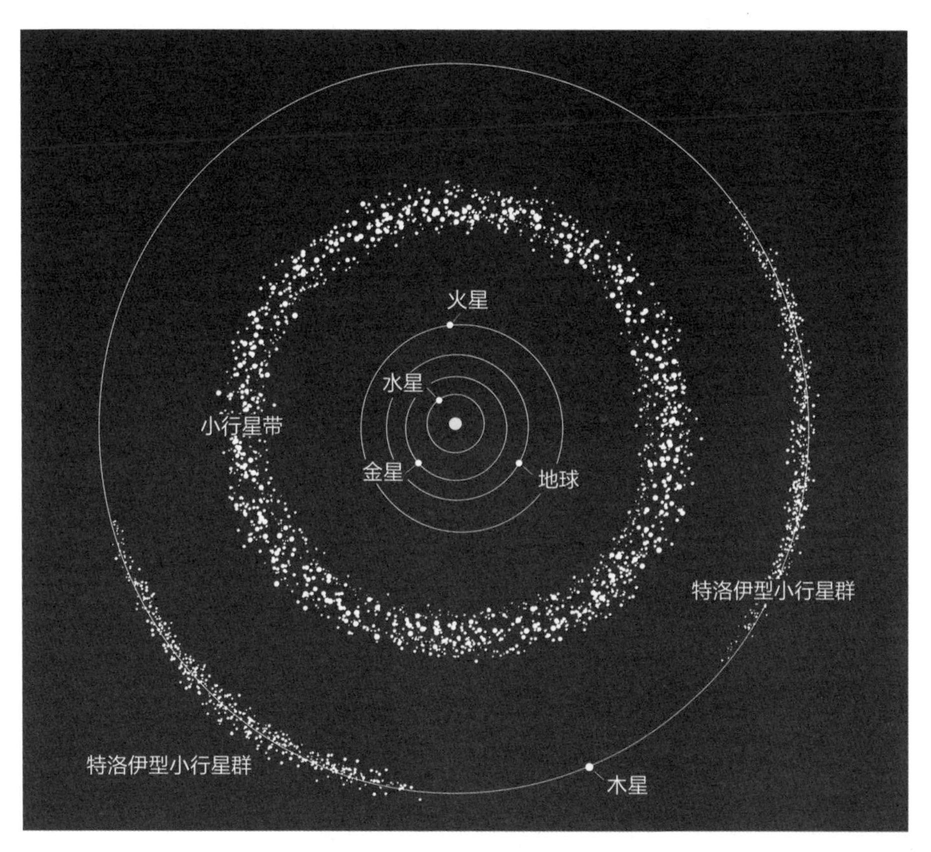

小行星带及木星的特洛伊型小行星群。（图片来源：ESA/Hubble, M. Kornmesser）

一个小天体受到两个大天体的引力作用，在宇宙中的某一点处相对两个大天体基本保持静止。这样的点有 5 个，被称为拉格朗日点。在行星围绕太阳公转的轨道面，以太阳和该行星为底边可以做出两个等边三角形，这两个三角形的第三顶点就是该行星的 L4 和 L5 拉格朗日点，它们是两个力学稳定点。以木星为例，在漫长的历史中，它的 L4 和 L5 点积聚了大量的行星残骸和漂流物，即木星的特洛伊型小行星。它们绕太阳公转，有着与木星几乎一样的轨道半长径。随着更多此类小行星被发现，天文学家把木星 L4 点附近的小行星称为希腊群，而 L5 点附近的小行星称为特洛伊群。天文学家已发现数千颗木星的特洛伊型小行星。在八颗行星中，除了水星和土星之外，天文学家发现每颗行星都拥有至少一颗已知的特洛伊型小行星，哪怕仅仅是暂时性的。除木星之外，海王星的特洛伊型小行星数量最多。

关于半人马型小行星，国际小行星中心给出的定义是：轨道近日点在木星轨道（5.2 天文单位）之外，轨道半长径小于海王星轨道半长径（30.1 天文单位）的小行星属于半人马型小行星。海王星外小行星是指处于海王星轨道以外，也就是柯伊伯带和散射盘中的小行星。

在太阳系内的五类小行星中，天文学家最关注的是近地小行星，因为它们可能撞击地球，威胁人类安全。据测算，直径大于 200 米的小天体撞击地球，会导致地球大范围的严重破坏；直径 50 米的小天体撞击地球，则会摧毁一个大城市的各种设施。科学研究表明，一颗直径达 10 千米的小行星撞击地球，导致了 6500 万年前的恐龙灭绝事件。2013 年 2 月 15 日，在俄罗斯车里雅宾斯克州，一颗直径 17 米左右的小行星进入大气层，向地球袭来，导致约 1200 人受伤，近 3000 座建筑受损。类似的撞击或与地球擦肩而过的小行星事件每几年就会发生一次。

在天文学上，与地球轨道的距离小于 0.3 天文单位的小天体被称为“近地天体”。1898 年，天文学家发现小行星 433（即爱神星）的轨道穿过火星轨道，近日距为 1.13 天文单位。1932 年 1 月，它运行到距离地球最近 0.17

天文单位的地点，它是首颗被发现的近地小行星。此后，人们发现的近地小行星逐渐增多，基于不同的轨道特性，它们又分为如下四种类型：

①阿莫尔型（Amor）小行星，其轨道近日距在1.017~1.3天文单位之间。最著名的是爱神星。它们从外侧接近地球轨道，但轨道未交叉。

②阿波罗型（Apollo）小行星，其轨道半长径大于或等于1.0天文单位、轨道近日距小于或等于1.017天文单位。比较著名的有小行星1862(阿波罗)、小行星1566（伊卡鲁斯）等；它们的轨道与地球轨道交叉。

③阿坦型（Aten）小行星，其轨道半长径小于1.0天文单位、轨道远日距大于或等于0.983天文单位。比较著名的有小行星99942（阿波菲斯）；它们的轨道与地球轨道交叉。

④阿提拉型（Atira）小行星，其轨道远日距小于0.983天文单位，它们从内侧接近地球轨道，但轨道未交叉。

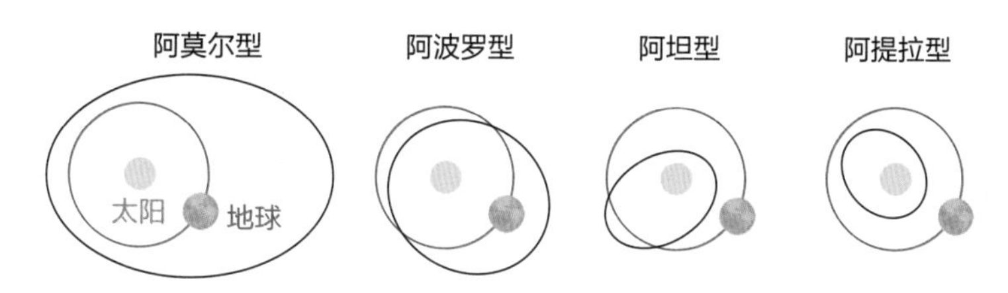

四类近地小行星运动范围。（图片来源：https://letstalkscience.ca/）

尽管阿莫尔型和阿提拉型小行星的轨道和地球的轨道未交叉，但是未来它们的轨道可能受到大行星的摄动而改变，从而和地球轨道交叉。

天文学家规定，在近地天体中，直径大于140米且与地球的交会距离小于0.05天文单位（约20倍地月距离）的天体为“潜在威胁天体”。截至2024年9月13日，人类已发现近地小行星36118颗，其中对地球有潜在威胁的为2441颗。天文学家推测，直径大于40米的近地天体总数约为30万颗，目前只发现了大约3%。因此，发现并监测近地天体，特别是“潜在威胁天体”，仍是关乎地球环境和人类生存安全的大事。

探索小行星

在距离地球几亿千米之外的小行星带聚集了上百万颗小行星，其中数目众多的金属质小行星蕴藏着大量的珍贵金属。为了保护地球的自然资源和自然环境，人们开始将视线转向太空资源的开发和利用。NASA 计划探测一颗直径约 200 千米，由铁、镍、铂和金等金属组成的小行星——灵神星（16 Pysche）。据估计这颗小行星的经济价值超 10000 万亿美元。

从科学研究看，小行星是研究太阳系早期形成和演化的活化石；如果实现空间采矿，小行星又具有巨大的经济价值；考虑人类的安全，人们必须寻找近地小行星，特别是潜在威胁小行星，想方设法阻止它们给地球带来灾难。因此，许多国家耗费巨大的人力、物力和财力，对小行星进行研究与探测。除了地面的各种观测设施之外，还有不少探测小行星的空间探测器。

1996 年 2 月 17 日，NASA 发射了会合 - 舒梅克号，它的目标是爱神星。爱神星的大小为 13 千米 ×13 千米 ×33 千米，在近地小行星中体积排名第二。会合 - 舒梅克号在环绕爱神星的轨道上运行了超过一年的时间。2001 年 2 月 12 日，该探测器在爱神星表面着陆，它是首次实现软着陆的小行星探测器。

2007 年 9 月 27 日，NASA 发射了黎明号，该探测器的目标是小行星带内的灶神星和谷神星。它于 2011 年 7 月 16 日抵达灶神星，进行约 14 个月的观测后开始前往谷神星，并于 2015 年 3 月 6 日进入谷神星轨道。黎明号是首次实现环绕两个地外天体的航天器，也是首个造访矮行星的航天器。

2003 年 5 月 9 日，日本宇宙航空研究开发机构发射了隼鸟一号探测器，它的目标是小行星 25143，又名糸川。2005 年 9 月 12 日，隼鸟一号抵达糸川附近。2010 年 6 月 13 日，隼鸟一号返回地球，成功带回小行星糸川的样品，这是人类第一次把对地球有威胁的小行星的样品带回地球。2014 年 12 月 3 日，日本发射隼鸟二号小行星探测器。2020 年底，隼鸟 2 号成功将小行星龙宫的样品带回地球。

奥西里斯王号是美国首个小行星采样返回的深空探测任务，它于2016年9月8日成功发射，探测目标是小行星贝努。小行星贝努的直径大约580米，运转轨道距太阳1.3亿~2.0亿千米。奥西里斯王号于2023年9月24日返回地球，完成了为期7年的探测历程。

2021年11月24日，NASA的双小行星重定向测试任务（DART）搭乘SpaceX猎鹰9号火箭，从美国加州范登堡空军基地发射升空，前往两颗近地小行星。一颗名叫狄莫佛斯，直径约160米；另一颗名叫狄迪莫斯，直径约780米。两颗小行星相距1.2千米，属于阿莫尔型近地小行星，每2.11年环绕太阳一圈。北京时间2022年9月27日清晨7点14分，太空中上演了惊心

奥西里斯王号小行星探测器在小行星贝努上空（艺术构想图）。（图片来源：NASA/Goddard）

动魄的一幕，DART 探测器释放出立方星，让它以超 6000 米 / 秒的高速迎头撞上狄莫佛斯。

在此次撞击实验中，人类航天器通过有限能量的主动撞击，测试能让小行星的轨道改变多少。这是人类为“赶走”小行星而进行的首次防御演习。按照原本的计算，此次撞击可以将狄莫佛斯在双星系统中的轨道周期缩短几分钟；然而，最终观测到的周期变化还是大大超出了预期。对于撞击产生的长期效果，欧洲空间局的赫拉号空间探测器将会揭开谜底。2024 年 10 月 8 日，赫拉号搭乘 SpaceX 猎鹰 9 号火箭发射升空，计划于 2026 年抵达该双小行星系统。

狄迪莫斯和狄莫佛斯，由 DART 探测器搭载的 DRACO 相机在距离小行星约 920 千米处拍摄。（图片来源：NASA/Johns Hopkins APL）

为什么木星被称为“行星之王”？

在太阳周围，以八颗行星为主的众多天体围绕太阳运动。距离太阳较近的水星、金星、地球和火星是固态行星，人类及其发射的各种探测器可以登陆在它们的固态表面。在四颗固态行星之外是小行星带，这里的众多小行星

木星与地球的大小比较。（图片来源：NASA/Brian0918/ Wikipedia Commons）

也是固态天体。再向外，距离太阳 5.2 天文单位的地方则是一颗性质非常不同的行星。这颗行星是被称为“巨无霸”的木星，它是一颗气态巨行星，没有固态的表面。自古以来，木星吸引了众多天文学家和天文爱好者的目光，那么，这颗气态巨行星是一颗怎样的行星?

不管从质量还是体积来看，木星都是太阳系中最大的行星。与地球相比，其直径是地球直径的 11 倍，它的体积是地球体积的 1300 多倍。从质量的角度看，将其余七颗行星的质量加到一起，总质量也仅有木星质量的 2/5。因此，木星作为太阳系行星中的巨无霸乃名副其实，它是当之无愧的太阳系“行星之王”。依据许多观测事实，天文学家认为，木星的巨大质量可以吸引许多彗星和小行星，阻止它们撞击地球，因此，木星被看作地球和人类的保护神。

作为气态巨行星，木星的物质成分和整体结构与固态的类地行星有很大的不同。地球的主要物质成分是构成地核的铁镍金属和构成地幔及地壳的硅酸盐。而木星的化学成分跟太阳类似，主要是氢和氦，按质量百分比计算，氢占 75%，氦占 24%，还有 1% 的其他元素。由于可得到的木星内部资料有限，天文学家只能给出大致的木星结构模型。在木星 0.15 倍半径以内，有一个温度高达 25000K 的木星核，其主要成分是岩石或金属，呈固态或熔融态。在中心核之外是一个中间层，范围延伸到约 0.76 倍半径处，主要成分为高压液态金属氢（以及氦），这个区域中氢的电子脱离质子可以自由移动，像金属一样具有良好的导电性。最外层是液态分子氢和氦，向外逐渐过渡到气体状态。

木星没有固态表面，它的表层是以氢和氦为主的气体。木星的表层大气有自己独特的运动特点，从小于 1000 千米的尺度看，物质运动相当紊乱；在更大的尺度上，木星大气的运动基本上是有序运动，表现为交替的纬向环流。南北半球各有五六对这样的沿纬度方向的环流，它们相对稳定，可以较长时间保持不变。在木星表层大气的上方有云层，从下往上，云层大致分为氨

（NH_3）冰晶云、氢硫化氨（NH_4SH）冰晶云和水冰晶（水滴云）三个层次。通常人们看到木星呈现出彩色亮带和带纹，它们就是这些云层的表现。木星的这些亮带和带纹与其表层大气的纬向环流相对应，但是，云层可以在几年的时间尺度上变化，除了沿东西（纬度）方向运动外，也会有上下方向的垂直对流运动。一般情况下，亮带呈白色或黄色，带纹呈褐色。

说起木星，天文爱好者都知道它的表面有一个大红斑。大红斑是木星表面的又一个显著标志物，其中心在南纬 23°，呈椭圆状，东西长度约 26000 千米，南北最大宽度约 14000 千米。天文学家研究发现，大红斑为木星表面的高速气旋风暴，风速最高达 180 米 / 秒。1664 年，英国科学家罗伯特・胡克最早发现它，物理学中胡克定律指的就是罗伯特・胡克发现的定律。大红斑被发现至今已接近 360 年，现在它有所减小。

尽管大红斑在不断变小，但是 2000 年 3 月，天文学家发现 3 个椭圆形小风暴合并到一起，形成了一个新的大风暴，也就是小红斑。此后的十多年间，小红斑变得越来越大，已经达到了地球直径，或许将来它可以超过大红斑的

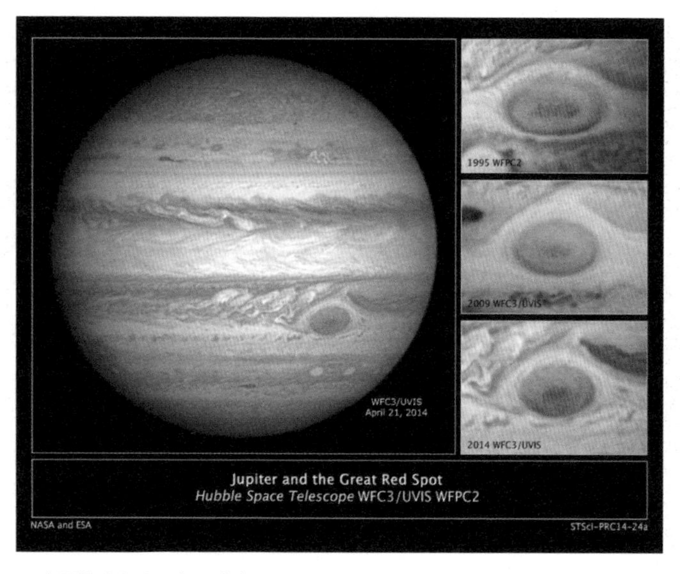

木星的大红斑。（图片来源：NASA/ESA/STScI/hubble space telescope）

规模。2011 年 8 月 5 日，NASA 发射了朱诺号探测器。2016 年 7 月 5 日，它顺利进入了绕木星飞行的轨道。随后朱诺号便发现了木星表面新的奇特景观。在木星北极，一个极地气旋周围还围绕着 8 个气旋；而在木星南极，一个极地气旋周围则围绕着 5 个气旋。木星南北极的这些气旋风暴比天文学家的预期更复杂，现在天文学家们正在探究它们形成的原因。

木星围绕太阳公转一周需要约 11.86 年，但是它自转非常快，木星赤道带自转一周需要约 10.9 小时，随着纬度增加，木星表面的自转速度有所减慢。我们知道，木星中间层的物质主要是金属氢，它具有良好的导电性，在高速自转的作用下，这里可以形成电流，进而激发出磁场。在太阳系的八颗行星中，木星的磁场最强，在磁赤道处的磁感应强度约是地球相同地带的磁感应强度的 14 倍，且木星磁场的南北极性与地球磁场相反。木星的强磁场，再加上减弱的太阳风压强，这些因素使得木星的磁层延展范围很大。木星的磁场可以俘获大量带电粒子，并加速它们，这些带电粒子及其高能辐射将会袭击内层的卫星和人造飞行器。此外，沿极区磁力线流入的高能带电粒子可以激

木星北极的极光现象。［图片来源：NASA, ESA, and J. Nichols (University of Leicester)］

发和电离木星大气中的分子和原子，产生极光。因此，木星的磁现象也丰富多样，引人关注。

卫星家族

除了具有最大的体积和质量，木星还拥有非常多的卫星。根据 NASA 喷气推进实验室的数据，截至 2023 年 5 月 23 日，天文学家在木星周围发现了 95 颗卫星，数量仅次于土星。早在 1610 年，伽利略就发现了木星的四颗卫星：木卫一（艾奥）、木卫二（欧罗巴）、木卫三（盖尼米德）和木卫四（卡利斯托），它们被称为伽利略卫星。在木星的所有 95 颗卫星中，四颗伽利略卫星较大，其余卫星都非常小，大多数直径仅仅几千米。

在四颗伽利略卫星中，木卫一距离木星最近，平均距离为 42.2 万千米，它的平均直径约 3640 千米，位列第三。早在 1979 年，旅行者 1 号就传回了木卫一的高清照片——泛着黄色的圆面上点缀着许多乌青色的斑点，有人称它为“鸡蛋葱花饼”。木卫一表面是非常平坦的平原，那些斑点则是一些矮小的山峰，它们是火山口。实际上，木卫一是整个太阳系中火山活动最频繁的天体，目前有 400 多座活火山。剧烈的地质活动填平了早期陨石撞击所产生的大坑，使得木卫一表面呈现为平坦的平原；同时，火山爆发产生的大量

木星的四颗伽利略卫星，从左到右依次为木卫一、木卫二、木卫三和木卫四。（图片来源：NASA/JPL/DLR）

木卫一。（图片来源：NASA）

硫黄和硫化物覆盖在木卫一表面，使它呈黄色。读者也许会问，为什么木卫一上有这么多活火山？木星和其他三颗质量巨大的伽利略卫星的潮汐力把木卫一拉来推去，通过摩擦生热的方式在内部产生了巨大的能量，最终以火山爆发的形式释放出来。另外，由于木卫一表面覆盖着过多的硫化物，因此木卫一成为太阳系中最恶臭难闻的星球。

说完木卫一，我们来看一看木卫二。木卫二在木卫一的外侧，距离木星约 67 万千米，直径约 3122 千米，比月亮略小，在四颗伽利略卫星中块头最小。1979 年 7 月 9 日，旅行者 2 号从木卫二上空飞掠而过，发现整个星球表面都被厚厚的冰层所覆盖。木卫二表面几乎没有陨击坑，但有不少形如沟壑的条纹，这表明它也是一个拥有相当活跃地质活动的卫星。1995 年，伽利略号木星探测器飞掠木卫二，同样获得惊人的发现：在木卫二厚厚的冰层之下隐藏着巨大的盐水海洋，它的含水量是地球所有海洋总水量的两倍。此外，天文学家认为，木卫二可能拥有铁质核心和岩石地幔。这样的话，在海水下面就是岩石。这非常类似于地球海洋的情形，因此，天文学家认为，木卫二

被厚厚的冰层覆盖的木卫二。（图片来源：NOAA）

的海洋中可能拥有生命。这种猜想让不少天文学家心动不已，他们打算建造空间探测器前赴木卫二进行实地探测。

木星是太阳系最大的行星，它的卫星木卫三则是太阳系最大的卫星，其直径约 5262 千米，比水星还大。木卫三在木卫二外侧，其轨道半长径约 107 万千米。观测证据显示，木卫三可能也有一个盐水海洋，它的海水量超过了地球海洋的水量总和。木卫三拥有自己的磁场，因此，在木卫三的两极地区也存在极光现象，这在太阳系所有卫星中是独一无二的。空间探测器的观测表明，木卫三表面有陨击坑、长的结构断层以及或亮或暗的不同地形区域。此外，木卫三表面还有非常稀薄的氧气。这些特点大大增加了木卫三对天文学家的吸引力。

木卫四的大小在四颗伽利略卫星中位列第二，其直径为 4820 千米，在太阳系所有卫星中位列第三。它位于木卫三的外侧，轨道半长径约 188 万千米。木卫四古老的星球表面保留着密密麻麻的陨击坑，其形态多种多样。有时陨击坑之间依次压叠形成陨击坑链，有时陨击坑的圆环套着陨击坑的圆环。总之，陨击坑呈现出多种奇特的图案，非常有趣。空间探测器观测发现，在木卫四黑暗的表面区域常常有一些亮白点，天文学家认为，这些亮白点可能是水冰，黑暗区域可能是被腐蚀过的冰物质。20 世纪 90 年代，伽利略号的观测暗示，在木卫四的表面下可能有海洋。

木星以及它的卫星有许多独特之处，同时还有许多待解的谜团。揭示木星及其卫星的奥秘，对于我们了解太阳系和系外行星具有特殊的意义。

土星家族有什么特别之处?

说到土星，人们一定会想到它的美丽光环。通过望远镜，我们可以看到，淡黄色的土星周围整整齐齐环绕着一圈圈明暗不一的环状结构，像一条条异常精致的丝带，让人们赞叹宇宙的巧夺天工。土星是人的裸眼能看到的最远的太阳系行星，它到太阳的距离约 14 亿千米，即 9.3 天文单位。当我们仔细审视土星及其卫星和环带构成的土星家族，会发现不少独特之处。

同木星一样，土星是一个气态巨行星。土星表面的物质呈气态，其主要

哈勃空间望远镜拍摄的土星及其光环。（图片来源：NASA/ESA）

成分是氢气和氦气，以及微量的甲烷、氨气等成分，其中氢气体积占比高达90%，氦气体积占比接近10%。远远望去，土星表面是一条条宽窄不同的带状区域，条带平行于赤道分布，呈黄色、褐色或灰色，与周围的土星环相互映衬，构成一幅极其美丽的画面。土星的直径小于木星，在八颗行星中位列第二，约116500千米，为地球直径的9倍。因此，跟地球相比，土星仍是一个庞然大物。不过土星的平均密度较小，其总质量只有地球的95倍。土星在围绕太阳公转的同时也在自转，土星自转一圈需要10.7个小时，围绕太阳公转一圈需要29.4年。

除了使用地面望远镜和空间望远镜观测，天文学家还派遣空间探测器对土星进行近距离探测，这使得人们不断发现土星家族的新奥秘。截至2023年5月23日，人们已观测到的土星卫星的数量超过了木星，为146颗。在卡西尼号探测器飞过土星的两极时，它对那里的巨型风暴做了细致的观察，这其中也包括了著名的北极六边形风暴。在土星北极，云系会以不寻常的六边形结构来绕极点转动，在其中心是一个巨型风暴。实际上，旅行者1号最早于1980年飞掠土星时，便首次发现了这个六边形结构。

土星北极的六边形风暴。（图片来源：NASA）

土星及其光环称得上太阳系的“艺术珍品”，不过遗憾的是，人的眼睛无法直接看到土星环。伽利略于1610年首次用他自己制造的望远镜观测土星时，受到其望远镜分辨本领的限制，把土星环误以为是土星的两个“耳朵”——卫星。直到1656年，荷兰天文学家克里斯蒂安·惠更斯才首次指出在土星周围环绕着一个特别薄的光环。

如今，天文爱好者使用普通的望远镜都能观测到的亮环是土星环最主要的部分，这部分亮环中间有一个明显的暗缝，被称为卡西尼缝，1675年它被卡西尼发现。1826年，俄国天文学家弗里德里希·格奥尔格·威廉（1793—1864）把卡西尼缝两侧的环带分别称为A环（外侧）和B环（内侧）。在B环的内侧有一个暗弱的环带被称为C环，它于1850年由美国天文学家邦德父子发现，C环与B环之间并没有明显的分界。这三个环带构成了土星的主环。主环的密度最大，也包含了尺度较大的物质颗粒。在C环的内侧还有一个D环，向内一直延伸到土星云层的顶端，主要由较为稀薄而弥散的尘埃粒子组成；而在A环的外侧，也还有几个弥散的尘埃环，被称为F环、G环和E环等。这些环带物质的化学组成也与主环物质差不多，几乎全是水冰，仅有少量的岩石碎粒。

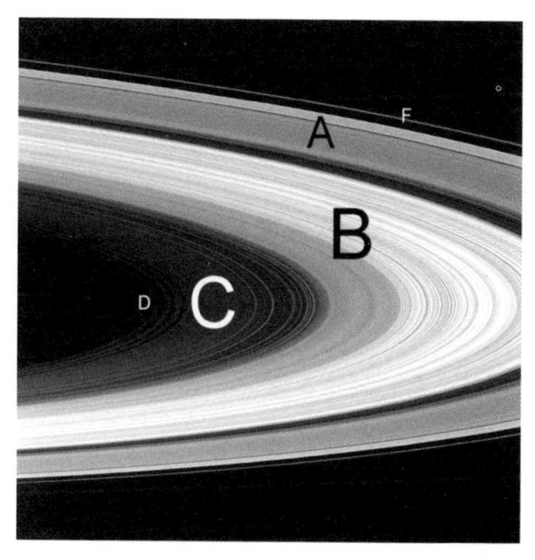

土星部分光环的位置。（图片来源：Brian Koberlein）

土星环从土星云层顶端向外一直延伸到282000千米远处，经过非常遥远的间隔，在土卫九附近还有一个十分暗弱的土卫九环。土星具有独特的光环，人们不禁要问，土星环是怎么形成的？有的天文学家认为，一颗来自远方的大彗星来到土星附近，受到土星潮汐力的作用，彗星被摧毁，彗星中较重的岩石碎块落入土星，较轻的冰块留在原来的轨道上形成光环。另有天文学家认为，来自远方的大彗星来到土星附近与土星的一颗卫星相撞，剧烈的撞击将两颗天体摧毁，同样，较重的岩石碎块落入土星，较轻的冰块在围绕土星的轨道上形成光环。

土星除了漂亮的光环，它的卫星也有让人惊异的表现。我们先看一看它的一颗小卫星土卫二。土卫二直径只有500千米，差不多只有月亮直径的1/7。它细腻的冰壳表面上有着蜿蜒的山脊和布满裂隙的平原，几乎看不到陨击坑。整个土卫二上散布着新近的冰质物质。2005年，卡西尼号发现土卫二内部有一个巨大的液态水海洋，而且还发现了冰火山活动。最壮观的是，土卫二南极有活跃间歇泉，喷出物高达500千米，它们可能是由类似于木卫二和木卫一上的潮汐力所驱动的。

卡西尼号探测器拍摄的土卫二。（图片来源：NASA/JPL/Space Science Institute）

2015年，卡西尼号从其中的一个间歇泉中穿过，并对其进行了取样。通过分析样品的化学成分，科学家们发现在土卫二的间歇泉中除了水，还含有二氧化碳、甲烷和明显高于正常水平的氢气。2017年4月14日，NASA召开新闻发布会，向公众介绍他们的研究成果，指出土卫二具备维系生命的完备条件。这项成果让土卫二一举成为整个太阳系除地球以外最有可能发现生命的天体。

土卫二上的间歇泉，由卡西尼号拍摄。（图片来源：NASA/JPL/Space Science Institute）

潜在的宜居星球——土卫六

了解了土卫二，我们再来看一看土卫六。土卫六又叫泰坦，它的直径为5150千米，在太阳系所有卫星中大小

卡西尼号拍摄的土卫六，它的大气层非常厚。（图片来源：NASA/JPL/Space Science Institute）

仅次于木卫三，排名第二。土卫六拥有浓厚的大气层，大气的主要成分是氮气，地球大气的主要成分也是氮气，土卫六的这一特点引起了天文学家的广泛兴趣。另外，根据空间探测，人们发现土卫六主要由岩石和水冰构成。可见，土卫六与地球具有不少相同之处，因此，人们对于土卫六充满许多遐想。随着科学技术的发展，土卫六也成了人类空间探测的热点，它是除月球之外第二个被人类探测器登陆过的卫星。

尽管土卫六的体积比月亮和水星都大，但它距离我们十分遥远，因而在夜空中它非常暗弱，平均视星等为8.4等，无法被肉眼直接看见。1650年前后，荷兰天文学家惠更斯说服当时身为重要政治人物的哥哥，为自己建造了一架天文望远镜。从此，惠更斯勤勤恳恳地进行观测，功夫不负有心人，1655年3月25日，他发现了土星的第一颗卫星，即最大的土卫六。

在太阳系的所有卫星中，唯有土卫六拥有特别浓厚的大气层。尽管土卫六比地球小很多，但是它周围的大气比地球还多，其大气质量是地球大气的1.19倍，表面的大气压是地球表面大气压的1.45倍。由于土卫六的引力小，以致它的大气层延伸的高度更高，也就是它的大气层更厚。正是由于浓厚大气层的存在，从地球上观测，土卫六可视圆面的直径比木卫三还大，直到1980年旅行者1号到达土卫六，它的真实大小才被揭示出来。根据探测结果，在土卫六大气的平流层中，氮气的含量占98.4%，甲烷占1.4%，氢气占0.1%，还有微量的乙烷、一氧化碳、氩气和氦气等。

土卫六距离太阳十分遥远，它接收到的太阳辐射仅为地球的1%，因此，土卫六的表面温度很低，约 −180℃。土卫六大气中的甲烷是一种温室气体，类似地球大气中的二氧化碳，有利于提高温度，但土卫六大气中的其他雾霾反射太阳光的能力很强，非常不利于升温。有趣的是，土卫六的大气上空也出现云层，云层的主要组成成分为甲烷、乙烷等。有云就可能会降雨，这是地球大气层中的一种自然现象，这一点在土卫六上也同样存在，土卫六的云层也会产生降雨，不过降到土卫六表面的是甲烷雨。

土卫六表面也有海洋和湖泊，不过那里的海洋中不是水，而是液态甲烷以及液态乙烷。多数湖海分布在两极地区，赤道地区较少。同地球相比，土卫六表面湖海所占的地表面积很小。土卫六上面积位列第二的莱支亚海（Ligeia Mare），面积 147000 平方千米，深度从几十米到数百米不等，它包含的甲烷液体可以灌满三个北美洲北部的密歇根湖。土卫六上的一些小湖泊非常浅，一般深度不超过 10 米。

土卫六上的莱支亚海。（图片来源：NASA/JPL-Caltech/ASI/Cornell）

在过去的探测中，卡西尼－惠更斯号探测器并没有在土卫六上发现生命痕迹和复杂的有机化合物。但是天文学家认为，土卫六表面及其大气的物理状况跟原始地球的情况类似，特别是它的大气组成，除了没有水气以外，其他组成非常像地球的原始大气。为此，美国科学家在实验室中模仿土卫六的大气组成，对其进行光化学实验，实验产生出许多构成生命的化合物，包括核苷酸分子和氨基酸分子等。有趣的是，在上述实验的启发下，有些科学家设想，土卫六上也会发生生

土卫六极区上空的甲烷云（上图）和地球极区上空的水云（下图）。（图片来源：NASA/JPL/University of Arizona/LPGNantes）

命的创生和演化过程，就像早期的地球一样。科学家们认为这一过程可能发生在土卫六表面之下氨或水的海洋中。另一些科学家则另辟蹊径，认为土卫六的生物生活在它的甲烷构成的湖泊和海洋里。地球生物吸进氧气，呼出二氧化碳，通过葡萄糖进行新陈代谢。土卫六上的生物不同于地球生物，它们吸进氢气，呼出甲烷，通过乙炔进行新陈代谢。这是一种全新的生物种类，不过，这仅仅是科学家的猜测。

对土卫六来说，在所有不利于生命存在的障碍中，低温是最为突出的，土卫六表面温度为 -180℃，这是生物生存难以逾越的障碍。但是，科学家们认为，在遥远的将来，大约 50 亿年之后，当太阳变为一颗红巨星时，巨大的太阳可使得土卫六表面的温度升高，液态水则可以稳定存在，那时候土卫六将具备有利于生物生存的环境。不难想象，到那时，随着土卫六表面温度的升高，土卫六内部冰壳层的融化将极大地改变土卫六的表面形态。根据惠更斯号的观测数据，人们推测土卫六的形态和 45 亿年前的地球极其相似，从土卫六目前的活动状况来看，如果不出现意外，一种新的类地生命或许将在 15 亿 ~20 亿年后出现在土卫六上，到那个时候，地球生命在太阳系中将不再孤独。

天文学家是怎样逐渐揭开彗星奥秘的?

如果夜空中出现一颗肉眼可见的明亮彗星，它必定成为万众瞩目的焦点。彗星由彗头和彗尾构成，彗头又包括中心致密的彗核和外部气体状的彗发，后面拖着一条或者两条彗尾。人们肉眼可见的彗星往往跨过很大的空间范围，长长的尾巴有时延伸 1 亿 ~2 亿千米。可是，从质量上看，彗星不过是太阳系的一类小天体，它只能和小行星称兄道弟。

彗星是“善变”的天体。当它位于木星轨道以外、距离太阳非常遥远时，根本就没有耀眼的尾巴，也不存在声势浩大的彗发。此时的彗星仅仅是直径几百米到几十千米的“彗核”，在普通望远镜中呈现为暗淡的星点。当它运动到木星与火星的轨道之间时，逐渐接收到较多的太阳光辐射，表面部分物质蒸发为气态，形成“彗发”。彗星继续运动，当它运动到火星轨道以内时，彗核表面大量蒸发，彗核周围出现许多气体，在太阳风和太阳辐射压力的作用下，在背离太阳的一侧，彗星会长出尾巴，尾巴会越来越长，形成明亮的“彗尾”。当彗星远离太阳时，彗尾则不断变短，彗尾和彗发最终又会消失。

彗星的形状之所以会出现上述变化，是由它的物质成分决定的。观测结果表明，彗星是由水冰、尘埃和砂石混合而成的，可以看作“冰冻团块”，更通俗易懂和形象直观的说法是“脏雪球”。在太阳光和热的作用下，水冰和尘埃蒸发为气体，这是一个自然的物理过程。

尽管夜空中拖着长尾巴的彗星看上去美丽壮观，但是很久以前，人们不明白它是一种天体现象，无论中外都把它看作灾难、战争、瘟疫及君主死亡等凶险事件的征兆。在我国民间，彗星被称为“扫帚星”，人们认为它会带来厄运。

在天文学研究的历史上，丹麦天文学家第谷迈出了科学认识彗星的第一步。1577 年，天空中出现了彗星，年仅 30 岁的第谷在国王的支持下，对这颗彗星进行了科学观测。结合其他观测资料，第谷认为，彗星当时距离地球超过 100 万千米，比月亮还远。这一发现打破了“彗星是地球大气现象”的错误观念。

第谷之后，进一步揭开彗星谜底的是英国天文学家哈雷。1705 年，哈雷利用牛顿运动定律研究发生于 1337—1698 年的 23 颗彗星。他发现 1531 年、1607 年和 1682 年的三颗彗星的轨道非常相似，于是断定这是同一颗彗星的三次回归，并预言它将于 1758—1759 年再次回归。哈雷的预言后来得到了证实，不过此时他已经去世。为了纪念哈雷对彗星研究的贡献，人们将这颗彗星命名为“哈雷彗星”。从此，人们确定，彗星是围绕太阳运转的小天体。

夜空中的恒星常年坚守在固定的位置，太阳和月亮则非常有规律地升起和降落。相较这些天体，偶尔出现的彗星显然是不速之客。在仅靠肉眼观测的古代，尤其如此。即使今天用专业的天文望远镜观测，每年最多也只能观测到几十颗彗星。

彗星通常沿着椭圆轨道绕太阳运动，它的轨道往往是很扁的椭圆（扁率较大），近日点可以在水星轨道以内，远日点则可以在海王星的轨道以外。彗星运动的周期短则几年，长则几百万年。天文学家一般把运动周期短于 200 年的称为短周期彗星，长于 200 年的称为长周期彗星。那么，彗星来源于何处？天文学家认为，短周期彗星可能来自海王星外侧的柯伊伯带，那里的彗星等小天体在木星、土星、天王星和海王星的引力扰动下，脱离原来的轨道，接近太阳，长出长长的尾巴；长周期彗星来自太阳系最外侧的奥尔特

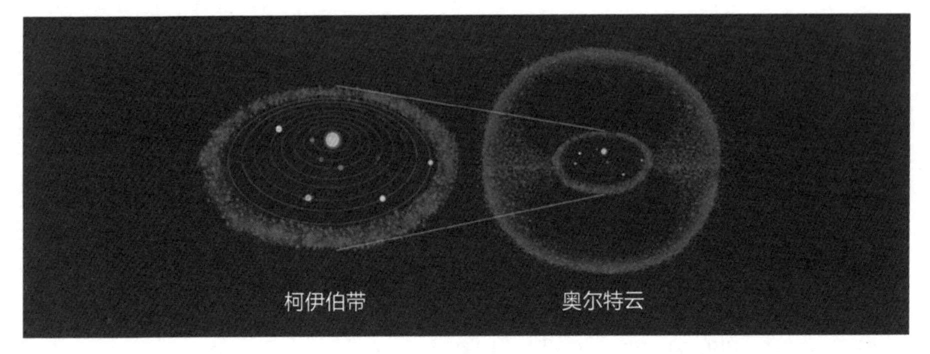

太阳系中的柯伊伯带和奥尔特云，这里是彗星的发源地。（图片来源：ESA）

云，这里的彗星在临近恒星的扰动下，也会离开原来的位置，向太阳系内部运动。

可能还有少数彗星来自太阳系以外，它们在太阳系中的运行轨迹是双曲线，从远处接近太阳，达到近日点后则远离太阳，最终跑出太阳系，便再也不会归来，这类彗星显然不可能是周期彗星。

探测彗星

20 世纪 50 年代以后，人类进入了太空。此后，空间望远镜和空间探测器逐渐成为探测天体奥秘的利器。1986 年哈雷彗星回归时，有五个航天器对哈雷彗星做了空间观测。它们是苏联的维加 1 号（Vega 1）和维加 2 号（Vega 2）、日本的彗星号和先驱号、欧洲空间局的乔托号（Giotto）。

1986 年 3 月 1 日前后，日本的彗星号观测确定，哈雷彗星的彗核每秒钟喷射出 6.9×10^{29} 个分子，如果彗核物质全部为水分子的话，有 59 吨重。更为神奇的是乔托号穿过了哈雷彗星的彗发。尽管受到速度为 68 千米 / 秒的尘埃粒子的袭击，乔托号有所损坏，可是得到了巨大的科学回报。它发现哈雷彗星的彗核并非球形，而像个烧焦的马铃薯，且分布着山峰、山谷和环形山。同时，有几个明亮的活动区域不断向外喷发物质，高达几千米。

随着科学技术不断进步，人类空间探测彗星的事业也不断前进。1999 年

2月7日，NASA发射了星尘号（Stardust）空间探测器，它的主要任务之一是接触维尔特2号（Wild 2）彗星。这颗彗星是一颗特殊的彗星，它在太阳系边缘形成，一直位于冥王星之外，表面温度很低，所以科学家认为它保留着46亿年前太阳系形成时的物理信息。这颗彗星于1974年受到木星的引力作用改变了原有轨道，可以运行到距离我们较近的区域。2004年1月2日，星尘号准时与维尔特2号彗星相遇，除了拍摄不少照片外，还收集了彗核喷发出的物质。

2005年1月12日，NASA将后来震动世界的彗星探测器——深度撞击号（Deep Impact）送上太空。深度撞击号重650千克，由飞行仓和撞击器两部分构成，目的是通过直接撞击彗星来了解彗星的物理性质，它的撞击目标是坦普尔1号彗星。

深度撞击号在2005年7月4日与坦普尔1号彗星相遇，将重达372千克的“炮弹”射向目标。这次撞击非常成功，显示了人类太空远程精准打击的能力——如果有小行星威胁地球，可以采用这一办法防止其撞击。

通过两次与彗星的“亲密接触”和卓有成效的撞击，人们对彗星的物质组成有了更准确的认识。彗核主要由石块、尘埃和水冰组成，还有冻结的二氧化碳、一氧化碳、氨和甲烷，还包括少量的甲醇和氢氰酸等有机物。更出

美国航空航天局发射的深度撞击号彗星探测器。（图片来源：NASA/JPL）

深度撞击号的撞击器撞击坦普尔1号彗星，撞击后67秒时的照片。（图片来源：NASA/JPL-Caltech/UMD）

人意料的是，人们在星尘号收集到的彗星尘埃中发现了甘氨酸，它是一种氨基酸分子。彗星中包含有机分子，这使得有些科学家推测，正是与地球相撞的彗星给地球带来了生命发源的最初物质。

2004 年 3 月 2 日，欧洲空间局（ESA）在圭亚那航天中心成功发射了罗塞塔号彗星探测器，该探测器的特别之处是它携带了一个着陆器——菲莱号。它们的探测目标是彗星 67P/ 楚留莫夫 – 格拉西缅科（67P/Churyumov-Gerasimenko）。67P 属于木星族彗星，它于 1969 年被发现。天文学家认为这些天体起源于海王星之外的柯伊伯带。在那里所发生的碰撞会产生较小的碎块，而海王星的引力则会把它们中的一些送入内太阳系。最终，木星的强大引力会将它们俘获进入短周期轨道。尽管过程曲折跌宕，但木星族彗星的内部很可能保留着太阳系诞生时的原始材料。

2014 年 8 月 6 日，罗塞塔号抵达目标彗星 67P 附近，经过一系列轨道机动，进入环绕彗星的预定轨道。2014 年 11 月 12 日，菲莱号经过 7 个小时的下降，成功软着陆到彗星表面，成为第一个登陆彗星的人造探测器。2016 年 9 月 30 日，罗塞塔号撞击彗星表面，结束了此次探测任务。罗塞塔号对彗星 67P 的探测取得了一些初步成果。它发现彗星 67P 水蒸气的同位素特征与地球上的水大相径庭，其中的氘核含量是地球的三倍；发现在彗星表面存在芳香烃有机物、硫化物和铁镍合金。菲莱号发现彗星大气中存在有机分子，在彗星周围发现大量的自由氧分子，在着陆点 25 厘米深处发现有大量水冰。

彗星生命的终结

彗星只能算是太阳系的小天体，其质量一般有几千亿吨，相当于地球质量的几十亿分之一。彗星每次接近太阳都会蒸发出部分物质，使得彗核越来越小，直到最后剩下一个类似小行星的黑色、无活力的小石块或者橡皮块，从此彗星不再能够长出壮丽的尾巴。值得说明的是，有些彗星在自己的轨道上留下一些尘埃颗粒，如果这些颗粒在地球的轨道附近，那么地球每次经过它们时，地球上便会出现流星雨事件。每年8月8—13日之间会发生英仙座流星雨，这是地球经过斯威夫特－塔特尔彗星轨道上的尘埃颗粒造成的。

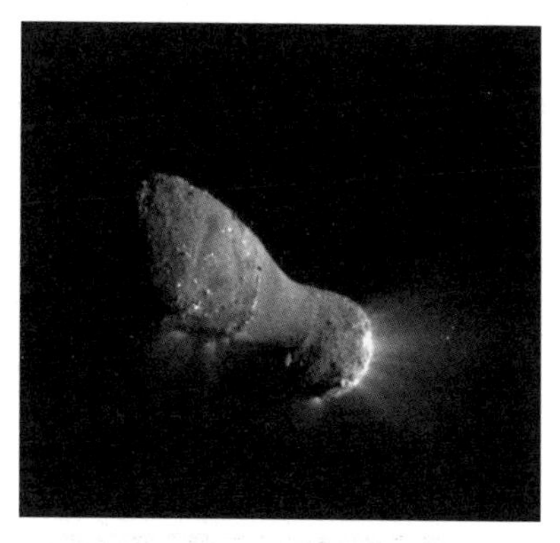

哈雷彗星的彗核，有物质从彗核中喷出。（图片来源：NASA/JPL-Caltech/UMD）

与逐渐蒸发而消亡不同，著名的比拉彗星是通过分裂结束其辉煌一生的。1826年3月9日，奥地利人比拉发现比拉彗星，它的周期约为6.62年。1846年1月13日，在世人的注目下，这颗彗星竟然一分为二，之后这两颗彗星都长出了自己的彗发和彗尾，且两者之间的距离逐渐拉大。1852年回归时，人们已无法分辨这两颗彗星，这次远离之后再也没有发现它们回归的迹象。

还有的彗星通过与大天体碰撞来结束自己的生命。由于彗星的轨道是压扁的椭圆，从太阳附近伸向遥远的太阳系外围区域，往往与其他大行星的轨道交叉，所以非常易于受到大行星的引力作用，从而改变轨道并与这些天体碰撞。据天文学家考证，1908年6月30日，发生在俄罗斯西伯利亚通古斯河附近的大爆炸很可能是彗星与地球撞击造成的。事实上，许多近日点距离太阳非常近的彗星常常会撞向太阳，最终被熊熊燃烧的太阳吞没。

1994年7月16—22日，分裂成21个碎块的舒梅克－列维九号彗星与木星发生撞击。尽管撞击点在木星背离地球的另一侧，地球上的望远镜不能直接观测，但是伽利略号和尤利西斯号探测器对撞击过程进行了直接观测。天文学家利用地面望远镜仔细观测了随后转向地球的碰撞痕迹及撞击时产生的高过木星边缘的火焰。碰撞后的黑色斑痕清晰可辨，比大红斑还显著。

舒梅克－列维九号彗星的21个碎块基本沿直线排列，依次撞向木星。碎块A的撞击速度达60千米/秒，撞击点产生了24000℃的高温火球，这一温度是太阳表面温度的4倍多。最为猛烈的撞击是碎块G造成的，它产生的黑色斑痕的直径达12000多千米，与地球大小差不多。

舒梅克－列维九号彗星是美国人舒梅克夫妇和列维于1993年3月24日发现的。当时，它已经成为了一连串的彗星碎块。后来追踪这颗彗星的来源时发现，它是一颗周期为20年的短周期彗星。1992年7月当它经过木星附近时，受木星的引力作用而改变原来的轨道，开始绕木星运动，最终撞向木星。

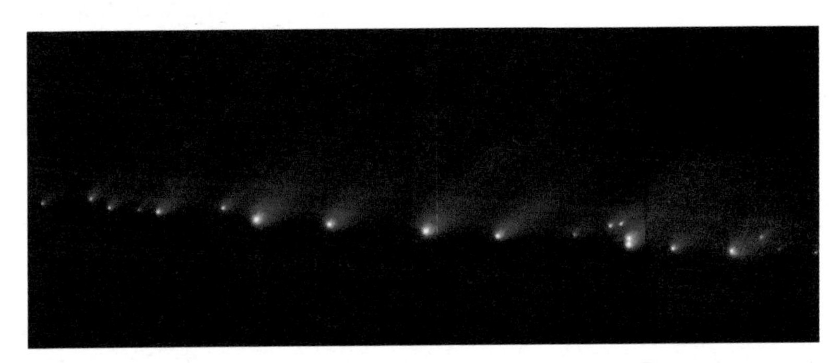

哈勃空间望远镜拍摄的分裂为21个碎块的舒梅克－列维九号彗星。（图片来源：NASA/STScI/H.A. Weaver/T.E. Smith）

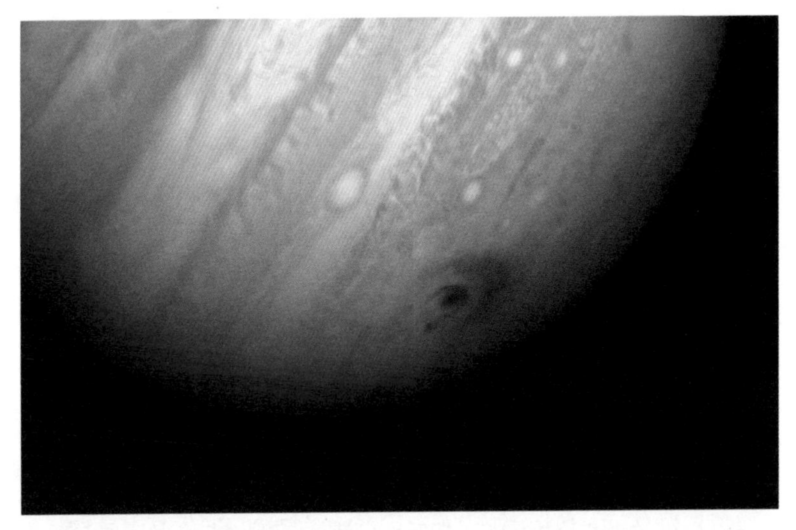

舒梅克－列维九号彗星碎块撞击木星留下的痕迹，由哈勃空间望远镜拍摄。（图片来源：NASA/STScI）

天王星和海王星为什么被称为冰质巨行星？

夜幕降临后，繁星满天。千百年来，人们只能看见五颗星点在繁星间有规律地游动，它们是水星、金星、火星、木星和土星。16—17 世纪，欧洲天文学家逐渐认识到，那五颗星球跟地球一起属于太阳系的成员，此后很长一段时间里，人们以为太阳系中的主要天体只有太阳和它的六颗行星。然而威廉·赫歇尔的发现改变了这一传统观念。

1781 年 3 月 13 日，赫歇尔在巴斯的家中用自己制作的望远镜进行巡天观测，寻找双星。不经意间，他看到一个模模糊糊的光点。根据形状，它要么是一颗周围有云雾的恒星，要么是一颗彗星。通过改换目镜，增加望远镜的放大倍率，这个模糊天体的影像相应变大。根据经验，赫歇尔判断这个目标不是恒星。后来，他发现这个天体不断改变位置，这一点使赫歇尔判断这个天体应该是一颗彗星。

在给英国皇家天文学会的报告中，赫歇尔一面称这颗天体为彗星，一面又将它说成行星。这引起了天文学家们的关注和争议。将近两年后，德国天文学家波得指出这个天体是围绕太阳运转的一颗行星，因为它的轨道几乎呈圆形。很快，这种说法得到了公认，人们将它命名为天王星。自此，太阳周围又多了一颗行星。

夜空中的天王星非常暗弱，接近人眼的目视极限，只有非常好的视力，再加上非常好的观测环境，我们才可能凭借裸眼看见它。1781 年，威廉·赫歇尔使用望远镜发现它也实属幸运。对于距离太阳更远、视星等约 7.8 等的海王星，裸眼根本看不见。发现天王星后的 60 多年间，天文学家们仍旧没能看见这颗行星的面目，更谈不上确定它的踪迹。

这一次，天体力学摄动理论助力了天文学家的新发现。1821 年，天文学家布瓦德开始计算天王星的轨道和位置，发现总跟观测位置不符，到 1830 年偏差达 20 角秒，1845 年达 2 角分。因此，有天文学家认为这是一颗未知行星的引力摄动引起的。此时，英国的青年学者亚当斯和法国的青年天文学家勒维耶，利用天体力学摄动理论，分别独立计算了这颗未知行星的轨道。1846 年 9 月 23 日，德国天文学家伽勒根据勒维耶的计算结果，最终找到了这颗摄动行星，它就是海王星。

太阳系的八颗行星都围绕太阳运转。太阳到地球的平均距离被定义为 1 天文单位，约 1.5 亿千米。天王星到太阳的平均距离是 19.3 天文单位约 29 亿千米，在如此遥远的轨道上，它围绕太阳运转一周要花 84 年。1977 年 8 月 20 日，NASA 发射了旅行者 2 号空间探测器，它飞行 8 年 5 个月后，才到

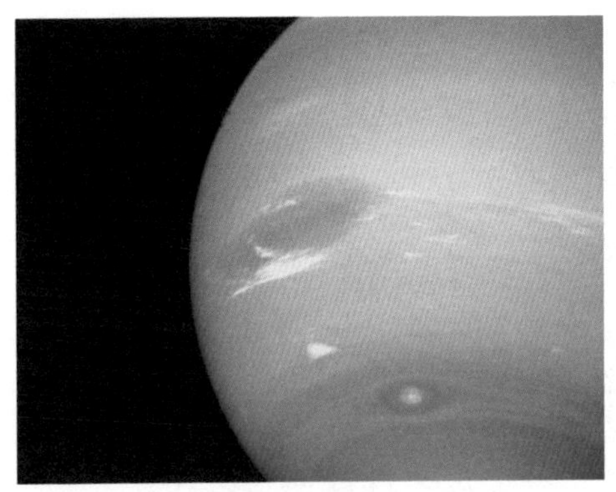

旅行者 2 号拍摄的海王星照片，图片中心是大黑斑，它的附近伴随着云带和亮斑。下面也可看见小的亮斑和暗斑。（图片来源：NASA/JPL）

旅行者 2 号拍摄的天王星照片，拍摄时距离海王星约 1270 万千米。（图片来源：NASA/JPL）

达天王星附近。相比天王星，海王星离太阳和地球更加遥远，它到太阳的平均距离是30天文单位，约45亿千米，它围绕太阳运转一周要花165年。从1846年人类发现海王星到2011年，它仅仅围绕太阳运转了一周。

天王星半径为25362千米，在八颗行星中排名第三。海王星略小，半径为24622千米。从大小上看，这两颗行星非常接近，它们的半径约是地球半径的4倍，可算是体型巨大的行星。如果地球是一个苹果的话，天王星和海王星就像篮球。从结构、物质组成和温度上看，两颗行星也基本相同。它们的中心是小的岩石内核；内核外面是由水、氨和甲烷等构成的一个厚层，称为幔，这里的物质状态呈现为致密流体，约占行星总质量的80%。两颗行星的最外层是大气，主要组成成分是氢、氦、少量甲烷，以及微量的水、氨等。天王星外表大气层的最低温度可低至 –224.2℃，比海王星还略低一些，如此低的温度表明两颗行星表面十分寒冷，其中的水、氨为冰态，所以天王星和海王星被称为冰质巨行星。

虽然海王星的半径比天王星略小，但是它的质量却比天王星略大。两颗冰质巨行星看上去都呈蓝色，天王星是颜色浅淡的蓝绿色，海王星是颜色较深的蓝色。无论是大小、质量、物质组成、内部结构，甚至是外表颜色，两颗行星都非常类似，像太阳系的一对行星双胞胎。

天王星和海王星远离太阳，处在八颗行星的外边缘。可是它们并不寂寞，每颗行星周围都有不少天体围绕它们运动，构成一个集体。在天王星附近，目前天文学家发现了28颗卫星，另外还有13个光环。在28颗卫星中，天卫一、天卫二、天卫三、天卫四和天卫五的大小位列前五，其他卫星个头很小；最大的是天卫三，其直径约为1578千米，而天卫一在这些卫星中最亮。天王星的13个光环都位于五颗较大卫星的轨道之内，在天王星环所在区域有13颗小个头卫星。剩下的卫星形状不规则，距离天王星较远，它们被认为是天王星俘获得到的。与土星的光环相比，天王星的光环非常暗弱，用普通的望远镜在地球表面不容易看到。其中，由里向外的第11条环ε环最明亮，第12条环ν环呈红色，最外侧的μ环呈蓝色。

到现在为止，被发现的海王星卫星有16颗，只有海卫一体型较大，它的直径为2700千米。1846年10月10日，也就是伽勒观测到海王星后的第17天，威廉·拉塞尔就观测到了海卫一。海卫一围绕海王星公转的方向与海王星自转的方向相反，天文学家猜测，它可能是被海王星捕捉的一个柯伊伯带天体。1989年，旅行者2号来到海王星近旁，发现海卫一拥有非常稀薄的大气，主要成分是氮气，还有少量甲烷。旅行者2号还看到海卫一表面的活跃喷泉，所以天文学家们对海卫一充满兴趣。

天王星和它的五颗较大的卫星。（图片来源：NASA）

天王星和海王星没有固态表面，人们观测的表面是它们的大气层，主要物质成分是氢和氦，以及少量的甲烷和微量的其他气体。尽管表面的温度非常低，但这里并不平静，物质以很快的速度运动，从而形成风。天王星表面的风速高达900千米/时，海王星表面的风速更是可达2000千米/时，都远远超过地球表面的最大风速400千米/时。

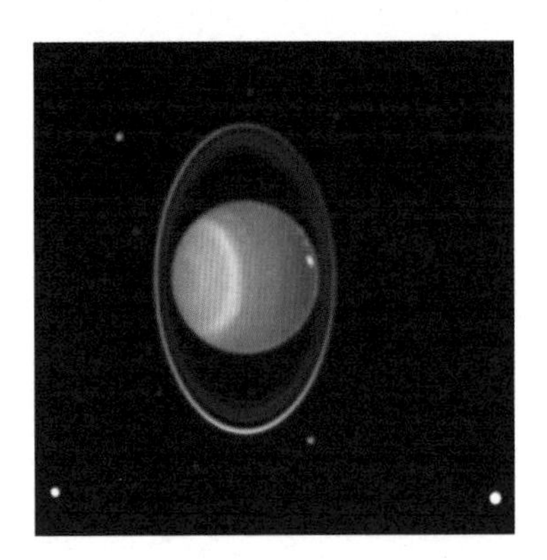

哈勃空间望远镜拍摄的天王星和它的光环。（图片来源：NASA/ESA/Hubble）

在天王星和海王星表面的不同纬度，其风速往往不同，甚至有相反的风向，这使得这两颗行星上常常形成一些气旋风暴，也就是黑斑，其状况与木星上的大红斑相

旅行者2号飞行经过海王星系统时，拍摄的海王星最大卫星海卫一的彩色照片。（图片来源：NASA/JPL/USGS）

似。1986 年旅行者 2 号经过天王星附近，1989 年它又经过海王星附近，都观测到了它们表面的黑斑。黑斑有大有小，不会永久存在，寿命一般为几年。

围绕太阳运动的八颗行星有一些共同的属性，比如，各自的轨道都接近圆形，所有轨道都近似位于同一个平面，绕太阳运动的方向也相同。不过，除了这些相同的属性之外，个别行星也有其反常的表现。比如天王星，它的自转状态与其他行星相距甚远，它的自转轴指向与公转轨道面的垂线夹角为 97.8°，几乎是在公转轨道面上躺着自转。这样一来，太阳光不仅可以直射天王星的赤道，还可以直射两极地区，使得天王星上的四季变化及昼夜更替与其他行星迥异。

除了自转的状态，天王星的磁场情况也显得有些离奇。它的磁场轴与自转轴夹角高达 59°，远远超过地球的 11°。这些不可思议的状况让天文学家倍加好奇，经过研究，天文学家推断，造成这种状况的原因很可能是在天王星形成后不久，一颗大约两倍地球质量的星球与它发生了碰撞。

如今，尽管我们对两颗冰质巨行星有了不少了解，但是人类至今没有发射专门探测它们的航天器，所以，对它们的研究还要走很长的路。

为什么冥王星被降级成矮行星?

说起冥王星，相信大家并不陌生。从前，它的身份是太阳系的九颗行星之一，是距离太阳最远的行星。2006 年，冥王星是天文学界和公众议论的焦点，天文学家召开大会进行讨论，取消了它的行星资格，冥王星因此被降级为矮行星。2015 年 7 月 14 日，新视野号探测器从冥王星的身旁飞过，对它进行了近距离观测，获得了许多新发现，它再次成了人们关注的热门天体。

2015 年 7 月 14 日，新视野号飞越冥王星时拍摄的冥王星照片。(图片来源：NASA/JHUAPL/SwRI)

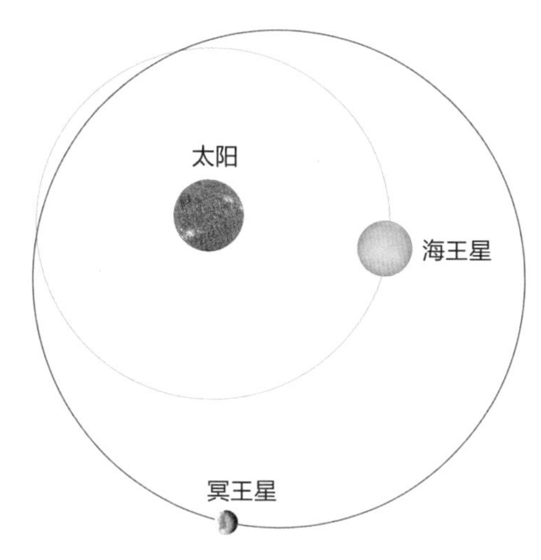

海王星和冥王星的轨道示意图。

发现冥王星

19 世纪，通过天体力学的理论计算，天文学家发现了海王星，这让人们欢欣鼓舞、信心倍增，在这一发现的激励下，有的天文学家试图遵循同样的方法寻找另外的新行星。20 世纪初期，美国天文学家洛厄尔和皮克林根据天王星和海王星的观测位置与它们的计算位置之偏差，来推测第九颗行星的可能位置，并利用望远镜寻找它。他们在位于美国亚利桑那州的洛厄尔天文台进行观测，然而，直到 1916 年洛厄尔去世，他们也没有观测到心心念念的第九颗行星。

发现冥王星的天文学家汤博。

洛厄尔去世后，由于种种原因，寻找未露面的第九颗行星的工作停止了。直到 1929 年，洛厄尔天文台台长斯莱弗将此任务交给了年仅 23 岁的青年天文学家克莱德·汤博。汤博坚持观测，对相应天区进行拍照，并用闪视仪对比所拍照片。经过将近一年的观测，汤博最终获得了成功，于 1930 年 2 月 18 日找到了第九颗行星，它就是冥王星。后来天文学家测量了冥王星的质量，发现冥王星的质量非常小。因而，天文学家认为汤博发现冥王星可能是一个幸运的巧合。

冥王星距离我们非常遥远，再加上它的体积较小，天文学家经历了很长时间才逐步弄清了它的一些物理属性。就拿它的质量来说，最初，根据它对天王星和海王星的可能影响，早在 1915 年，洛厄尔等人估计冥王星的质量约为地球质量的 7 倍。发现冥王星后的 1931 年，它的质量估值降低到约 1 倍地球质量。又经过数年的观测，1948 年天文学家则认为冥王星质量可能只相当于火星质量。1976 年，根据冥王星的反照率，夏威夷大学的天文学家推测冥王星的质量不会超过地球质量的 1%。1978 年，冥王星的卫星冥卫一（卡戎）被发现，这时准确测量它的质量成为可能，结果出乎天文学家的意料，冥王星质量仅约为地球质量的 0.2%。

目前，冥王星质量的准确测量值为 1.31×10^{22} 千克，约为月球质量的 17.82%，地球质量的 0.24%。跟太阳系中的行星相比，它是一个小得可怜的天体。即使相比于一些卫星，如木卫一、木卫二、木卫三、木卫四、土卫六、海卫一等，冥王星也只能甘拜下风。

对于冥王星直径的测量，天文学家也费尽了周折。最近 20 多年以来，众多天文学家得到了不同的测量结果，其中最小值为 2306 千米，最大值为 2390 千米。新视野号的最新测量结果为 2372 千米。这样计算出的冥王星表面积为 1.665×10^{7} 平方千米，大体与俄罗斯的国土面积相当。

冥王星自转一周需要 6.4 天，它的自转方式跟天王星相似，接近躺在公转轨道面上自转，公转轴与自转轴之间的夹角为 120°。冥王星围绕太阳运动的轨道是一个非常扁的椭圆，距离太阳最近时为 29.7 天文单位，最远时为 39.5 天文单位，其轨道的偏心率为 0.25，远大于除水星外其他行星的轨道偏心率。由于冥王星距离太阳十分遥远，它围绕太阳公转一周耗时甚久，需要 248 年。

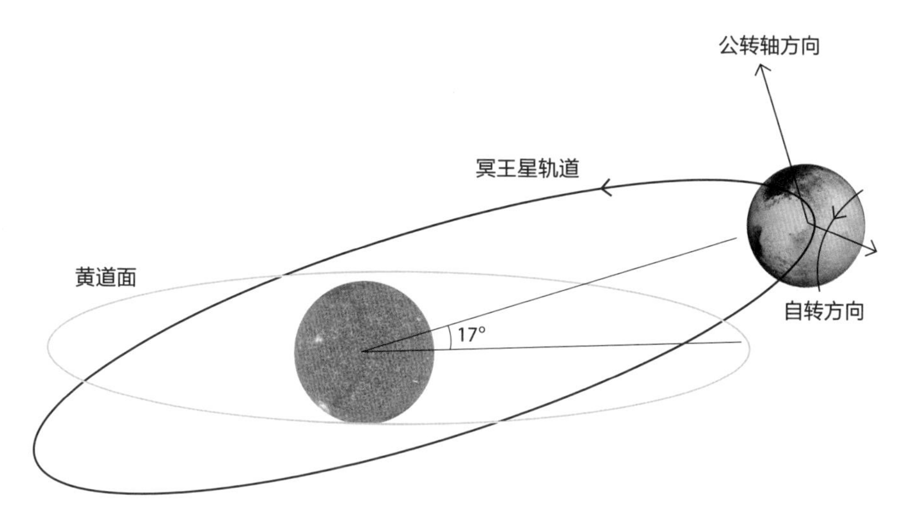

冥王星公转与自转示意图，公转轴方向与自转轴方向之间夹角为 120° ，它几乎是躺在轨道面上公转。

太阳系中八颗行星的公转轨道面近似处在同一个平面内，这是行星公转的共面性，其中水星公转轨道面与平均轨道面夹角较大，约为 7°，但是，冥王星的公转轨道面与平均轨道面的夹角高达 17° 多。从冥王星的公转属性来看，它与八颗行星存在明显的区别。

20 世纪 90 年代以来，随着科学技术的发展，天文观测技术有了大幅度的提高，尤其是大型地面望远镜和空间望远镜的投入使用，使得天文学家获得了许多新的发现。天文学家在冥王星附近不断发现许多新天体。这些天体跟冥王星大小相似，处在太阳系中大致相同的外部区域，这给天文学家带来了困惑。比如，这些新发现的天体是否属于行星？这促使天文学家考虑对太阳系天体进行重新分类，并重新对行星进行定义。2006 年 8 月，天文学家在捷克首都布拉格举行国际天文学联合会第 26 届大会，会上天文学家重新定义了太阳系中的行星，并给出矮行星的概念。从此，冥王星被降级成为太阳系矮行星。

飞越冥王星

根据观测数据，天文学家发现，冥王星的表面是由绝大部分氮、少量甲烷与一氧化碳构成的冰层。由于冥王星距离我们非常遥远，不管通过地面大口径望远镜还是哈勃空间望远镜，都不能观察得到冥王星表面的细节。2015年7月14日，新视野号探测器近距离飞越冥王星，距离其表面最近仅12500千米，对冥王星及其卫星进行了仔细观测。新视野号获得了许多前所未有的宝贵资料，它让冥王星的“真容”首次呈现在人类面前。

新视野号拍摄的照片显示，沿着冥王星的赤道有一个明亮的呈心脏形状的区域，它被命名为“汤博区”。紧邻汤博区的左侧是一个更宽广的黑暗

新视野号飞越冥王星系统（艺术构想图）。（图片来源：JHUAPL）

区域，起初它被天文学家临时称为“鲸鱼”（the whale），后来称为“魔区”（Cthulhu）。汤博区的宽度为2000千米，魔区的宽度达3000千米。在这两个区域北侧是冥王星的北极地区，颜色深度介于前两者之间。新视野号团组的天文学家猜测明亮的心形汤博区可能是新形成的冰质表层区域。

在距离冥王星最近的一段时间内，新视野号对汤博区做了非常细致的观测，在这里发现了史波尼克平原（Sputnik Planum）和诺盖山脉（Norgay Montes）。在史波尼克平原的北部区域，新视野号发现了漩涡状的亮暗痕迹，天文学家认为这是表面冰川流动的证据。在汤博心形区西边缘的维吉尔沟壑地带（Virgil Fossa）和北欧海盗地带（Viking Terra）有零散的水冰区域。天文学家没有在汤博区内发现环形山。

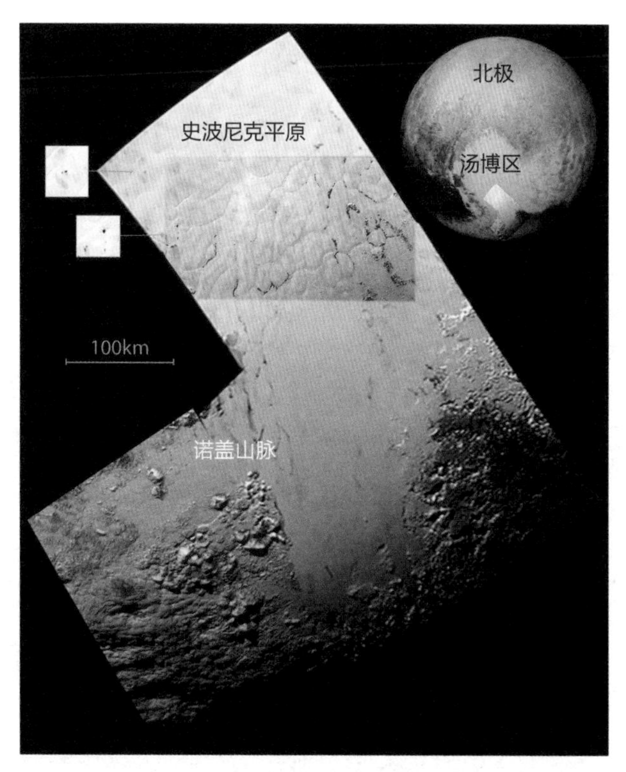

汤博心形区中的史波尼克平原和诺盖山脉。（图片来源：NASA/JHUAPL/SwRI/ Marco Di Lorenzo/Ken Kremer）

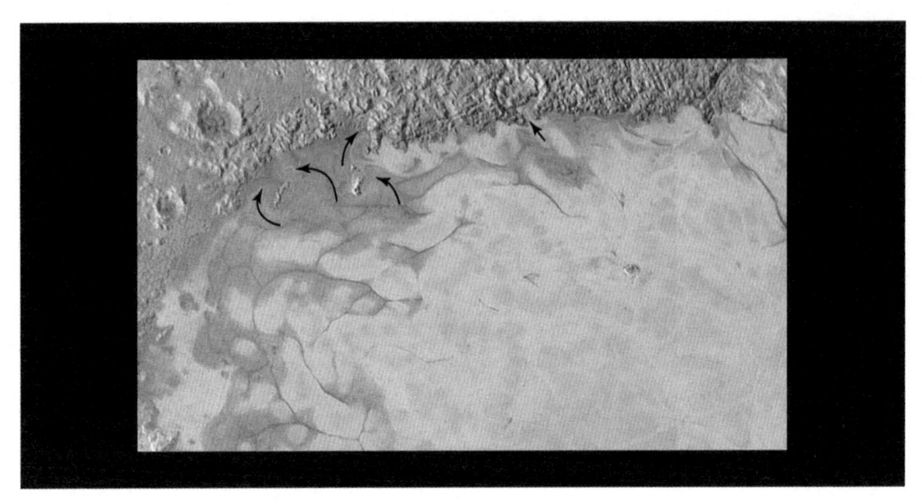

史波尼克平原的北部区域可能存在表面冰川流动。（图片来源：NASA/JHUAPL/SwRI）

尽管天文学家很早就认为冥王星周围有稀薄大气层，但是，之前从来没有办法观测到它的形象。当新视野号越过冥王星以后，从远处回望冥王星时，看到包围冥王星的稀薄气体散射太阳光，形成一个美丽的光环。据初步估计，冥王星的大气层厚达 160 千米，这是原来预期值的 5 倍。由此天文学家可以研究冥王星大气的动力学过程以及它与表面物质的作用。更为有趣的是，冥

新视野号观测到的冥王星的蓝色光环。（图片来源：NASA）

王星的雾霾状大气呈蓝色。假如站在冥王星的表面向上看，那里的天空应该也像地球的蓝天。冥王星大气的主要成分是氮气，还有少量的甲烷、一氧化碳和氢氰酸等。

冥王星的卫星

1978 年 6 月 22 日，美国海军天文台的天文学家詹姆斯·克里斯蒂使用海军天文台旗杆观测站（Flagstaff Station）的口径 1.55 米望远镜发现了冥王星的最大卫星冥卫一，即卡戎。卡戎的直径为 1208 千米，比冥王星的一半略大；其质量为 1.52×10^{21} 千克，约为冥王星质量的 11.6%。无论是体积还是质量，冥王星和卡戎的差距并不悬殊，因此，它们更像一对双星系统。

也正是因为上述原因，严格地说，卡戎并非围绕冥王星转动，而是这两个天体围绕着它们共同的质量中心转动，该质量中心处在冥王星球体之外。两者相互绕转的周期为 6.39 天，它们之间的平均距离为 19570 千米。在相互绕转的过程中，冥王星和卡戎相对的半个球面始终保持不变，就像两个跳舞的舞伴，这是它们引力锁定的结果。这一点同地球和月亮之间的情形不完全相同，尽管月球始终以相同的半球面面向地球，但是地球面向月球的半球面却在不断变化。

早在 20 世纪 80 年代，天文学家通过光谱观测得出卡戎的密度约为 1.65 克 / 厘米 ^{3}，进而估计出卡戎的物质组成大致为 55% 的岩石和 45% 的水冰，而冥王星的物质组成为 70% 的岩石和 30% 的水冰。卡戎的表面应该覆盖着一层不易挥发的水冰，而冥王星的表面则是容易挥发的氮冰和甲烷冰。由此看来，卡戎和冥王星的物质组成并不相同。

2015 年 7 月 14 日，新视野号近距离经过冥王星和卡戎，获得了卡戎的清晰照片。经过初步的资料分析，天文学家发现了新的信息。同冥王星一样，卡戎的表面比预期的情况更光滑，陨击坑和山脉不多。在卡戎的北极附近存在一块比其他部分颜色更暗的区域，这块深暗色区域略呈红色，天文学家正在研究它的成因。大致沿着卡戎的赤道方向，有一条悬崖峭壁和低谷构成的长方形地带，它绵延约 1600 千米，由此可见卡戎的地壳在这里发生了碎裂，应该是内部结构运动造成的。在当时拍摄的卡戎照片的边缘还发现了一个大峡谷，估计深达 7~9 千米，深度为科罗拉多大峡谷的四倍。在卡戎的高分辨图片上，还有一个让人感到好奇的现象，一个奇特的山峰处在圆形低洼地带的中心。

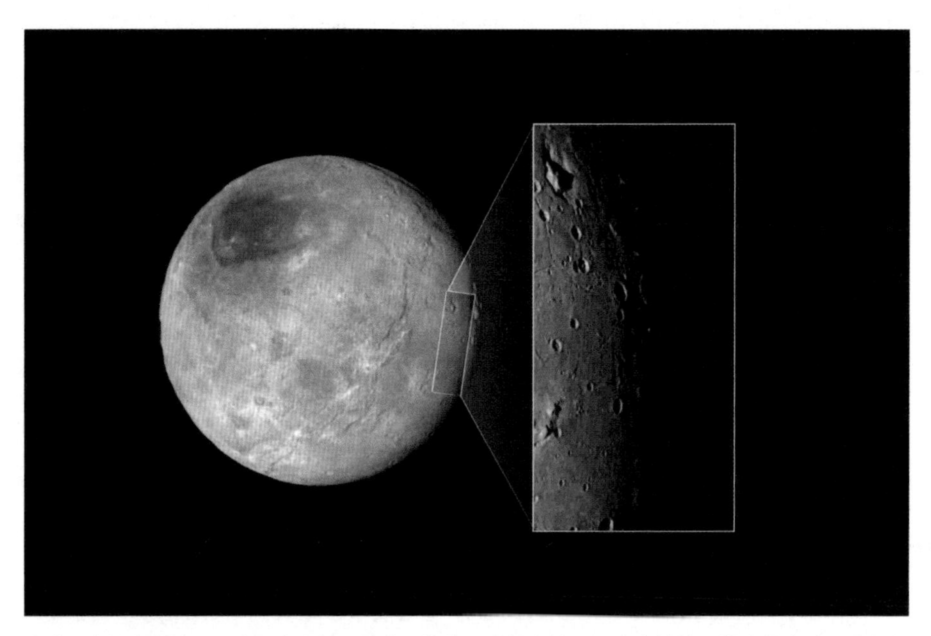

卡戎和它的表面地形，表面有沟壑、悬崖、峡谷、小撞击坑及一个奇特的凹地中的山峰，这是新视野号探测器的观测结果。（图片来源：NASA/JHUAPL/SwRI）

就目前的探测结果来看，除了卡戎之外，冥王星还有另外四颗卫星，分别是冥卫二（尼克斯）、冥卫三（海德拉）、冥卫四（科波若斯）和冥卫五（斯提克斯）。它们的质量和体积都较小，形状不太规则，可能的尺度仅在数千米到数十千米的范围。

冥卫二、冥卫三、冥卫四和冥卫五都是由哈勃空间望远镜发现的，冥卫二和冥卫三于 2005 年被发现，冥卫四和冥卫五分别于 2011 年和 2012 年被发现。按照轨道距离冥王星的远近，最大的卫星卡戎距离最近，向外依次是冥卫五、冥卫二、冥卫四和冥卫三。那么，将来是否还会发现冥卫六甚至冥卫七？让我们拭目以待。

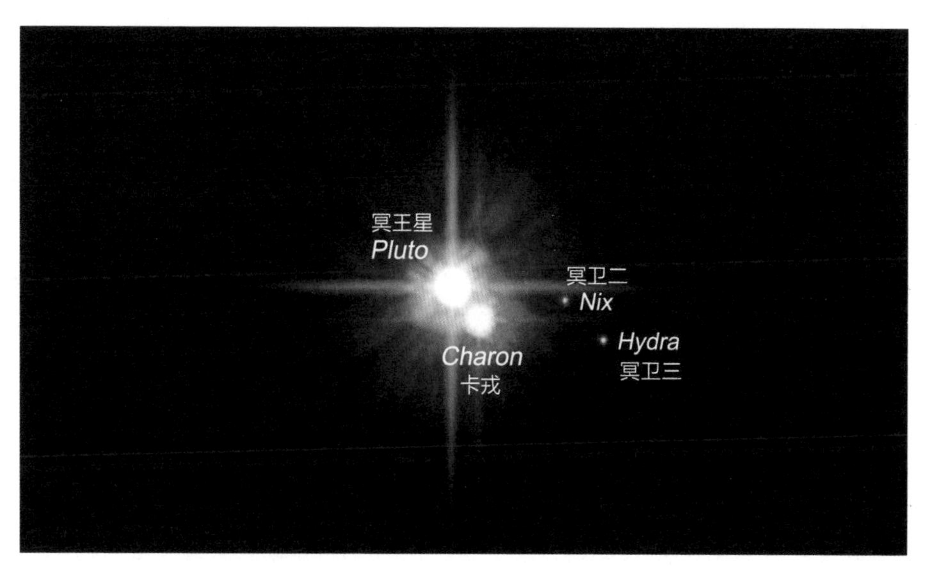

哈勃空间望远镜观测到的冥王星和它的三颗卫星。（图片来源：NASA）

太阳系的边界在哪里?

1543 年，哥白尼发表科学巨著《天体运行论》，提出日心说，从此，人们逐渐认识到，地球、火星和木星等天体在围绕太阳运转。最初，通过肉眼，人们在夜空中只能看到围绕太阳运转的水星、金星、火星、木星、土星，人们也知道地球和月亮同样在围绕太阳运转。后来，天文学家使用天文望远镜，发现了越来越多围绕太阳运转的新成员。1609 年，伽利略发现木星的四颗卫星，1781 年，威廉·赫歇尔发现天王星，天文学家也认识到彗星也是围绕太阳运转的天体。此后，一些小行星以及海王星相继被发现。可见，在太阳周围存在众多天体，太阳和它们共同构成一个天体系统——太阳系。如今，观测技术越来越先进，观测设备越来越强大，已知的太阳系成员的数量已变得非常庞大，它们占据的范围也逐渐向远处扩展。那么，太阳系有没有边界？它的边界在哪里?

柯伊伯带

1930 年，美国天文学家汤博发现冥王星，这是时隔近 90 年后再次在距离太阳最远的行星外侧发现一颗新天体，这项发现再一次激发了人们对太阳系的研究兴趣。1943 年，爱尔兰天文学家埃奇沃斯指出，在海王星的轨道外，有大量的小天体或者小天体群（海外天体）存在，由于偶然性的碰撞，其中有些小天体进入内太阳系形成了彗星。

1951 年，在叶凯士天文台建台 50 周年研讨会上，荷兰裔美国天文学家柯伊伯（Gerard Kuiper）做了有关太阳系起源的报告。他认为，在年轻的太阳周围，有一个由气体和尘埃构成的盘状星云，星云物质通过凝聚、吸积从而形成了行星。在他设定的太阳星云模型下，柯伊伯做了大量计算，结果显示：在海王星轨道外的区域，星云物质会凝聚成数以十亿计的小星子，其物质成分和彗星相似。据此，柯伊伯预言，在海王星的轨道之外，有一个由大量小天体构成的盘状区域，即今天所称的柯伊伯带（Kuiper Belt），它是短周期彗星的发源地之一。

随着太空探测技术的发展，如今，人们对太阳系结构和柯伊伯带的认识不断深化。柯伊伯带起始于海王星之外，是一个盘状区域，它由两部分构成，距离太阳 30~50 天文单位的部分被称为经典柯伊伯带，50~1000 天文单位的区域被称为散射盘。经典柯伊伯带中的天体轨道椭率小，轨道更接近黄道面；散射盘中天体的轨道椭率较大，往往运动到远离黄道面的位置。

1992 年，美国天文学家戴夫·朱维特和简·路在夏威夷的莫纳克亚山，使用口径 2.2 米的望远镜，发现了一个距离太阳 40 天文单位的小型天体：1992 QB1，后来它被命名为阿尔比翁（Albion）。它是自冥王星之后发现的又一个海外天体。现在，天文学家在柯伊伯带中共发现 3000 多个海外天体，其中冥王星的体积最大，阋神星的质量最大。

目前，柯伊伯带是人类可观测到其中天体的太阳系最远区域。在类地行星组成的内太阳系和气态巨行星及冰质巨行星组成的外太阳系之外，有天文学家将柯伊伯带称为太阳系的第三区。

奥尔特云

1950 年，根据对彗星轨道的研究结果，荷兰天文学家奥尔特提出，在距离太阳和行星非常遥远、远远超出冥王星轨道的地方，有一个球壳形的区域，这里可能拥有数量巨大的天体，它是长周期彗星和非周期彗星最可能的发源地。现在，人们将这个区域称为奥尔特云。

关于奥尔特云的范围，至今天文学家也没有准确的说法。它的内边界在2000~5000 天文单位之间的某处；至于它的外边界，有的天文学家认为在距离太阳 50000 天文单位处，有的天文学家则认为在 100000 天文单位处，还有的认为在更远处。天文学家以距离太阳 20000 天文单位处为界线，通常将奥

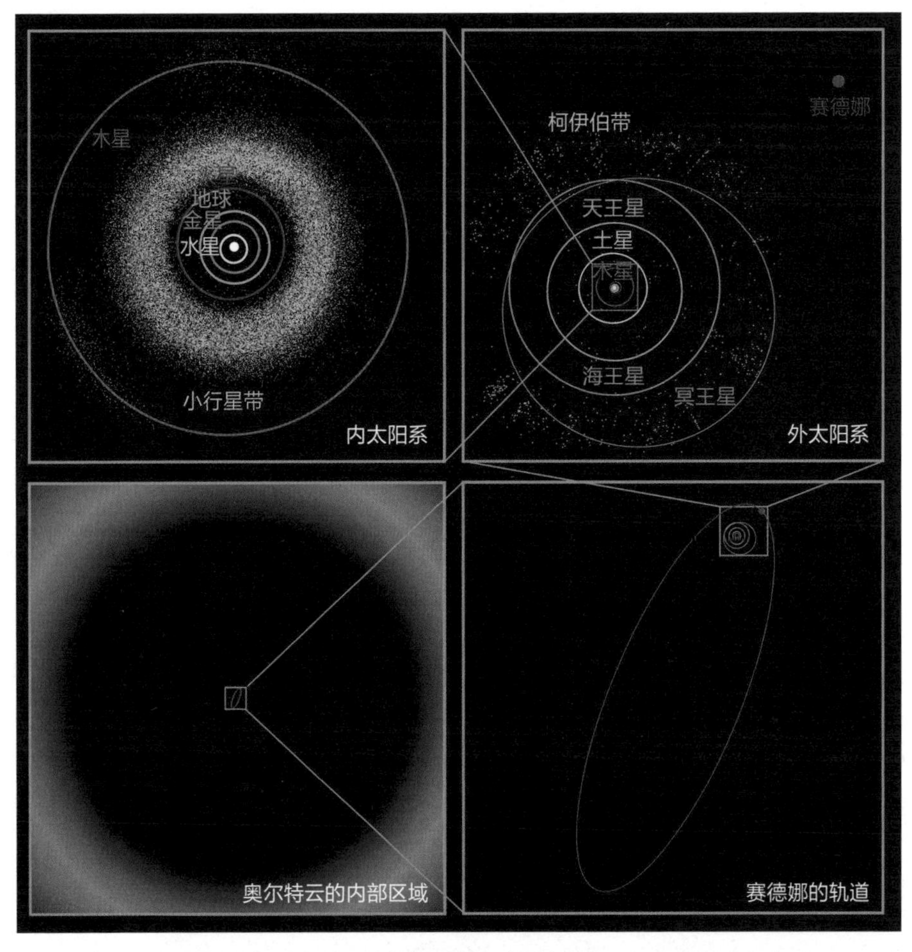

包括柯伊伯带和奥尔特云的太阳系范围。（图片来源：NASA/JPL-Caltech）

尔特云分为两部分：内奥尔特云和外奥尔特云。

奥尔特云距离地球十分遥远，至今，天文学家仍然没有直接观测到奥尔特云中的天体。但是，根据来到内太阳系的彗星的运动轨迹，绝大多数天文学家相信奥尔特云的存在。从位置上看，奥尔特云是太阳系天体的最外部区域，它很可能是太阳系的外边界。

日球层顶

太阳是一个高温等离子体球，每时每刻都有高能量粒子从太阳射出，冲向四面八方，这就是太阳风。在空旷的恒星际空间也遍布着稀薄的星际尘埃和星际气体，以及四处飞奔的宇宙线。太阳风向外运动，推动星际介质（包括星际气体、星际尘埃和部分宇宙线）远离太阳。随着距离太阳越来越远，太阳风的动能逐渐减弱，在某个特定的地方，太阳风和星际介质两者之间达到动力学平衡。这样在太阳周围形成一个气泡状的区域，天文学家称它为日球层。日球层与星际介质的交界面为日球层顶。

日球层顶距离太阳十分遥远，远远超出了海王星的轨道，也超出了经典柯伊伯带天体的范围。日球层就像一个茧房包裹着太阳系中的主要天体，使它们免遭强烈宇宙线的袭击。日球层外的星际空间是宇宙高能粒子可以肆虐横行的地方。因此，日球层顶也是太阳系的一种边界。

1977 年美国发射的旅行者 1 号和旅行者 2 号探测器，在向远离太阳的宇宙空间飞行的过程中，探测到了日球层的边界。旅行者 1 号于 2012 年 8 月越过日球层顶，旅行者 2 号于 2018 年 11 月越过日球层顶。它们分别从黄道面北侧和南侧穿过日球层顶，测得的日球层顶半径分别为 121.7 天文单位和 119.0 天文单位。

太阳带领整个太阳系在银河系中围绕银心运动，日球层也随之一起运动，日球层中包含着大量气体状物质，这种情形让人想到了彗星，因此，天文学家认为，日球层的形状可能是类似彗星的泪滴形状。后来，经过进一步的探测，有的科学家认为日球层的形状可能类似羊角面包。近年来，新的研究结果表明，日球层可能是扁的球形。究竟日球层的真实形状如何？大小如何？这些问题仍有待于科学家们的进一步探测。

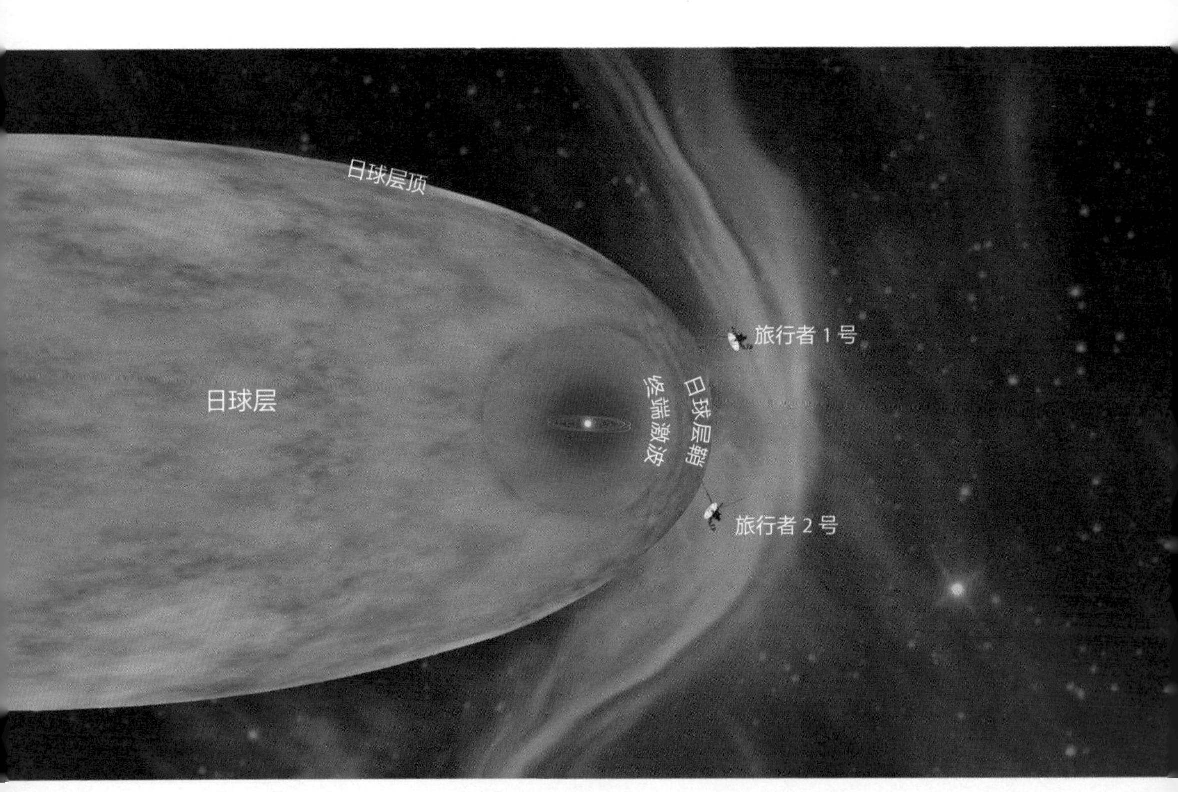

日球层示意图。（图片来源：NASA/JPL-Caltech）

星空下的凝思

42 个关于宇宙的问题

第五部分
系外行星和地外生命

PART FIVE

天文学家如何寻找系外行星？

近年来，寻找系外行星（围绕太阳系以外的恒星公转的行星）逐渐成为天文学家热心追逐的一个天文学探究分支，并取得了丰硕的成果。由于行星本身不发光，而且比它身旁的恒星要小很多，人们不可能用望远镜直接观测到一颗既小又暗的系外行星。那么，天文学家有什么办法来寻找系外行星？

凌星法 如果系外行星挡住主恒星发出的一部分光，就会产生凌星现象。对于这样的系统，由于行星周期性地围绕主恒星公转，主恒星的亮度会周期性地降低、恢复、再降低、再恢复，循环往复。通过观测这一现象就可以发现系外行星，这种方法被称为凌星法。实际上，水星或金星在某段时间内与太阳、地球成一线，从而挡住太阳的少部分光，发生水星或金星凌日，这是太阳系内的凌星现象。凌星导致的恒星亮度的降低比例非常小，因此对仪器的测量精度有非常高的要求。这种方法的优点是具有可重复性，因此可以被反复检验。从目前的观测数据看，这种方法效率最高，利用它发现的系外行星数量最多，超过总数的 70%。凌星法还衍生出凌星计时法，它的原理是：行星凌星的周期固定而精确。如果某颗行星凌星的周期不精确，就可能是另外一颗行星干扰了它的轨道，据此可以判断出后者的存在。

视向速度法 根据恒星光谱的变化可以确定恒星的运动速度，从而判断出这颗恒星是否拥有行星。科学家用分光仪器将恒星发出的光分解成精细的

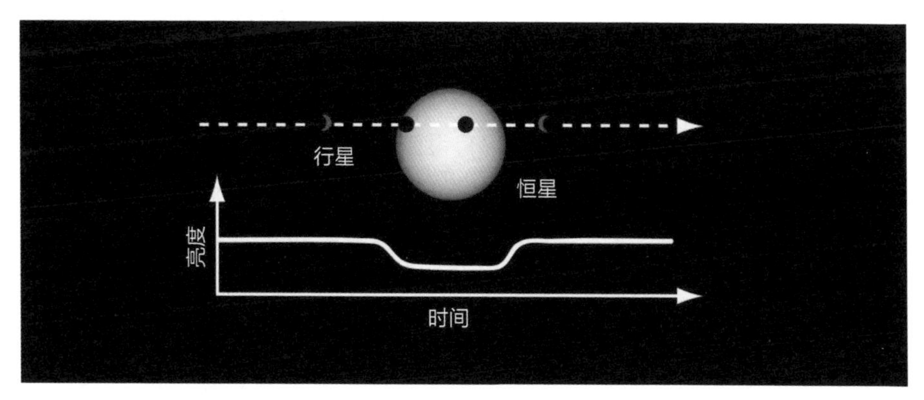

凌星法探寻系外行星的原理。行星遮挡恒星的光，使得观测到的恒星亮度下降。（图片来源：NASA）

彩色光带和一条条谱线，这就是恒星光谱。当恒星朝着地球运动时，它发出的光的波长会变短（蓝移）；当恒星远离地球运动时，它发出的光的波长会变长（红移）。如果恒星拥有一颗行星，它就会被行星的引力拽动，与后者绕着共同的质心公转，时而远离我们，时而靠近我们，它的速度会出现周期性变化，从而导致其光谱时而红移，时而蓝移，循环往复。根据这个原理，天文学家测量出光谱红移与蓝移的程度，计算出恒星的运动速度，进而就能计算出行星的质量。由于恒星一般并不直接朝着地球的方向运动，其速度可以被分解为两个方向的分量，即朝向地球的视向速度与垂直于视向速度方向的速度。只有视向速度是可以采用谱线位移测量的，且测量值总是小于真实的速度，所以根据这个方法计算出来的系外行星的质量只是一个下限值。视

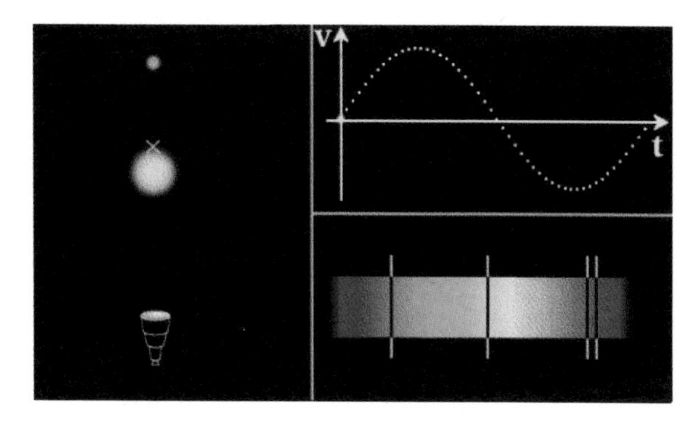

视向速度法探寻系外行星的原理。图中浅绿色 × 是恒星与行星构成的系统的质心。右上为恒星速度的变化，右下为恒星光谱的交替性的红移与蓝移。

向速度法适用于不同类型的行星系统，比较高效，利用它发现的系外行星接近所发现系外行星总数的 20%。

微引力透镜法 根据广义相对论，天体会弯曲其周围的时空，光经过它们附近时，将沿曲线传播。如果光源与地球之间存在一个质量较大的天体，且三者几乎成一条直线，那么后者就会像透镜一样放大光源的亮度（微引力透镜），甚至产生双重像或多重像（强引力透镜）。充当透镜的天体就是引力透镜。作为微引力透镜的天体从地球与背景天体之间经过时，背景天体亮度的放大比例会先变大、后变小，最接近三点一线或者正好三点一线时，放大的比例最高。如果恒星还带着一个行星，行星也会对引力透镜效应做出额外贡献，导致本来光滑变化的光变曲线突然增加一个非常窄的尖峰，这就是行星的微引力透镜效应。这样的尖峰是系外行星可能存在的信号，这就是寻找系外行星的微引力透镜法。从现在的数据看，相比凌星法和视向速度法，利用这种方法发现系外行星的数量要少许多，只占所发现系外行星总数的近 4%。微引力透镜法的缺点是无法重复，因为恒星经过后就不再回头，但它的优点是信号清晰，易于探测轨道周期较长的冷行星。

天体测量法 利用天体测量法也能够搜寻系外行星。系外行星的引力作用会造成主恒星位置的变化，监测主恒星这一变化可以探测系外行星。具体说来，通过分析主恒星在围绕整个系统的质心公转过程中相对背景恒星的周期性位置变化，可以得出行星的质量、轨道等基本参数。2010 年，天文学家发现并确认了第一颗由天体测量法发现的系外行星 HD 176051 b，其质量为 1.5 倍木星质量，轨道周期约为 1016 天。利用天体测量法发现的系外行星相对来说比较少，但这种方法可以更精确地测定系外行星的质量与轨道参数，尤其是长周期行星。

上述方法都是间接确定系外行星的方法。它们并不是百分之百准确，有时候会有假信号。为了排除假信号，对于一部分系外行星的候选体，天文学家会尽量同时用多个方法交叉检验。

而直接成像法则是直接拍摄系外行星的图像，具有上述方法所没有的优势。如果主恒星的亮度与行星亮度的比值不是非常大，且二者距离足够远，天文学家可以直接把两者都拍摄进去。不过，恒星的亮度一般大大高于绕着它们转的行星。因此，天文学家必须用一种名为“星冕仪”的设备挡住恒星发出的光，从而拍摄到恒星附近行星的图像。星冕仪的技术源自日冕仪，后者用来遮挡太阳表面发出的光，从而可以让天文学家观测日冕。虽然日冕仪与星冕仪的设计目标不同，但它们本质上都是遮蔽恒星的光，让天文学家可以拍摄到恒星周围的天体。利用直接成像法探测到的系外行星的数量相对也比较少，不到所发现系外行星总数的 1%。

除了上述五种探测系外行星的方法之外，天文学家还尝试其他方法发现系外行星，比如脉冲星计时法、轨道亮度调制法和行星盘运动法等。1992 年，天文学家沃尔兹森和弗雷尔发现脉冲星 PSR 1257+12 周围的行星所利用的就是脉冲星计时法。不过，这些方法对成功探测系外行星的贡献比前述几种方法小得多。

探寻系外行星

懂得了探测系外行星的方法和原理后，人们还要建造相应的天文望远镜和有关观测设备，通过它们才能找到“猎物”。多年来，在全球范围内，科学家设计建造了多个发现系外行星的科学重器。

开普勒空间望远镜是人类寻找系外行星的利器之一，它于 2009 年由 NASA 发射。它的主镜口径为 0.95 米，视场约 115 平方度。2018 年任务结束时，开普勒一期巡天与 K2 巡天共发现了 6064 颗系外行星候选体，其中确认了 2746 颗系外行星，首次发现了一些与地球相似且位于宜居带的行星，如 Kepler-186f。

凌星系外行星寻天卫星（TESS）是 NASA 于 2018 年 4 月发射的空间望远镜。望远镜主体由 4 台 10 厘米口径的望远镜组成，每台望远镜视场为

开普勒空间望远镜（艺术构想图）。（图片来源：Wendy Stenzel-Kepler mission/NASA）

凌星系外行星寻天卫星（艺术构想图）。（图片来源：Anna C. Mackinno）

24°×24°，4 台望远镜垂直于黄道拼接为 24°×96° 的宽视场。TESS 开展全天范围的系外行星搜寻，对至少 20 万颗 F、G、K、M 型恒星进行系外行星凌星信号的监测，其中将重点监测 M 型矮星的恒星活动与其行星，因为这些较冷暗的恒星周围更有可能存在位于宜居带内的小质量行星。截至 2024 年 10 月

14 日，TESS 已发现 7241 颗系外行星候选体，被确认的系外行星有 561 颗。

寻找宜居星球

在浩瀚的太空中，如果有另一个星球，它像我们的地球一样，白天阳光普照，地表有山有水，植被繁盛，还有厚厚的大气包裹着，气候温暖湿润，那么将来某一天，当我们的地球家园遭到小天体撞击或其他灾难性事件时，地球人就可以迁移到那个星球继续生存繁衍。

很久以来，人类就期待在太空中发现另一个可居住星球。20 世纪 90 年代，科学技术的发展极大地提升了天文观测能力。1992 年，美国天文学家沃尔兹森和弗雷尔在波多黎各阿雷西博天文台，利用阿雷西博射电望远镜进行观测。他们发现，脉冲星 PSR 1257+12 的脉冲到达时间存在周期性的变化，从而发现了围绕着这颗毫秒脉冲星公转的两颗质量分别为 4.3 倍地球质量和 3.9 倍地球质量的行星 PSR 1257+12 c，d；在后续的观测中，他们又发现了另外一颗质量为 0.02 倍地球质量的行星 PSR 1257+12 b。不过，这次观测并没有引起太多关注，因为使用射电方法发现行星并不是效率较高的方式。

1995 年，瑞士天文学家麦耶与奎洛兹通过监测一批 K 型和 G 型矮星的视向速度变化，发现了第一颗围绕类太阳恒星公转的系外行星——飞马座 51b。这是人类寻找系外行星的一个里程碑。对人类来说，在类太阳恒星周围发现行星显然比在中子星附近发现系外行星意义更重大。这项研究引起了世界各国天文学家的关注，从此，越来越多的天文学家纷纷加入到探测系外行星的队列中，系外行星探索呈现出新局面。2019 年 10 月，麦耶和奎洛兹也因为这项发现获得了诺贝尔物理学奖。

根据 NASA 网站，截至 2024 年 10 月 15 日，天文学家共发现 5766 颗系外行星，其中，类海王星行星最多，有 1964 颗；类地行星有 206 颗。在短短三十年左右的时间内，天文学家就取得了如此丰硕的成果。

人类所发现的系外行星不仅在数量上不断增加，而且它们的类型也呈现多样化。有的系外行星像地球，但质量却比地球大好几倍，属于超级地球类型；有的系外行星像木星，但距离主恒星太近，温度比木星高得多，它们被称为热木星。此外，还有冷木星、超级木星、类地球行星、温海王星等类型。在所有系外行星中，天文学家最感兴趣的是处于宜居带内的岩质行星，它们温度适宜、表面可以有液态水存在。这些情况类似地球的系外行星适合生命生存。还有一类行星，称为氢海行星，大气主要由氢和氦组成，压力很大，星球表面也有液态水，它们也可能会有生命生存。

2015 年，来自比利时里亚哥大学的米歇尔·吉隆所带领的天体物理学研究团队把 TRAPPIST 望远镜对准一个距离太阳系 39 光年的恒星，利用凌星法在其附近陆续发现了 7 颗类地行星，这个数字在当时所有已知行星系统中是最多的。更令人惊喜的是，其中 3 颗是处于宜居带内的星球。这个系统后来

TRAPPIST-1 行星系统与太阳系的比较，它的 7 颗行星的轨道半径都远小于水星环绕太阳的轨道半径。（图片来源：NASA/JPL-Caltech）

被命名为 TRAPPIST-1 行星系统，它是天文学家重点研究的对象。此外，距离地球最近的可能宜居的行星是比邻星 b，它位于约 4.2 光年外，质量约是地球的 1.3 倍。在大气成分与地球大气相似的情况下，比邻星 b 朝阳面最高温度约为 300 K。

前述两例位于宜居带的系外行星的主星是红矮星，红矮星的属性跟太阳有明显区别。天文学家找到了一颗名为 Kepler-452b 的系外行星，它围绕类太阳恒星运转，这颗系外行星被称为“地球的表兄”和“第二个地球”，距离地球约 1400 光年。在大气成分与地球相当的条件下，Kepler-452b 的全球平均温度约为 293K，比地球的全球平均温度（288K）高 5K。天文学家试图利用其他手段，对处于宜居带的系外行星的温度、大气成分做仔细研究，以得到更多它们的自然条件信息。

系外行星 Kepler-452b（右）与地球（左）相比，其直径比地球大 60%（艺术构想图）。（图片来源：NASA/JPL-Caltech/T. Pyle）

宜居带类地行星是宇宙中的“新大陆”，或许天文学家可以从中找到人类的第二家园。这些“地球 2.0”和地球质量相当，表面可能有适宜的大气或液态水，从而能够稳定地维持生命的存在。欧洲空间局的系外行星大气遥感红外大型巡天望远镜（ARIEL）主要是为探测行星光谱信号而设计的，根据计划它将于 2029 年发射。该望远镜将观测系外行星大气的化学成分，寻找包含生命迹象的气体的存在证据。

为了探测“地球 2.0”，我国天文学家也在辛勤耕耘，贡献自己的智慧。中国科学院也为未来我国的空间发射任务进行预备研究。近邻宜居行星巡天计划是其中之一，它具有独特的原创性技术路线。该计划将发射一个 1.2 米口径的空间望远镜，通过微角秒级的相对天体测量方法探测围绕 100 颗近邻类太阳恒星（距太阳系约 32 光年）的宜居带类地行星。另外，中国科学院国家天文台联合了多家单位，正在积极推动 6 米级别的空间望远镜，主要用于太阳系外生命信号的搜寻。我们期待着天文学家为人类找到第二个家园。

太空中有没有其他智慧生命?

除地球之外，宇宙中的其他星球上，有没有同人类一样的智慧生命？如果有，他们在哪里？这是一个有趣的问题，又是一个难以给出答案的问题。对此，著名物理学家恩里科·费米曾经做了深入思考，留下了著名的费米悖论。

有一次，费米和同事聊到了飞碟和超光速旅行等话题，费米忽然问道：“他们在哪里？”几位同事都明白，费米是指外星人在哪里？考虑到银河系显著的尺度、年龄及天体数量，费米认为银河系中应该有许多高级智慧生命存

美国天文学家弗兰克·德雷克。

在，然而人们在地球上并没有见到他们，这就是所谓的“费米悖论”。

遗憾的是，费米对高级地外生命的估计没有留下任何文字材料。1960年，在美国西弗吉尼亚州格林班克举行的一次地外文明探索会议上，美国天文学家弗兰克·德雷克首次给出一个估算地外高级文明数量的方程式：$N=R\times f_p\times n_e\times f_l\times f_i\times f_c\times L$。方程式中N表示银河系中具有通信能力的外星文明数量；R为银河系中恒星的年形成速率；f_p表示拥有行星的恒星占恒星总数的比值；n_e为一个恒星－行星系中生命宜居行星的平均数；f_l是生命适宜居住的行星中实际生命出现的概率；f_i是其中可以进化出智慧生命的可能性；f_c是智慧生命中可以发展到具有先进通信能力的先进文明占比；L是能联络的高级文明能生存的时间长度。

从逻辑和完备性上看，德雷克方程像一把金钥匙，人们可以通过它估算宇宙中高级文明的数量。然而，实际应用德雷克方程并不容易，因为凭借现有的知识，人们不能准确地确定其中的参数，甚至不知道其中有些参数的粗略估计值是否可靠。确定这些参数不仅涉及天体的形成和演化，还需要更多学科的相关知识，如生命科学、化学、大气科学、地质学和气候气象学，甚至社会学，等等。

以参数f_l为例，要确定“适宜生命居住的行星中实际生命出现的概率”，人们就要知道生命是怎样出现的。最早进行这类科学探索的是美国芝加哥大学的斯坦利·米勒和哈罗德·尤里。1952年，他们进行了一项迄今为止最著名的生命起源实验。他们设计了一个特殊的装置，将甲烷、氨气和氢气密封在一个大烧瓶里，并将它连接到另一个水装得半满的较小的烧瓶中。随后，米勒对水进行加热，产生的蒸汽进入装有化学物质的大烧瓶中，这样模拟出一种微型的原始大气环境。在这里，电极不断放电，就像天空中的闪电一样。结果显示，实验中产生了丰富的有机物质。人们已知的构成蛋白质的标准氨基酸共20种，在他们最初的实验中已经创造出了其中5种。这就是著名的米勒－尤里实验，它验证了生命起源的“原始汤”假说，即原始地球上的条件

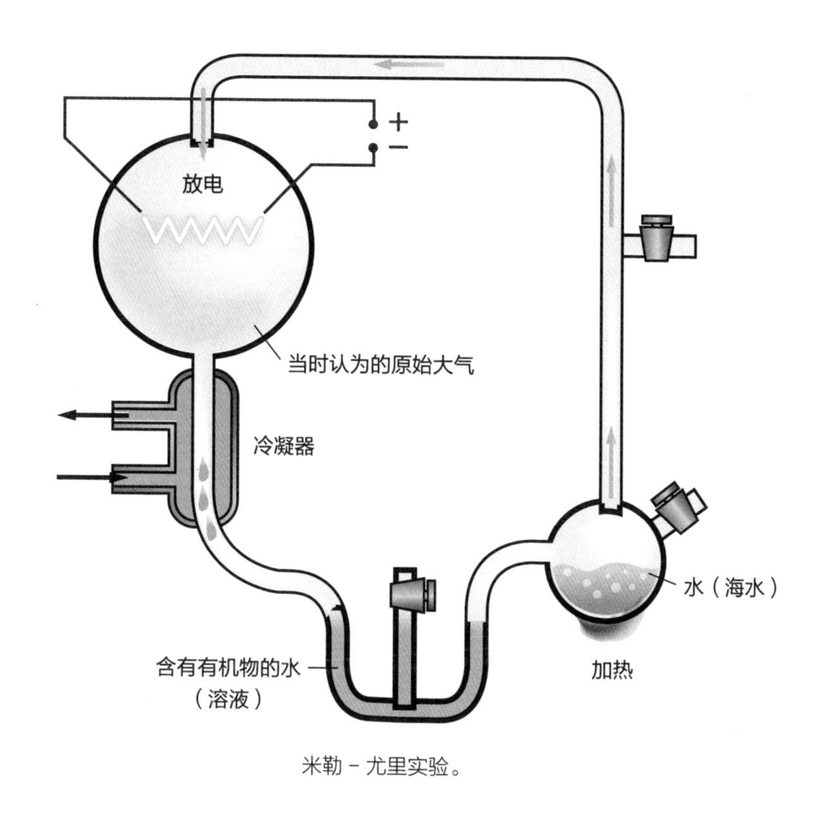

米勒－尤里实验。

有利于一类化学反应的发生，这类反应可以从简单的无机前体合成复杂的有机分子。

20 世纪末期和 21 世纪初期，科学研究表明生命有可能从深海热液喷口附近发源，而正是这些热液喷口给予了原始生命形成所需的能量。科学家根据“分子进化时钟”的基因测序，勾勒出了地球上所有生物的“生命进化树”。他们发现，位于“生物进化树”根部、代表着地球上所有生物“共同祖先”的微生物，绝大多数是从海底热液环境中分离得到的超嗜热古菌。这些微生物完全能够适应古代海洋严峻的环境条件，是生命起源于海底热液喷口的核心证据。

此外，也有科学家认为，地球生命可能来自太空，来自太空的陨石将构成生命的有机物带到了地球。到目前为止，对于地球生命的起源，科学家们并没有得出明确的结论。因此，要确定“适宜生命居住的行星中实际生命出现的概率”这个参数并不容易。同样，德雷克方程中的其他参数也大多非常难以确定。受限于目前科学发展水平，人类要想通过德雷克方程确定地外高级文明的数量，无异于让一位只会简单加减法的学前班儿童求解一个非线性方程组。

尽管利用德雷克方程还不能回答宇宙中有没有其他智慧生命的疑问，天文学家并没有放弃对宇宙其他智慧生命的搜寻。他们更多的是利用天文望远镜，观测远方天体的光学信息，或者利用射电望远镜接受来自远方的射电波段信号。通过对这些信息的分析，天文学家试图发现宇宙中的其他智慧生命。

智慧生命栖息在行星上，因此，寻找智慧生命首先需要搜寻系外行星，特别是处于恒星宜居带内的行星。找到处于宜居带的行星后，科学家选择了一些最具代表性的生物特征踪迹，如氧气（O_2）、臭氧（O_3）、甲烷（CH_4）、氨（NH_3）、磷化氢（PH_3）、水蒸气（H_2O）和二氧化碳（CO_2）等，我们可以从行星的大气中辨识这些生命迹象。目前，天文学家使用一种能够将光按波长划分的“透射光谱术”的手段，寻找星光通过行星大气层时不同气体可能留下的踪迹。这样就可以判断一颗星球上是否可能存在生命。

除了代表潜在生物特征的气体，科学家们也期待利用外星技术活动呈现的迹象，即“技术印迹”，来判断先进的行星文明是否存在。如果外星人生活在类似于我们的城市这样的密集环境中，他们的技术文明也应该产生相当数量的人工照明，所以可以用日冕仪遮挡恒星的光芒，寻找处于夜晚一侧行星的城市灯光。在技术发展的早期阶段，污染物是外星生物向其星球大气所排放的有害成分。以地球的二氧化氮（NO_2）为例，它是车辆和化石燃料发电厂燃烧的副产品，同样可以通过“透射光谱术”来识别外星大气中的化学污染物。

另一个值得探讨的技术印迹是戴森球，它是一种假想的巨型结构，由弗里曼·戴森于 1960 年在《科学》杂志上首次提出。戴森认为先进的外星

戴森球（艺术构想图）。

文明可能会围绕其宿主恒星建造一个中空的壳层，球体将捕获恒星的所有能量——在我们太阳系的情形中，获取的太阳能量将是落在地球上层大气能量的 20 亿倍。技术印记是科学家搜寻外星智慧生命的又一条途径。

上面谈到的生物特征和技术印迹的探寻，严重依赖于极端先进的可见光等多波段观测技术，人们只能寄希望于未来的天文观测设备。从地球文明的经验看，无线电波通信是人类应用广泛的通信技术手段。利用无线电波段信号搜寻地外文明可能是一种非常有希望的选择。不过，无线电波的频率在 1MHz~300GHz 之间，范围非常宽广。我们选择哪个频段去接受外星文明的信号呢？

射电天文观测表明，银河系辐射的噪声频率在 1GHz 之下，而地球大气噪声的频率高于 30GHz，射电信号最宁静的区域在 1~10GHz 之间。另外，中性氢云在 1.42GHz 频率上发出很强的辐射，而中性氢云中的氢（H）是宇宙中最简单最常见的元素；羟基（OH）在 1.64GHz 的频率上有显著的辐射，氢和羟基结合在一起就构成了水，水对于生命存在至关重要。1.42~1.64GHz 这个频带范围被称为“水洞”或“水坑”，如果要引起其他高级文明的注意，使用这里的频率向太空发射信号是一个不错的选择。

人类最早利用射电信号搜寻地外智慧生命开始于1960年。当时，德雷克等人制定了“奥兹玛计划”，他们用口径26米的射电望远镜指向选择的目标，在氢的21厘米波段检测可能的地外文明信号，但是一无所获。1985年，哈佛大学的霍洛维茨提出“兆频道地外分析计划”，它可以同时研究水洞频段的百万个频道。1990年，该计划改进为用800万个频道对南天天区进行搜索，频宽只有0.05Hz。1995年，霍洛维茨开启更先进的“十一频道地外阵列计划”，以0.5Hz的分辨率对水洞区域进行扫描，不过均未取得结果。

搜寻来自近邻发达智慧生命的外星无线电辐射（SERENDIP）计划，是一个搭载在用于其他天文目的射电望远镜上的观测项目，它包括多个部分。“SERENDIP Ⅴ”于2009年启动，它搭载在阿雷西博望远镜上，以1.42GHz为中心，在200MHz的带宽上搜索1.28亿个频道。艾伦望远镜阵列（ATA）是另一个理想宏大的项目，兼有大视场和宽频带覆盖的特色，它与单个大天

艾伦望远镜阵列。（图片来源：Joe Marfia）

线观测不同，而是把多个小天线的信号综合起来，在地外文明搜索方面潜力巨大。ATA 的第一阶段于 2007 年投入使用，有 42 个天线。截至 2015 年，ATA 识别了数亿技术信号，多为噪声和干扰，目前，科学家们仍在努力处理观测数据。

2016 年 1 月，美国加州大学伯克利分校的搜寻地外文明计划（SETI）研究中心开启“突破聆听”（Breakthrough Listen）项目，计划持续 10 年，用绿岸望远镜和帕克斯望远镜这两个大型射电望远镜，每年观测数千小时，来寻找地外文明，并使用利克天文台的自动行星仪寻找来自激光传输的光学信号。我国的 500 米口径球面射电望远镜（FAST）是世界上口径最大的单天线射电望远镜，搜寻地外文明也是它的科学目标之一。

截至目前，科学家们仍然没有收到可靠的地外文明发射的射电信号。不过，有两个有趣的事件值得一提。一个是著名的 72 秒长的“WOW！”信号，1977 年 8 月 15 日，科学家杰里·埃曼用美国俄亥俄州立大学的大耳朵射电望远镜探测到它。2019 年 4 月和 5 月，突破聆听项目观测到了“突破聆听候选体 1”（BLC1）的无线电信号。虽然“WOW！”信号带有许多预期的外星起源的特征，但是之后它再也没有被观测到。BLC1 的信号则是来自距离我们最近的比邻星方向，它的数据仍在被分析研究中。

为了寻找高级地外文明，科学家们除了接收外来信号之外，也向太空发射信号，期望遥远的智慧生命能够接收到来自地球的“问候语”。1974 年 11 月 16 日，美国康奈尔大学的天文学家利用当时口径最大的阿雷西博射电望远镜，向球状星团 M13 发送了长达 3 分钟的射电信号，这个信号有 1679 个字节。它包括如下内容：数字 1 到 10；对于生命最重要的元素——氢、碳、氮、氧和磷；生命遗传物质 DNA；地球成年人的身高 176 厘米；地球当时总人口 40 亿，等等。

除了利用无线电波与地外文明联络外，科学家也向太空派遣了地球使者。NASA 分别于 1972 年和 1973 年发射的先驱者 10 号和 11 号，携带着刻有太阳系、地球以及人类信息的镀金光盘，驶向太空。1977 年，NASA 发射的旅行者 1 号和 2 号则携带着更多的地球人类信息飞向宇宙深处。

人类向宇宙发送了地球使者，那么，高级地外文明是否同样派出了他们的宇宙飞船？ 2017 年 10 月 19 日，位于夏威夷的全景巡天和快速反应系统望远镜发现了一个暗弱的移动目标，天文学家将它命名为“奥陌陌”。经过几天观测，天文学家明确认识到这是一个来自太阳系外的天体。在此后 4 个月的时间里，天文学家对它进行了多次观测，知道了它的形状、大小、自转和颜色，以及它加速离开太阳系的运动状况。遗憾的是，由于它十分暗弱，2018 年 1 月以后，天文学家就再也不能观测到它的任何踪影。这使得奥陌陌给人们留下了许多未解之谜，至今天文学家也没有找到它加速离开的真实原因。因此，有人猜测奥陌陌是地外文明的飞船。尽管多数天文学家并不同意这种观点，但是，奥陌陌事件提醒人们，对来自太阳系之外的不明天体，以及民间经常谈论的不明飞行物（UFO），人类要保持高度注意，加强对这类目标的观测能力。或许未来某一天，天空中真的会出现高级地外文明派来的飞行器。